建筑装饰工程概预算

于永鲲　著

吉林科学技术出版社

图书在版编目（CIP）数据

建筑装饰工程概预算 / 于永鲲著. -- 长春 : 吉林科学技术出版社, 2022.8

ISBN 978-7-5578-9367-5

Ⅰ. ①建… Ⅱ. ①于… Ⅲ. ①建筑装饰－建筑概算定额②建筑装饰－建筑预算定额 Ⅳ. ① TU723.3

中国版本图书馆 CIP 数据核字（2022）第 113558 号

建筑装饰工程概预算

著　　于永鲲
出版人　宛　霞
责任编辑　赵维春
封面设计　筱　英
制　　版　华文宏图
幅面尺寸　185mm×260mm
开　　本　16
字　　数　310 千字
印　　张　16.75
印　　数　1-1500 册
版　　次　2022年8月第1版
印　　次　2022年8月第1次印刷

出　　版　吉林科学技术出版社
发　　行　吉林科学技术出版社
地　　址　长春市南关区福祉大路5788号出版大厦A座
邮　　编　130118
发行部电话/传真　0431-81629529　81629530　81629531
81629532　81629533　81629534
储运部电话　0431-86059116
编辑部电话　0431-81629510
印　　刷　廊坊市印艺阁数字科技有限公司

书　　号　ISBN 978-7-5578-9367-5
定　　价　68.00元

前　　言

随着我国经济建设进程的发展，对从事工程建设的复合型高级技术人才的需求逐渐扩大，建筑装饰装修越来越受到人们的关心和重视。随着装饰装修规模和范围的不断扩大，建筑装饰装修行业已经从传统的建筑业中分离出来，形成了一个比较独立的新兴行业。建筑装饰装修不仅广泛应用于公共建筑的酒店、银行、写字楼、办公楼及车站、码头、候机楼、休闲娱乐场所，而且已经普遍进入寻常百姓家。

建筑装饰工程费用是建筑工程造价的重要组成部分，也是建设项目总费用的一部分。认真开展建筑装饰工程的技术经济分析与造价编制工作，是合理筹措、节约和控制建筑装饰工程投资，提高项目投资效率的重要手段及必然选择。随着各类建筑装饰装修档次的不断提高，装饰工程费用在整个建筑工程造价中所占的比重也在不断增长。因此，合理且准确地确定建筑装饰工程造价，是工程造价管理部门和工程造价计价人员的一项重要任务。

本书由哈尔滨铁道职业技术学院于永鲲担任著者，并负责全书的统稿工作。

本书根据“建筑装饰工程概预算”基本要求，结合装饰工程预算人员实际工作能力的需要，以现行的建设工程文件为依据，并参考有关资料，结合编者在实际工程和教学实践中的体会与经验编写而成。本书以实际操作为主导，坚持理论知识与实际技能相结合，旨在帮助读者打下扎实的理论基础并具备实际上岗应用能力，本书具有内容通俗易懂、语言简练、重点突出、应用性强、适用面广等特点。

前言

目　录

CONTENTS

第一章　建筑装饰工程概预算理论基础

建筑装饰工程概预算，是指在执行工程建设程序过程中，根据不同的设计阶段设计文件的具体内容和国家规定的定额指标以及各种取费标准，预先计算及确定每项新建、扩建、改建和重建工程中的装饰工程所需全部投资额的经济文件。建筑装饰工程按不同的建设阶段和不同的作用，编制设计概算、施工图预算（预算造价）、施工预算和工程决（结）算。在实际工作中，人们常将装饰装修工程设计概算和施工图概算统称为建筑装饰装修工程预算或装饰装修工程概预算。它是装饰工程在不同建设阶段经济上的反映，是按照国家规定的特殊的计划程序，预先计算和确定装饰工程价格的计划文件。

根据我国现行的设计和概预算文件编制及管理方法，对工业与民用建设工程项目作了如下规定：①采用两阶段设计的建设项目，在扩大初步设计阶段，必须编制设计概算；在施工图设计阶段，必须编制施工图预算。②采用三阶段设计的建设项目，除在初步设计、施工图设计阶段必须编制相应的概算和施工图预算外，还必须在技术设计阶段编制修正概算。因此不同阶段设计的装饰工程，也需编制相应的概算和预算。

建筑装饰工程概预算所确定的投资额，实质上就是建筑装饰工程的计划价格。这种计划价格在工程建设工作中通常又称为“概算造价”或“预算造价”。

第一节　建筑业基本概述

一、建筑业在国民经济中的作用

建筑业是从事建筑安装工程的勘察、设计、施工、设备安装以及建筑工程更新维修等生产活动的一个物质生产部门。

建筑业从事生产的建筑工程，包括各类建筑物和构筑物的建造，各类管线、输电线、电信导线及设备的基础、工作台、工业炉的修筑，金属结构工程，土地平整工程，场地清理工程，绿化工程，矿井开凿工程，天然气及石油钻井工程，水利工程，防空工程，防洪工程，铁路、公路、桥梁修筑工程等。

建筑业从事的安装工程，包括生产、动力、起重、运输、传动、医疗、实验等所需的机械设备的装配和装置工程，工作台、工作梯的装配工程，管线的敷设、绝缘、保温、油漆工程，单项设备调试、试车及设备联合调试、试车等。

国民经济的发展，国家实力的增长，再生产规模的扩大以及更新改造的程度，从某种意义上来说，取决于建筑业工作的数量与质量。

建筑业在国民经济整体中与工业、农业一样占有重要的地位，是国民经济的支柱产业之一。

建筑业在国民经济中的作用主要表现在以下几个方面：

（一）建筑业为国民经济各部门进行再生产提供物质基础

工业企业进行生产需要厂房，生产设备多数需要基础和安装，堆放材料和成品需要仓库，一些工业生产还需要炉、窑、罐、塔等；为了大力发展能源和交通运输事业，需要现代化的铁路、公路、码头、机场、通信设施等；水利工程需要建坝、堤等，所有这些建筑物、构筑物都是建筑业提供的建筑产品，建筑业为建立我国完整的工业体系和国民经济体系，为工业、农业、科技及国防现代化做出了巨大贡献。

（二）建筑业是工业、交通运输等部门的重要市场

建筑产品的生产，需要大量的材料、物资和设备，这就使建筑业不但成为建筑材料工业的主要市场，而且也是重工业产品的重要市场。建筑业的发展带动了建筑机械、建材、钢铁、化工、轻工、电子、运输等相关产业的发展，并与各产业部门起到相互促进作用。

（三）建筑业为劳动就业提供重要场所

建筑业是劳动密集型行业。我国人力资源丰富，是发展建筑业的有利条件。目前建筑业本身已形成一支拥有勘察、设计、建筑安装、建筑制品、建筑机械、房地产开发、科研教育的综合能力，能满足能源、交通、原材料等各类工程建设需要的门类齐全、专业配套、解决工程建设中各种复杂技术问题及城乡结合的 3000 多万人的产业大军。

（四）建筑业是为国家增加积累的部门

建筑业在为国家提供建筑产品的同时也为国家提供积累。我国的建筑业作为独立的产业部门，在促进国民经济发展和为国家增加积累、增加收入方面发挥了重要作用。

（五）建筑业是创收外汇的重要部门

我国建筑业从 1979 年开始进入国际承包工程与劳务合作市场，为国家创收的外汇逐年增加，并培养锻炼了一大批熟悉国际工程承包业务的管理人才。我国的建筑技术已跻身于世界先进行列。

（六）建筑业为不断改进人民居住条件和提高文化生活水平提供各种设施

居住条件作为实现小康生活水平的重要目标，已引起高度重视，安居工程已启动，全国已出现一批布局合理、设施完善、具有地方特色的小城镇，对于提高村镇建设总体水平发挥了良好的典型示范作用，大大加快了农村工业化和城市化进程。随着住宅的建设，相应建造了一大批配套设施，为改善人民居住条件和提高文化生活水平，提供了巨大的物质基础。

由于建筑业有自己独特的产品和生产特点，又具有独立的物质生产部门必备的条件，为人民生活和经济发展提供必要物质基础，增加积累，并为社会提供大量就业机会，因而建筑业和工业、农业、交通运输、商业并列成为五大物质生产部门。

二、建设项目划分

（一）建筑业的组成

1. 土木工程建筑业

包括从事铁路、公路、码头、机场等交通设施，电站、厂房等工业设施，剧院、商场等公用或是民用建筑上的施工及修缮的建筑企业。

2. 线路、管道和设备安装业

包括专门从事电力、通信、石油、暖气的安装及设计工作的企业。

3. 勘察设计业

包括各专业的独立勘察设计单位。

（二）建设项目划分

基本建设项目是按照建设工程管理和合理确定建设产品工程造价的需要，划分为建设项目、单项工程、单位工程、分部工程及分项工程五个项目层次。

（三）建筑产品的特点

建筑产品和其他产品一样，具有商品的属性。但建筑产品由于本身及其生产过程的特殊性，具有不同于其他一般商品的特点，具体表现在：

1. 建筑产品的固定性和施工生产的流动性

由于建筑物、构筑物的基础与土地相连，建筑产品形成以后，便不可移动。建筑产品的固定性便决定了施工人员和施工机械的不断流动。

2. 建筑产品的多样性和生产的单件性

建筑产品不能批量生产，绝大多数建筑产品都各不相同，需要单独设计、单独施工。建筑产品由于是依据工程建设单位（业主）的特定要求设计、施工的，所以各个建筑产品的形态和布局等都各具特色，不尽相同。因此，无论设计、施工，发包方都只能在建筑产品生产之前，以招标、竞争的方式，确定建筑产品的生产单位，业主选择的不是产品，而是产品的生产单位。

3. 建筑产品的价值量大，生产周期长

建筑产品价值少则几万元，多则几十万元甚至几十亿元，因而投资比较大。由于建筑产品的生产过程要经过勘察、设计、施工、安装等诸多环节，同时也受到外界条件的制约及工序繁杂等诸多因素影响，一个建筑产品的生产周期需要几个月到几年，有的甚至更长。

综上所述，由于建筑产品具有生产历时长，产品及生产条件多样，受各种外界影响较多，价格因素变化较大等特点，所以建筑产品的价格会经常变化。

第二节　概预算与基本建设

国家经济建设的主题，就是通过不断进行固定资产的建设，来增强我国的经济实力和社会事业的发展，满足人们物质文化生活的需要。不断提高经济效益，提供相当规模的生产能力和效益，是从事建筑业固定资产投资建设的核心问题，也是一切从事概预算工作和工程建设管理人员的一项根本任务。

一、固定资产与固定资产投资

（一）固定资产

固定资产是使用年限在一年以上、单位价值在规定限额以上的主要劳动资料（包括生产用房屋建筑物、机械设备、工具用具等）和非生产用房屋建筑物、设备等。凡不符合上述使用年限、单位价值限额两项条件的劳动资料，一般称其为低值易耗品。低值易耗品与劳动对象统称为流动资产。

固定资产与流动资产在生产过程中具有不同的作用，其再生产过程和价值周转方式也不相同。固定资产在消耗过程中，不改变原有的实物形态，多次服务于产品生产过程。其自身价值在生产服务过程中逐步转移到产品价值中去，并在产品经营过程中以折旧的方式来保证固定资产价值的补偿和实物形态的更新。

为了满足社会生产和发展的需要，人们必须进行固定资产再生产。固定资产在使用过程中不断被消耗，又不断得到补偿、更新和扩大。固定资产的建设、消耗、补偿和更新是一个反复的连续过程。固定资产再生产又可分为简单再生产与扩大再生产。两者的主要区别在于：简单再生产是指固定资产的更新和替换，只能维持原有的固定资产规模、生产能力或工程效益；扩大再生产能在原有固定资产的规模上增添新的固定资产，以使生产能力或工程效益不断增加。

（二）固定资产投资

固定资产投资是以货币形式表现的计划期内建造、购置、安装或更新生产性和非生产性固定资产的工作量。1967 年以前，我国将所有的固定资产投资统称为基本建设；1967 年以后为了从计划、统计上将新建企业投资与原有企业投资分开，区别不同的投资性质和资金来源渠道，规定将固定资产投资分为基本建设投资和更新改造措施投资两大类别。基本建设的投资来源，主要是国家预算内基本建设拨款、自筹资金和国内外基本建设贷款，以及其他专项资金。更新改造措施的投资来源，是利用企业基本折旧基金、国家更新改造措施拨款、企业自由资金以及国内外技术改造贷款等。

二、基本建设及其分类

基本建设是形成新增固定资产的经济活动，主要是指固定资产扩大再生产，是一项建立物质基础的工作，也是国家预算内投资的主渠道。它是通过建筑业的生产活动和有关部门的经济活动，把大量资金、建筑材料、机械设备等，经过购置、建筑与安装等活动形成新的生产能力或工程效益的过程，同时还应包括与此相联系的工作，如筹建机构、征用土地、勘察设计、生产职工的培训等。按其经济内容可分为生产性建设和非生产性建设两种。基本建设投资是指用于基本建设的资金，即以货币表现的基本建设工作量。基本建设的规模和速度，反映了国家的经济实力，和实现四个现代化和提高人民物质、文化生活水平关系极大。

基本建设的主要作用是：不断为各经济建设部门提供新的生产能力或工程效益；改善部门经济结构、产业结构和地区生产力的合理布局；用先进的科学技术改造国民经济，增强国防实力，提高社会生产技术水平；满足人民群众不断增长的物质文化生活需要。基本建设投资活动的最终结果，是完成某项基本建设项目（或称建设项目，或称基本建设单位）。项目建设是社会化大生产，工程规模大、内容多、涉及面广、投资额巨大且内外关系错综复杂，要求在大范围内紧密协调配合。在我国社会主义市场经济条件下，与我国宏观经济发展密切相关的基本建设活动必须严格遵循国家规定的基本建设程序，又要纳入社会主义市场经济的范畴，使其符合市场经济发展的客观经济规律。

基本建设项目分类如下：

第一，按建设性质可分为新建、扩建、改建、迁建以及恢复等建设项目；

第二，按建设规模可分为大型、中型和小型建设项目；

第三，按建设阶段可分为筹建项目、施工项目、竣工项目和建成投产项目；

第四，按建设项目的资金来源和投资渠道可分为国家投资、银行贷款筹资、引进外资和长期资金市场筹资等建设项目；

第五，按隶属关系可分为部直属项目、地方部门项目和企业自筹建设项目等。

在上述按建设性质的分类中，所谓新建项目是指新建的项目，或对原有项目重新进行总体设计，并使其新增固定资产价值超过原有固定资产价值三倍以上的建设项目。所谓扩建项目是指原有企业或事业单位，为了扩大原有主要产品的生产能力（或效益），或增加新产品生产能力而建设新的主要车间或者其他工程项目。改建项目是指原有企业为了提高生产效益，改进产品质量或调整产品结构，对原有设备或工程进行改造的项目。有的企业为了平衡生产能力，须增建一些附属、辅助车间或非生产性工程，也能够列为改建项目。迁建项目是指原有企业、事业单位，由于某些原因报经上级批准进行搬迁建设，不论规模是维持原状还是扩大建设，均算迁建项目。恢复项目是指企业、事业单位因受自然灾害、战争等特殊原因，使原有固定资产已全部或部分报废，须按原来规模重新建设，或在恢复中同时进行扩建的项目，都称为恢复项目。

三、建设项目的分解及价格的形成

一个建设项目是一个完整配套的综合性产品，可分解为诸多个项目，如图 1–1 所示。

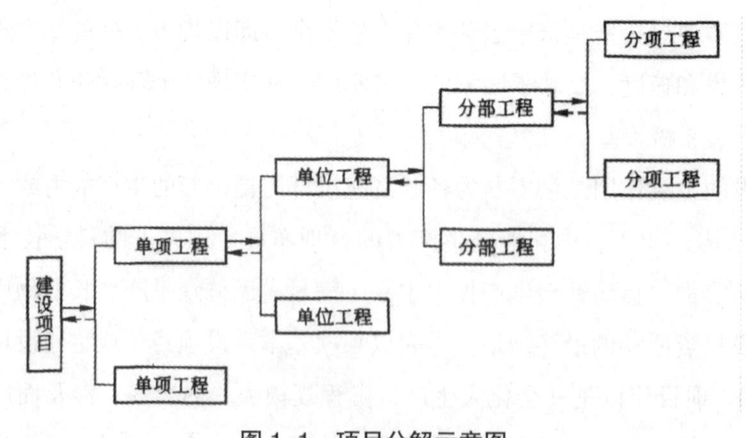

图 1–1 项目分解示意图

→项目分解方向；←造价形成方向

（一）建设项目

建设项目一般是指有一个设计任务书，按一个总体设计进行施工，经济上实行独立核算，行政上有独立组织建设的管理单位，并且是由一个或一个以上的单项工程组成的新增固定资产投资项目，如一个工厂、一个矿山、一条铁路、一所医院及一所学校等。建设项目的价格，一般是由编制设计总概算（又称设计预算）或修正概算来确定的。

（二）单项工程

单项工程（或称工程项目）是指能够独立设计、独立施工，建成后能够独立发挥生产能力或工程效益的工程项目，如生产车间、办公楼、影剧院、教学楼、食堂、宿舍楼等，它是建设项目的组成部分，其工程产品价格是由编制单项工程综合概（预）算确定的。

（三）单位工程

单位工程是可以独立设计，也可以独立施工，但不能独立形成生产能力与发挥效益的工程。它是单项工程的组成部分，如一个车间由土建工程和设备安装工程组成。人们常称的建筑工程，包括一般土建工程、工业管道工程、电器照明工程、卫生工程、庭院工程等单位工程。设备安装工程也可包括机械设备安装工程、通风设备安装工程、电器设备安装工程和电梯安装等单位工程。有的单项工程只有一个单位工程，那么这个工程项目既是单项工程又是单位工程。单位工程是编制设计总概算、单项工程综合概（预）算的基本依据，单位工程价格一般可由编制施工图预算（或单位工程设计概算）确定。

（四）分部工程

分部工程是单位工程的组成部分。它是按照建筑物或构筑物的结构部位或主要的工种工程划分的工程分项，如基础工程、主体工程、钢筋混凝土工程、楼地面工程、屋面工程等。按照工程部位、设备种类和型号及使用材料的不同，可将房屋的装饰工程分为抹灰工程、门窗工程、吊顶工程、轻质隔墙工程、饰面板工程、幕墙工程、涂饰工程、裱糊和软包工程、楼地面工程、细部工程等；分部工程费用是单位工程价格的组成部分，也是按分部工程发包时确定承发包合同价格的基本依据。

（五）分项工程

分项工程是分部工程的细分，是建设项目最基本的组成单元，也是最简单的施工过程。一般是按照选用的施工方法，所使用的材料、结构构件规格等不同因素划分的施工分项。例如，在砖石工程中可划分为砖基础、内墙、外墙、柱、空斗墙、空心砖墙、墙面勾缝和钢筋砖过梁等分项工程；又如按结构部位划分的分部工程的砖基础工程，可划分为挖土方（即挖基坑或基槽）、做垫层、砌砖基础、防潮层、回填土等分项工程。墙面抹灰工程，它的分项工程就可分为底层抹灰、一般抹灰和装饰抹灰等。分项工程是概预算分项中最小的分项都能用最简单的施工过程去完成，每个分项工程都能用一定的计量单位计算（如基础和墙的计量单位为 m^2，砖墙勾缝的单位为 $100m^2$），并可以计算出某一定量分项工程所需耗用的人工、材料和机械台班的数量及单位。

综上所述，正确地划分概预算编制对象的分项，是有效地计算每个分项工程的工程实体数量（一般简称为“工程量”)、正确编制和套用概（预）算定额、计算每个分项工程的单位基价、准确可靠地编制工程概（预）算价格的一项十分重要的工作。划分建设项目一般是分析它包含几个单项工程（也可能一个建设项目只有一个单项工程），然后按单项工程、单位工程、分部工程、分项工程的顺序逐步细分，即由大项到细项的划分。概预算价格是形成（或计算分析）过程，首先是在确定划分项目的基础上，具体计算工作是出分项工程工程量开始，并计算其每个分项工程的单项基价，按分项工程、分部工程、单位工程、单项工程、建设项目的顺序计算和编制形成相应产品的价格。

四、工程概预算与基本建设的关系

从实质上讲，工程概预算是建设工程项目计划价格（或计划造价）的广义概念，是以建设项目为主体，即围绕建设项目分层性的概预算造价体系，即建设项目总概算（或修正概算）、单项工程综合概（预）算及单位工程施工图预算（包括分部工程预算与分项工程基价）等计划价格体系。设计总概算（或称建设预算）是国家基本建设计划文件的重要组成部分，也是国家对基本建设实行科学管理和监督，有效控制投资额，提高投资综合效益的重要手段之一。基本建设项目是一种特殊的产品，耗资额巨大且其投资目标的实现是一个复杂的综合管理的系统过程，贯穿于基本建设项目实施的全过程，必须严格遵循基本建设的法规、制度和程序，按照概预算发生的各个阶段，使“编”、“管”结合，实行各实施阶段的全面管理与控制。

工程概预算的编制和管理，起始于项目建议书和可行性研究阶段的投资估价之后，即初步设计完成之后，开始编制设计总概算。如果采用三阶段设计，应编制修正总概算(一般称修正概算）；当采用两阶段设计时，则将初步设计与技术设计阶段合并，称为扩大的初步设计阶段。此后须依次完成施工图预算、工程结算（包括工程预付材料价款结算或简称工程预付款结算，工程价款结算或称工程进度款结算，竣工结算）以及竣工决算。此外，随着建设项目规模和内容的不同，编制和管理过程也随之而变化。如果某建设项目只有一个单项工程，甚至只是一个单位工程，则工程概预算的编制和管理过程便分别简化为一个单项工程概（预）算或一个单位工程的设计概算（又可称设计预算）或施工图预算。单位工程设计概算和施工图预算的编制，是本书主要的讨论对象。

综上所述工程概预算的编制和管理，是我国进行基本建设的一项极为重要的工作，同时也是有效地进行投资控制，不断提高投资经济效益的重要手段和方法。

第三节　概预算的概念、分类及作用

工程概预算,可以根据不同的建设阶段、工程对象(或范围)、承包结算方式进行分类。

一、按工程建设阶段分类

（一）设计概算（预算造价）及其作用

1. 设计概算

设计概算是在初步设计或扩大的初步设计阶段，由设计单位根据工程的初步设计图纸、概算定额或概算指标以及各项费用取费标准，概略地计算和确定装饰工程全部建设费用的经济文件。

设计概算是控制工程建设投资、编制工程计划的依据，也是确定工程最高投资限额和分期拨款的依据。

设计概算文件包括建设项目总概算、单位工程概算以及其他工程费用概算。设计单位在报送设计图纸的同时，还要报送相应种类的设计概算。

2. 设计概算的作用

第一，设计概算是国家确定和控制建设项目总投资，编制基本建设计划的依据。设计概算是初步设计文件的重要组成部分，经上级有关部门审批之后，就成为该项工程建设的最高限额，建设过程中不能突破这一限额。

第二，设计概算是编制基本建设计划的依据。国家规定每个建设项目，只有当它的初步设计和概算文件被批准后，才能列入基本的建设年度计划。因此，基本建设年度计划以及基本建设物资供应、劳动力以及建筑安装施工等计划，都是以批准的建设项目概算文件所确定的投资总额和其中的建筑安装、设备购置等费用数额以及工程实物量指标为依据编制的。

第三，设计概算是选择最佳设计方案的重要依据。一个建设项目及其单项工程或单位工程设计方案的确定,须建立在几个不同的可行方案的技术经济比较的基础上。另外，设计单位在进行施工图设计与编制施工图预算时，还必须根据批准的总概算，考核施工图的投资是否突破总概算确定的投资总额。

第四,它是实行建设项目投资大包干的依据。建设单位和建筑安装企业签订合同时，对于施工期限较长的大中型建设项目，首先应根据批准的计划、初步设计和总概算文件确定建设项目的承发包造价，签订施工总承包合同，据此进行施工准备工作。

第五，它是工程拨款、贷款和结算的重要依据。建设银行要以建设预算为依据办理基本建设项目的拨款、贷款和竣工结算。

第六，它是基本建设核算工作的重要依据。基本建设是扩大再生产增加固定资产的一种经济活动。为了全面反映其计划编制、执行及完成情况，就必须进行核算工作。

（二）修正概算

修正概算是当采用三阶段设计时，在技术设计阶段，随着对初步设计内容的深化，对建设规模、结构性质、设备类型等方面可能进行必需的修改和变动，因此，对初步设计总概算应作相应的调整和变动。通常情况下，修正概算不能超过原已批准的概算投资额。修正概算的作用与设计概算的作用基本相同。

（三）施工图预算及其作用

1. 施工图预算

施工图预算是设计工作完成并经过图纸会审之后，由施工承包单位在开工前预先计算和确定的单项工程或单位工程全部建设费用的经济文件。它是根据施工图纸、施工组织设计（或施工方案）、预算定额、各项取费标准、建设地区的自然及技术经济条件等资料编制的。

2. 施工图预算的作用

第一，它是确定装饰装修工程预算造价的依据。装饰装修工程施工图预算经有关部门审批后，就正式确定为该工程的预算造价，即计划价格。

第二，它是签订施工合同和进行工程结算的依据。施工企业根据审定批准的施工图预算，与建设单位签订工程施工合同。工程竣工后，施工企业就以施工图预算为依据向建设单位办理结算。

第三，它是建设银行拨付价款的依据。建设银行根据审定批准后的施工图预算办理装饰装修工程的拨款。

第四，它是企业编制经济计划的依据。施工企业的经常计划或施工技术财务计划的组成以及它们的相应计划指标体系中部分指标的确定，都得以施工图预算为依据。

第五，它是企业进行“两算”对比的依据。“两算”是指施工图预算和施工预算。施工企业常常通过“两算”的对比，进行正审，从中发现矛盾并及时分析原因予以纠正。

（四）施工预算及其作用

1. 施工预算

施工预算是施工企业以施工图预算（或承包合同价）为目标确定的拟建单位工程（或分部、分项工程）所需的人工、材料、机械台班消耗量及其相应费用的技术经济文件。它是根据施工图计算的分项工程量、施工定额（或企业内部消耗定额）、单位工程施工组织设计或施工方案和施工现场条件等，通过资料分析和计算而编制的。

2. 施工预算的作用

第一，施工预算是施工企业对单位工程实行计划管理，编制施工作业计划的依据。它是施工企业对装饰装修工程实行计划管理，编制施工、材料、劳动力等计划的依据。编好施工作业计划是改进施工现场管理和执行施工计划的关键措施。

第二，它是经常核算和考核的依据。施工预算中规定：为完成某部分或分项工程所需的人工、材料消耗量，要按施工定额计算。因管理不善而造成用工、用料量超过规定时，将意味着成本支出的增加，利润额的减少。因此，必须以施工预算规定的相应工程的用工用料为依据，对每一个分部或分项工程施工全过程的工料消耗进行有效的控制，以达到降低成本支出的目的。

第三，它是检查与督促的依据。它是施工队向班组下达工程施工任务书和施工过程中检查与督促的依据。

第四，它是施工单位进行“两算对比”及降低工程成本的依据。

（五）竣工结算

竣工结算是指一个单项工程或单位工程全部竣工，并经过建设单位与有关部门验收后，施工企业编制的经建设银行审查同意，向建设单位办理最终结算的技术经济文件。它是由施工企业以施工图预算书（或承包合同）为依据，根据现场施工记录、设计变更通知书、现场变更签证、材料预算价格和有关取费标准等资料，在原定合同预算的基础上编制的。

竣工结算是工程结算中最终的一次性结算。除此之外，工程结算还可有中间结算，即定期结算（如月结算）、工程阶段（按工程形象进度）结算。其作用是使施工企业获得收入，补偿消耗，是进行分项核算的依据。

（六）竣工决算（或竣工成本决算）

竣工决算可分为施工企业内部单位工程的成本决算和建设单位拟定决策对象的竣工决算。施工单位的单位工程成本决算，是用工程结算为依据编制的从施工准备到竣工验收后的全部施工费用的技术经济文件。用于分析该工程施工的最终实际效益。建设项目的竣工决算，是当所建项目全部完工并经过验收后，由建设单位编制的从项目筹建到竣工验收、交付使用全过程中实际支付的全部建设费用的经济文件。它的作用主要是反映基本建设实际投资额及其投资效果；是作为核定新增固定资产和流动资金价值，国家或者主管部门验收小组验收与交付使用的重要财务成本依据。

二、按工程对象分类

（一）单位工程概预算

单位工程概预算是以单位工程为编制对象编制的工程建设费用的技术经济文件，称为单位工程设计概预算或单位工程施工图预算（也能简称为工程预算）。

（二）工程建设其他费用概预算

工程建设其他费用是以建设项目为对象，根据有关规定应在建设投资中支付的，除建筑安装工程费、设备购置费、工具及生产家具购置费和预备费以外的一些费用，如土地、青苗等补偿费、安置补助费、建设单位管理费、生产职工培训费等。工程建设其他费用概预算是根据设计文件和国家、地方主管部门规定的取费标准进行编制的，用独立的费用项目列入单项工程综合概预算或建设项目总概算中。

（三）单项工程综合概预算

单项工程综合概预算是确定单项工程建设费用的综合性经济文件。它是由该建设项目的各单位工程概预算汇编而成。当建设项目只是一个单项工程，无须编制设计总概算时，工程建设其他费用概预算和预备费列入单项工程综合概预算中，以反映该项工程的全部费用。

（四）建设项目总概算

建设项目总概算和设计总概算（或设计概算）相同。

三、按工程承包合同的结算方式分类

我国从 1984 年以来，改革了建筑业与基本建设管理体制，推行招标投标工程承包制。按照我国工程承包合同规定的结算方式的不同，工程概预算又能够分为五类。

（一）固定总价合同概预算

固定总价合同概预算，是指以设计图纸和工程说明书为依据计算和确定的工程总造价。此类合同也是按工程总造价一次包死的承包合同。其工程概预算是编制的设计总概算或单项工程综合概算。工程总造价的精确程度，取决于设计图纸和工程说明书的精细程度，如果图纸和说明书粗略，将使概预算总价难以精确，承发包双方可能承担较大的风险。因此，国外在采取固定总价合同承包方式时，常常是实行设计、施工总承包的办法，即将一个建设项目从规划、设计、施工到竣工后的生产服务总概算实行一揽子总承包。这样做不仅有利于推进科学技术的进步和改进建设项目管理，而且还能降低建设成本，创出最佳作品。

（二）计量定价合同概预算

计量定价合同概预算，是以合同规定的工程量清单和单位价目表为基础，来计算和确定工程概预算造价。此种概预算编制的关键在于正确地确定每个分项工程的单价，这种定价方式风险较小，是国际工程施工承包中较为普遍的方式。

（三）单价合同概预算

所谓单价合同是指根据工程项目的分项单价进行招标、投标时所签订的合同。其概预算造价的确定方法，是确定分部分项工程的单价，再根据以后给出的施工图纸计算工程量，结合已规定的单价计算和确定工程造价。显然，这种承包方式往往是设计、施工同时发包，施工承包商是在无图纸的条件下先报单价。这种单价，可以由投标单位按照招标单位提出的分项工程逐项开列，也可由招标单位提出，再由中标单位认可，或经双方协调修订后作正式报价单价。单价可固定不变，也可商定允许在实物工程量完成时，随工资和材料价格指数的变化进行合理的调整，调整办法应在合同中明文规定。

（四）成本加酬金合同概预算

成本加酬金合同概预算，是指按合同规定的直接成本（人工、材料和机械台班费等），加上双方商定的总管理费用和计划利润来确定工程概预算总造价。这种合同承包方式，同样适用于没有提出施工图纸的情况下，或是在遭受毁灭性灾害或战争破坏后急待修复的工程项目。此种概预算方式，还可细分为成本加固定百分数、成本加固定酬金、成本加浮动酬金以及目标成本加奖罚酬金四种方式。

（五）统包合同概预算

统包合同概预算，是按照合同规定从项目可行性研究开始，直到交付使用和维修服务全过程的工程总造价。采用统包合同确定单价的步骤一般是：

第一，建设单位请投标单位进行拟建项目的可行性研究，投标单位在提出可行性研究报告时，同时也提出完成初步设计和工程量表（包括概算）所需的时间和费用。

第二，建设单位委托中标单位做初步设计，同时着手组织现场施工的准备工作。

第三，建设单位委托做施工图设计，同时着手组织施工。

这种统包合同承包方式，每进行一个程序都要签订合同，并规定出应付中标单位的报酬金额。由于设计逐步深入，其统包合同的概算和预算也是逐步完成的。所以一般只能争取阶段性的成本加酬金的结算方式。

在以上三种工程概预算分类及其编制方法中，按阶段分类的设计概算、施工图预算、施工预算及工程结算（包括竣工结算）、竣工决算的编制方法，是较常用的基本原理和编制方法。其他两类是上述编制原理和方法针对不同编制对象时的运用。为了使读者掌握概预算的基本原理和方法，本书各章以单位建筑工程，即以一般土建工程、水卫暖工程和电气照明工程为主，介绍其概预算定额、工程量计算、间接费及造价构成及编制方法等。

第四节　概预算价格的影响因素

一、建设项目总概算书的编制程序

编制建设项目设计总概算书，首先应充分熟悉建设项目的总体设想和建设目标要求，并且根据国家的有关技术经济政策，对拟建项目作出正确的判断和决策。此外，还应了解和掌握国内外生产工艺发展水平，国家宏观经济发展趋势，建设市场的软、硬环境，施工现场的条件，以及项目建议书、可行性研究报告、投资估价书、有关设计图纸、概预算定额、现场设备、材料单价、计取费用标准、施工组织设计、技术规范及质量验收标准等。

二、影响工程概预算费用的因素

影响概预算费用或建设项目投资的因素很多，主要因素有政策法规性因素、地区性与市场性因素、设计因素、施工因素和编制人员素质因素五个方面：

（一）政策法规性因素

国家和地方政府主管部门对于基本建设项目的报批、审查、基本建设程序，及其投资费用的构成、计取，从土地的购置直到工程建设完成后的竣工验收、交付使用和竣工决算等各项建设工作的开展，都有严格而明确的规定，具有强制的政策法规性。基本建设和建筑产品价格的确定，属国家、企业以及事业单位新增固定资产的投资经济范畴，在我国社会主义市场经济条件下，既有较强的计划性，又必须服从于商品经济的价值规律，是计划性与市场性相结合条件下的投资经济活动。建设项目的确立，既要受到国家宏观经济和地方与行业经济发展的制约，受到国家产业政策、产业结构、投资方向、金融政策和技术经济政策的宏观控制，又要受到市场需求关系、市场不规则和市场设备、原材料等生产资料价格上涨因素的冲击，受到社会和市场环境的制约。

在基本建设项目的具体实施中，国家为了严格控制基本建设的投资规模，合理布局生产力和有效地利用国家有限资源，把严格管理基本建设程序和建立、健全统一的概预算管理制度，作为合理确定建设工程造价，有效控制基本建设投资的重要手段。概预算的编制必须严格遵循国家和地方主管部门的有关政策、法规和制度，按规定的程序进行。确定的工程价格费用项目、概预算定额单价和人工、材料、机械台班消耗量，工程量计算规则、取费定额标准等，都应符合有关文件的规定，凡未经过规定的审批程序，不能擅自更改变动，并且只能在规定范围内调整。例如：对市场购置的材料差价，一般应根据当地定额站的有关规定和所提供的价格信息范围，按规定进行差价调整。概预算的编制和实施，还必须严格遵守报批、审核制度。当初步设计、设计总概算完成之后，要按照国家规定的审批权限，经审批并列入基本建设计划施工图预算后方能生效。

（二）地区性与市场性因素

建筑产品存在于不同的地域空间，其产品价格必然受到所在地区时间、空间、自然条件和社会与市场软硬环境的影响。建筑产品的价值是人工、材料、机具、资金和技术投入的结果。不同的区域和市场条件，对上述投入条件和工程造价的形式，都会带来直接的影响，如当地技术协作、物资供应、交通运输、市场价格和现场施工等建设条件，以及当地的定额水平，都将会反映到概预算价格之中。此外，由于地物地貌、地质与水文地质条件的不同，也会给概预算费用带来较大的影响，即使是同一设计图纸的建筑物或构筑物，也会在现场条件处理及基础工程费用上产生较大幅度的差异。

（三）设计因素

设计图纸是编制概预算的基本依据之一，也是在建设项目决策之后的实施全过程中，影响建设投资的最关键性因素，且影响的投资差额巨大。特别是初步设计阶段，如对地理位置、占地面积、建设标准、建设规模、工艺设备水平，以及建筑结构选型和装饰标准等的确定，设计是否经济合理，对概预算造价都会带来很大的影响，一项优秀的设计可以大量节约投资。

（四）施工因素

就我国目前所采取的概预算编制方法而言，在节约投资方面施工因素虽然没有设计的影响那样突出，但是施工组织设计（或施工方案）和施工技术措施等，也同施工图一样，是编制工程概预算的重要依据之一。它不仅对概预算的编制有较大的影响，而且通过加强施工阶段的工程造价管理（或投资控制），对控制概预算定额，保证建设项目预定目标的实现等，有着重要的现实意义。因此，工程建设的总体部署，采用先进的施工技术，合理运用新的施工工艺，采用新技术和新材料，合理布置施工现场，减少运输总量等，对节约投资有着显著的作用。

（五）编制人员素质因素

工程概预算的编制和管理，是一项十分复杂而细致的工作。它要求工作人员：有强烈的责任感，始终把节约投资、不断提高经济效益放在首位；政策观念强，知识面宽，不但应具有建筑经济学、投资经济学、价格学、市场学等理论知识，而且要有较全面的专业理论与业务知识，如工程识图、建筑构造、建筑结构、建筑施工、建筑设备、建筑材料、建筑技术经济与建筑经济管理等理论知识以及相应的实际经验；必须充分熟悉有关概预算编制的政策、法规、制度、定额标准和与其相关的动态信息等。只有如此，才能准确无误地编制好工程概预算，防止“错、漏、冒”算问题的出现。

通过对影响因素的分析，说明建筑工程概预算的编制和管理，具有与其他工业产品定价不同的个性特征，如政策法规性、计划与市场的统一性、单个产品产价性、多次定价性及动态性等。

第五节　工程概预算的组成

工程概预算是建筑业和基本建设产品价值的货币表现的总称，是以建设项目为前提的计划造价体系，具有层次性和阶段性。概算和预算有不同之处，但在编制程序、内容方面有许多共同之处，甚至有着内在的联系（或相关性），如划分细目分项的相关性，也如概算定额与预算定额的相关性，即预算定额是综合概算定额的基础，但在具体的编制依据、程序、内容和方法等方面，又各有不同，初学工程概预算的读者，应特别注意其区别。

一、概预算的组成内容

（一）设计概算的组成内容

设计概算是在初步设计或扩大的初步设计阶段，根据设计要求和以投资估算为依据编制的综合性概算，是设计文件的重要内容。

设计概算的内容可由三部分构成。即建设项目设计总概算费用，包括单项工程综合概算、工程建设其他费用概算和预备费等三大项费用，设计概算又可分为三级，即单位工程设计概算、单项工程综合概算、建设项目总概算。

单位工程概算是确定单项工程中各个单位工程建设费用的文件，是编制单项工程综合概算的依据。单位工程概算可分为建筑工程概算和设备及安装工程概算两大类。建筑工程概算还可细分为一般土建工程概算、给排水工程概算、采暖工程概算、通风工程概算、电气照明工程概算、工业管道工程概算以及特殊构筑物工程概算等。设备及安装工程概算也可分为机械设备及安装工程概算和电气设备安装工程概算。

单项工程综合概算是确定一个单项工程所需要的建设费用的文件，是根据单项工程内各专业性单位工程概算汇总编制而成的。

综上所述，建设项目设计总概算三大部分费用的第一部分费用，是以单位工程概算为基础的单项工程综合概算的汇总，是设计总概算中的主要组成部分，显然其他两部分所占费用比例较少。此外，当一个建设项目只有一个单项工程，甚至只有一个单位工程时，则设计总概算的编制主题，就成为编制单项工程综合概算或单位工程设计概算。

（二）施工图预算的组成内容

施工图预算是确定建筑安装工程预算造价的技术经济文件。它是以施工图为依据，并由施工单位编制，因此称为施工图预算。施工图预算，也类同于设计概算一样，可分为三级，即单位工程施工图预算、单项工程施工图预算和建设项目建筑安装工程预算造价。建设项目建筑安装工程预算造价，是建设项目总概算的第一部分费用。其施工图预算的分类及其费用构成，只是用单项工程施工图预算、单位工程施工图预算，分别替代单项工程综合概算、单位工程概算，此处便不再重复。

单位工程施工图预算的编制方法和内容，是概预算编制人员的基本功。其组成内容由直接费、间接费、计划利润、其他费、税金等项费用构成，如为某单位工程施工图预算的组成内容，主要包括直接费、间接费、技术装备费、法定利润及税金等。国家主管部门为使建筑产品价格适应招标投标竞争及其造价改革的需要，规定用计划利润取代法定利润和技术装备费两项费用。但是，有些省、市会根据本地区的实际情况，仍使用法定利润和技术装备两项费用。

二、设计概算与施工图预算的主要区别

设计概算与施工图预算的主要区别包括：

（一）编制的费用内容不完全相同

设计概算包括设计总概算的编制，它包括建设项目从筹建开始至全部项目竣工和交付使用前的全部建设费用。施工图预算的内容，一般包括建筑工程和设备及安装工程两项建设费用。建设项目的建设总概算除包括上述两项外，还应包括与该项建筑安装工程有关的“设备及工器具购置”以及“其他基本建设”两项费用。

（二）编制阶段和编制单位不同

建设项目设计总概算的编制阶段，是在初步设计阶段或扩大的初步设计阶段进行，由设计单位编制，施工图预算是在施工图设计完成后，由施工单位进行编制。

（三）审批过程及其作用不同

设计总概算是初步设计文件的组成部分，一并申报并由有关主管部门审批，作为建设项目立项和正式列入年度基本建设计划的依据。只有在初步设计图纸和设计总概算经审批同意后，施工图设计才能开始，因此它是控制施工图设计和预算总额的依据。施工图预算是先报建设单位初审，之后再送交建设银行经办行审查认定，就能作为拨付工程价款和竣工结算的依据。

（四）概预算的分项大小和采用的定额不同

设计概算分项和采用定额，具有较强的综合性。设计概算采用概算定额，而施工图预算用的是预算定额。预算定额是综合概算定额的基础，例如一个基础工程在预算定额中，应分为挖土方、做垫层、砌砖、防潮层及回填土五项分项预算定额的全部内容。由此而决定了设计概算和施工图预算有着不同的分项内容。

三、编制建筑工程概预算的一般程序

以单位工程为编制对象的设计概算和施工图预算以及施工预算的编制有着共同的编制步骤和顺序。概括起来，首先是编制准备工作，如收集、整理设计图纸，概预算定额，取费标准，设备、材料的最新价格信息等资料；熟悉施工图纸，参加图纸会审和技术交底，及时解决图纸上的疑难问题；了解和掌握施工现场的施工条件和施工组织设计（或

施工方案、施工技术措施）的有关内容。第二步是确定分部分项工程的划分，列出工程细目。第三步按工程细目依次计算分项工程量。第四步套用概（预）算单价，需要时还应编制经审批使用的定额单价。第五步是利用第三步、第四步的结果计算合价和作直接费小计。第五步是进行工、料、机分析。第六步是复核，第七步是计算单位工程总造价及单方造价。最后编写说明并装订签章。以上的编写步骤，关键在于充分做好编制预算的准备工作，正确确定与概（预）算定额分项内容相适应的工程细目和准确地计算工程量。此外，在做第七步时，应当坚持按标准取费。总而言之，在编制概预算工作中，能够认真做好上述几项工作，就能够编制出质量高、数字准确的概（预）算来，否则，会欲速则不达，出现漏项、错算及冒算的错误。

第二章　建设工程与装饰工程费用

第一节　建设工程费用概述

一、建设工程费用项目组成与计算

建设工程费用即建设项目总投资，是指建设项目从拟建到竣工验收交付使用整个过程中，所投入的全部费用的总和。生产性建设项目总投资包括建设投资、建设期利息和流动资金三部分。非生产性建设项目总投资包括建设投资和建设期利息两部分，其中，建设投资和建设期利息之和对应于固定资产投资，固定资产投资与建设项目的工程造价在量上相等。

我国现行建设项目投资包括工程费用、工程建设其他费用和预备费三部分。工程费用是指直接构成固定资产实体的各种费用，能分为建筑安装工程费和设备及工器具购置费。工程建设其他费用是指根据国家有关规定应在投资支付，并列入建设项目总造价或单项工程造价的费用，预备费是为了保证工程项目的顺利实施，避免在难以预料的情况下造成投资不足而预先安排的费用。

（一）建设项目总投资，见表 2-1

（二）建筑安装工程费

根据住房城乡建设部、财政部关于印发《建筑安装工程费用项目组成》的通知的规定，建筑安装工程费按照费用构成要素划分由人工费、材料（包含工程设备）费、施工机具使用费、企业管理费、利润、规费以及税金组成。其中人工费、材料费、施工机具使用费、企业管理费和利润包含在分部分项工程费、措施项目费、其他项目费中。此内容详见建筑安装工程费用。

（三）设备及工器具购置费

设备及工器具购置费是由设备购置费用和工具、器具及生产家具购置费用组成，是固定资产投资的构成部分。

表2-1　建设项目总投资组成

<table>
<tr><td rowspan="22">建设项目总投资</td><td rowspan="21">固定资产投资——工程造价</td><td rowspan="21">建设投资</td><td rowspan="2">第一部分工程费用</td><td colspan="2">建筑安装工程费</td><td rowspan="15">固定资产</td></tr>
<tr><td colspan="2">设备及工器具购置费</td></tr>
<tr><td rowspan="15">第二部分工程建设其他费用</td><td>建设管理费</td><td rowspan="13">固定资产其他费用</td></tr>
<tr><td>建设用地费</td></tr>
<tr><td>可行性研究费</td></tr>
<tr><td>研究试验费</td></tr>
<tr><td>勘察设计费</td></tr>
<tr><td>环境影响评价费</td></tr>
<tr><td>劳动安全卫生评价费</td></tr>
<tr><td>场地准备及临时设施费</td></tr>
<tr><td>引进技术和引进设备其他费</td></tr>
<tr><td>工程保险费</td></tr>
<tr><td>联合试运转费</td></tr>
<tr><td>特殊设备安全监督检验费</td></tr>
<tr><td>市政公用设施建设费</td></tr>
<tr><td>专利及专有技术使用费</td><td colspan="2">无形资产</td></tr>
<tr><td>生产准备及开办费</td><td colspan="2">其他资产</td></tr>
<tr><td rowspan="2">第三部分预备费</td><td colspan="3">基本预备费</td></tr>
<tr><td colspan="3">涨价预备费</td></tr>
<tr><td>第四部分</td><td colspan="3">建设期利息</td></tr>
<tr><td>第五部分</td><td colspan="3">固定资产投资方向调节税（暂停征收）</td></tr>
<tr><td colspan="6">流动资产投资——铺底流动资金</td></tr>
</table>

1. 设备购置费

设备购置费是指为建设项目购置或自制的，达到固定资产标准的各种国产或进口设备、工具、器具的费用，它由设备原价和设备运杂费构成。

2. 工器具及生产家具购置费

工器具及生产家具购置费，指新建项目或扩建项目初步设计规定的，保证初期正常生产必须购置的，但没有达到固定资产标准的设备、仪器、工卡模具、器具、生产家具及备品备件等的购置费用。

（四）工程建设其他费用

工程建设其他费用是工程从筹建到竣工验收交付使用整个建设期间，为了保证工程顺利完成发生的除建筑安装工程费用和设备、工器具购置费外的费用，包括固定资产费用、无形资产费用和其他资产费用。

特别指出，工程建设其他费用项目是项目的建设投资中较常发生的费用项目，但并非每个项目都会发生这些费用项目，项目不发生的其他费用项目不计取。

1. 建设单位管理费

建设单位管理费是指工程从立项、筹建、建设、联合试运转、竣工验收交付使用及后评价等全过程管理所需的费用，包括以下方面：

（1）建设单位管理费

建设单位管理费是指建设单位从项目开工之日起至办理竣工财务决算之日止发生的管理性质的开支，包括：工作人员的基本工资、工资性津贴、职工福利费、劳动保护费、劳动保险费、办公费、差旅交通费、工会经费、职工教育经费、固定资产使用费、工具用具使用费、技术图书资料费、必要的办公及生活用品购置费、必要的通信设备及交通工具购置费、零星固定资产购置、生产人员招募费、业务招待费、设计审查费、工程招标费、合同契约公证费、法律顾问费、咨询费、完工清理费、竣工验收费、印花税及其他管理性质的开支。

（2）工程监理费

工程监理费是指建设单位委托工程监理单位实施工程监理的费用。此项费用应按国家发改委与建设部联合发布的《建设工程监理与相关服务收费管理规定》计算。依法必须实行监理的建设工程施工阶段的监理收费实行政府指导价；其他建设工程施工阶段的监理收费和其他阶段的监理与相关服务收费实行市场调节价。

由于工程监理是受建设单位委托的工程建设技术服务，属建设管理范畴。监理费应根据委托的监理工作范围和监理深度在监理合同中商定，因此，工程监理费应从建设管理费中开支，因此在工程建设其他费用项目中不单独列项。

2. 建设用地费

由于建筑物的固定性，必然要发生为获得建设用地而支付的费用，即土地使用费。它包括通过划拨方式取得土地使用权而支付的土地征用及迁移补偿费，或者通过土地使用权出让方式取得土地使用权而支付的土地使用权出让金。

（1）土地征用及迁移补偿费

依照《中华人民共和国土地管理法》等规定，土地征用及迁移补偿费包括：土地补偿费，青苗补偿费和被征用土地上的房屋、水井、树木等附着物补偿费、安置补助费、缴纳的耕地占用税或城镇土地使用税，土地登记费及征地管理费等，征地动迁费，水利水电工程水库淹没处理补偿费。

（2）土地使用权出让金

土地使用权出让金指建设项目通过土地使用权出让方式，取得有限期的土地使用权，依照《中华人民共和国城镇国有土地使用权出让和转让暂行条例》规定，支付的土地使用权出让金。城市土地的出让和转让可采用协议、招标和公开拍卖等方式。

3. 可行性研究费

可行性研究费是指在建设项目前期工作中，编制和评估项目建议书、可行性研究报告所需的费用。

4. 研究试验费

研究试验费是指为项目提供和验证设计参数、数据、资料所进行的必要的试验费用以及设计规定在施工中必须进行试验、验证所需的费用，包括自行或委托其他部门研究试验所需人工费、材料费、试验设备及仪器使用费等，此项费用应按照研究试验内容和要求进行编制。

5. 勘察设计费

勘察设计费是指为项目提供建议书、可行性研究报告及设计文件等所需的费用，包括编制项目建议书、可行性研究报告及投资估算、工程咨询、评价以及为编制上述文件所进行的勘察、设计、研究试验等所需费用；委托勘察、设计单位进行初步设计、施工图设计及概预算编制所需费用；在规定范围内由建设单位自行完成勘察和设计工作所需费用。

6. 环境影响评价费

环境影响评价费是按照《中华人民共和国环境保护法》、《中华人民共和国环境影响评价法》等规定，为全面、详细评价本建设项目对环境可能产生的污染或造成的重大影响所需要的费用，包括编制环境影响报告书（含大纲）、环境影响报告表和评估环境影响报告书（含大纲）和评估环境影响报告表等所需的费用。

7. 劳动安全卫生评价费

劳动安全卫生评价费是指按照劳动部《建设项目（工程）劳动安全卫生监察规定》和《建设项目（工程）劳动安全卫生预评价管理办法》的规定，为预测和分析建设项目存在的职业危险、危害因素的种类和危险危害程度，并提出先进、科学、合理可行的劳动安全卫生技术和管理对策所需的费用。此费用包括编制建设项目劳动安全卫生预评价大纲和劳动安全卫生预评价报告书以及为编制上述文件所进行了的工程分析和环境现状调查等所需费用。

8. 场地准备及临时设施费

场地准备费是指建设项目为达到工程开工条件所发生的场地平整和对建设场地余留的碍于施工建设的设施进行拆除清理的费用。

临时设施费是指施工企业为进行建筑工程施工所必需的生活和生产用的临时建筑物、构筑物和其他临时设施的费用，建设单位的现场临时建（构）筑物的搭设、维修、拆除、摊销或建设期间租赁费用，以及施工期间专用公路养护费、维修费，此费用不包括已列入建筑安装工程费用中的施工单位临时设施费用。

9. 引进技术和进口设备其他费用

引进技术和进口设备其他费用包括出国人员费用、国外工程技术人员来华费用、技术引进费、分期或延期付款利息、担保费和进口设备检验鉴定费。

10. 工程保险费

工程保险费是指建设项目在建设期间根据需要对建筑工程及机器设备进行投保而发生的保险费用，包括建筑工程一切保险和人身意外伤害险、引进设备国内安装保险等。

11. 联合试运转费

联合试运转费是指新建项目或新增加生产能力的工程，在交付生产之前按照批准的设计文件规定的工程质量标准和技术要求，进行整个生产线或装置的负荷联合试运转或局部联运试车所发生的费用净支出（试运转支出大于收入的差额部分费用）。试运转支出包括试运转所需原材料、燃料及动力消耗、低值易耗品、其他物料消耗、工具用具使用费、机械使用费、保险金、施工单位参加试运转人员工资，以及专家指导费等；试运转收入包括试运转期间的产品销售收入和其他收入。

联合试运转费不包括应由设备安装工程费用开支的调试及试车费用以及在试运转中暴露出来的因施工原因或设备缺陷等发生的处理费用。

12. 特殊设备安全监督检验费

特殊设备安全监督检验费是指在施工现场组装的锅炉及压力容器、压力管道、消防设备、燃气设备、电梯等特殊设备和设施，由安全监察部门按照有关安全监察条例和实施细则以及设计技术要求进行安全检验，应由建设项目支付的、向安全监察部门缴纳的费用。

13. 无形资产费用

无形资产费用系指直接形成无形资产的建设投资，主要是指专利及专有技术使用费。它包括国外设计及技术资料费，引进有效专利、专有技术使用费和技术保密费；国内有效专利、专有技术使用费；商标权、商誉和特许经营权费等；为项目配套的专用设施投资，包括专用铁路线、专用公路、专用通信设施、送变电站、地下管道、专用码头等，例如由项目建设单位负责投资但产权不归属本单位的，应作无形资产处理。

14. 其他资产费用

其他资产费用指建设投资中除形成固定及无形资产以外的部分，主要包括生产准备及开办费等。生产准备及开办费是指建设项目为保证正常生产（或营业、使用）而发生的人员培训费、提前进厂费以及投产使用必备的生产办公、生活家具用具及工器具等购置费用；为保证初期正常生产（或营业、使用）必需的第一套不够固定资产标准的生产工具、器具、用具购置费，其不包括备品备件费；为保证初期生产（或营业、使用）必需的生产办公、生活家具用具购置。

（五）预备费

按我国现行规定，预备费包括基本预备费和涨价预备费两种。

1. 基本预备费

基本预备费是指针对在项目实施过程中可能发生难以预料的支出，需要事先预留的费用，又称工程建设不可预见费，主要指设计变更及施工过程中可能增加工程量的费用，包括以下方面：

第一，在批准的初步设计范围内，技术设计、施工图设计及施工过程中所增加的工程费用；设计变更、局部地基处理等增加的费用。

第二，一般自然灾害造成的损失和预防自然灾害所采取的措施费用。实行工程保险的工程项目费用应适当降低。

第三，竣工验收时为鉴定工程质量，对隐蔽工程进行必要的挖掘和修复费用。

2. 涨价预备费

涨价预备费是建设项目在建设期间，由于材料、人工、设备等价格等原因引起工程造价变化，而事先预留的费用，亦称为价格变动不可预见费。费用内容包括：人工、设备、材料以及施工机械的价差费，建筑安装工程费及工程建设其他费用调整增加的费用，利率、汇率调整等增加的费用。

（六）建设期贷款利息

建设期贷款利息包括向国内银行和其他非银行金融机构贷款、出口信贷、外国政府贷款、国际商业银行贷款，以及在境内外发行的债券等在建设期间内应偿还的借款利息。

国外贷款利息计算中，还应包括国外贷款银行根据贷款协议向贷款方以年利率的方式收取的手续费、管理费、承诺费，以及国内代理机构经国家主管部门批准的以年利率的方式向贷款单位收取的转贷费、担保费以及管理费等。

二、建筑安装工程费用构成及计算

根据住房城乡建设部、财政部关于印发《建筑安装工程费用项目组成》的通知的规定，建筑安装工程费按照费用构成要素划分由人工费、材料（包含工程设备）费、施工机具使用费、企业管理费、利润、规费和税金组成。

为指导工程造价专业人员计算建筑安装工程造价，将建筑安装工程费用按工程造价形成顺序划分为分部分项工程费、措施项目费、其他项目费、规费以及税金。

（一）按费用构成要素划分

建筑安装工程费按照费用构成要素划分，由人工费、材料（包含工程设备，下同）费、施工机具使用费、企业管理费、利润、规费和税金组成，其中人工费、材料费、施工机具使用费、企业管理费和利润包含在分部分项工程费、措施项目费、其他项目费中。

1. 人工费

人工费是指按工资总额构成规定，支付给从事建筑安装工程施工的生产工人和附属生产单位工人的各项费用，包括以下内容：

第一，计时工资或计件工资，是指按计时工资标准和工作时间或对已经做工作按计件单价支付给个人的劳动报酬。

第二，奖金，是指对超额劳动和增收节支支付给个人的劳动报酬。如节约奖、劳动竞赛奖等。

第三，津贴补贴，是指为了补偿职工特殊或额外的劳动消耗和因其他特殊原因支付给个人的津贴，以及为了保证职工工资水平不受物价影响支付给个人的物价补贴。如流动施工津贴、特殊地区施工津贴、高温（寒）作业临时津贴以及高空津贴等。

第四，加班加点工资，是指按规定支付的在法定节假日工作的加班工资和在法定日工作时间外延时工作的加点工资。

第五，特殊情况下支付的工资，是指根据国家法律、法规和政策规定，因病、工伤、产假、计划生育假、婚丧假、事假、探亲假、定期休假、停工学习、执行国家或社会义务等原因按计时工资标准或计时工资标准的一定比例支付的工资。

2. 材料费

材料费是指施工过程中耗费的原材料、辅助材料、构配件、零件、半成品或成品和工程设备的费用。其内容包括：

第一，材料原价，是指材料、工程设备的出厂价格或商家供应价格。

第二，运杂费，是指材料、工程设备自来源地运至工地仓库或指定堆放地点所发生的全部费用。

第三，运输损耗费，是指材料在运输装卸过程中的不可避免的损耗。

第四，采购及保管费，是指为组织采购、供应和保管材料、工程设备的过程中所需要的各项费用。包括采购费、仓储费、工地保管费以及仓储损耗。

表2-2　建筑安装工程费用项目组成表（按费用构成要素划分）

<table>
<tr><td rowspan="20">建筑安装工程费</td><td rowspan="5">人工费</td><td colspan="2">1.计时工资或计件工资</td><td rowspan="20">分部分项工程费
措施项目费
其他项目费</td></tr>
<tr><td colspan="2">2.奖金</td></tr>
<tr><td colspan="2">3.津贴、补贴</td></tr>
<tr><td colspan="2">4.加班加点工资</td></tr>
<tr><td colspan="2">5.特殊情况下支付的工资</td></tr>
<tr><td rowspan="4">材料费</td><td colspan="2">1.材料原价</td></tr>
<tr><td colspan="2">2.运杂费</td></tr>
<tr><td colspan="2">3.运输损耗费</td></tr>
<tr><td colspan="2">4.采购及保管费</td></tr>
<tr><td rowspan="8">施工机具使用费</td><td rowspan="7">1.施工机械使用费</td><td>①折旧费</td></tr>
<tr><td>②大修理费</td></tr>
<tr><td>③经常修理费</td></tr>
<tr><td>④安拆费及场外运费</td></tr>
<tr><td>⑤人工费</td></tr>
<tr><td>⑥燃料动力费</td></tr>
<tr><td>⑦税费</td></tr>
<tr><td colspan="2">2.仪器仪表使用费</td></tr>
<tr><td rowspan="3">企业管理费</td><td colspan="2">1.管理人员工资</td></tr>
<tr><td colspan="2">2.办公费</td></tr>
<tr><td colspan="2">3.差旅交通费</td></tr>
</table>

表2-2（续）

<table>
<tr><td rowspan="23">建筑安装工程费</td><td rowspan="11">企业管理费</td><td>4.固定资产使用费</td><td rowspan="12">分部分项工程费
措施项目费
其他项目费</td></tr>
<tr><td>5.工具用具使用费</td></tr>
<tr><td>6.劳动保险和职工福利费</td></tr>
<tr><td>7.劳动保护费</td></tr>
<tr><td>8.检验试验费</td></tr>
<tr><td>9.工会经费</td></tr>
<tr><td>10.职工教育经费</td></tr>
<tr><td>11.财产保险费</td></tr>
<tr><td>12.财务费</td></tr>
<tr><td>13.税金</td></tr>
<tr><td>14.其他</td></tr>
<tr><td colspan="2">利润</td></tr>
<tr><td rowspan="7">规费</td><td rowspan="5">1.社会保险费</td><td>①养老保险费</td></tr>
<tr><td>②失业保险费</td></tr>
<tr><td>③医疗保险费</td></tr>
<tr><td>④生育保险费</td></tr>
<tr><td>⑤工伤保险费</td></tr>
<tr><td colspan="2">2.住房公积金</td></tr>
<tr><td colspan="2">3.工程排污费</td></tr>
<tr><td rowspan="4">税金</td><td colspan="2">1.营业税</td></tr>
<tr><td colspan="2">2.城市维护建设税</td></tr>
<tr><td colspan="2">3.教育费附加</td></tr>
<tr><td colspan="2">4.地方教育附加</td></tr>
</table>

工程设备是指构成或计划构成永久工程一部分的机电设备、金属结构设备、仪器装置及其他类似的设备和装置。

3. 施工机具使用费

施工机具使用费是指施工作业所发生的施工机械、仪器仪表使用费或其租赁费，其内容包括：

（1）施工机械使用费

以施工机械台班耗用量乘以施工机械台班单价表示，施工机械台班单价应该由下列七项费用组成。

第一，折旧费：指施工机械在规定的使用年限内，陆续收回其原值的费用。

第二，大修理费：指施工机械按规定的大修理间隔台班进行必要的大修理，以恢复其正常功能所需的费用。

第三，经常修理费：指施工机械除大修理以外的各级保养和临时故障排除所需的费用。包括为保障机械正常运转所需替换设备与随机配备工具附具的摊销和维护费用，机械运转中日常保养所需润滑与擦拭的材料费用以及机械停滞期间的维护和保养费用等。

第四，安拆费及场外运费：安拆费指施工机械（大型机械除外）在现场进行安装与拆卸所需的人工、材料、机械和试运转费用以及机械辅助设施的折旧、搭设、拆除等费用；场外运费指施工机械整体或分体自停放地点运至施工现场或由一施工地点运到另一施工地点的运输、装卸、辅助材料及架线等费用。

第五，人工费：指施工机具上司机（司炉）和其他操作人员的人工费。

第六，燃料动力费：指施工机械在运转作业中所消耗的各种燃料及水、电等。

第七，税费：指施工机械按照国家规定应缴纳的车船使用税、保险费及年检费等。

（2）仪器仪表使用费

是指工程施工所需使用的仪器仪表的摊销及维修费用。

4. 企业管理费

企业管理费是指建筑安装企业组织施工生产和经营管理所需的费用，其包括以下内容：

第一，管理人员工资，是指按规定支付给管理人员的计时工资、奖金、津贴补贴、加班加点工资及特殊情况下支付的工资等。

第二，办公费，是指企业管理办公用的文具、纸张、账表、印刷、邮电、书报、办公软件、现场监控、会议、水电、烧水和集体取暖、降温（包括现场临时宿舍取暖、降温）等费用。

第三，差旅交通费，是指职工因公出差、调动工作的差旅费、住勤补助费，市内交通费和误餐补助费，职工探亲路费，劳动力招募费，职工退休、退职一次性路费，工伤人员就医路费，工地转移费以及管理部门使用的交通工具的油料、燃料等费用。

第四，固定资产使用费，是指管理和试验部门及附属生产单位使用的属于固定资产的房屋、设备、仪器等的折旧、大修、维修或者租赁费。

第五，工具用具使用费，是指企业施工生产和管理使用的不属于固定资产的工具、器具、家具、交通工具和检验、试验、测绘、消防用具等的购置、维修以及摊销费。

第六，劳动保险和职工福利费，是指由企业支付的职工退职金，按规定支付给离休干部的经费，集体福利费、夏季防暑降温、冬季取暖补贴、上下班交通补贴等。

第七，劳动保护费，是企业按规定发放的劳动保护用品的支出。如工作服、手套、防暑降温饮料以及在有碍身体健康的环境中施工的保健费用等。

第八，检验试验费，是指施工企业按照有关标准规定，对建筑以及材料、构件和建筑安装物进行一般鉴定、检查所发生的费用，包括了自设试验室进行试验所耗用的材料等费用，不包括新结构、新材料的试验费，对构件做破坏性试验及其他特殊要求检验试验的费用和建设单位委托检测机构进行检测的费用。对此类检测发生的费用，由建设单位在工程建设其他费用中列支。但对施工企业提供的具有合格证明的材料进行检测不合格的，该检测费用由施工企业支付。

第九，工会经费，是指企业按《工会法》规定的全部职工工资总额比例计提的工会经费。

第十，职工教育经费，是指按职工工资总额的规定比例计提，企业为职工进行专业技术和职业技能培训，专业技术人员继续教育、职工职业技能鉴定、职业资格认定以及根据需要对职工进行各类文化教育所发生的费用。

第十一，财产保险费，是指施工管理用财产和车辆等的保险费用。

第十二，财务费，是指企业为施工生产筹集资金或提供预付款担保、履约担保、职工工资支付担保等所发生的各种费用。

第十三，税金，是指企业按规定缴纳的房产税、车船使用税、土地使用税、印花税等。

第十四，其他，包括技术转让费、技术开发费、投标费、业务招待费、绿化费、广告费、公证费、法律顾问费、审计费、咨询费及保险费等。

5. 利润

利润是指施工企业完成所承包工程获得的盈利。

6. 规费

规费是指按国家法律、法规规定，由省级政府和省级有关权力部门规定必须缴纳或计取的费用，包括：社会保险费、住房公积金及工程排污费等。

（1）社会保险费

第一，养老保险费：是指企业按照规定标准为职工缴纳的基本养老保险费。

第二，失业保险费：是指企业按照规定标准为职工缴纳的失业保险费。

第三，医疗保险费：是指企业按照规定标准为职工缴纳的基本医疗保险费。

第四，生育保险费：是指企业按照规定标准为职工缴纳的生育保险费。

第五，工伤保险费：是指企业按照规定标准为职工缴纳的工伤保险费。

（2）住房公积金

住房公积金，主要是指企业按规定标准为职工缴纳的住房公积金。

（3）工程排污费

工程排污费，是指企业按规定缴纳的施工现场工程排污费。

其他应列而没有列入的规费，按实际发生计取。

7. 税金

税金，是指国家税法规定的应计入建筑安装工程造价内的营业税、城市维护建设税、教育费附加和地方教育费附加。

（二）按造价形成划分

建筑安装工程费按照工程造价形成由分部分项工程费、措施项目费、其他项目费、规费、税金组成，分部分项工程费、措施项目费、其他项目费包含人工费、材料费、施工机具使用费、企业管理费及利润。见表 2-3。

表2-3　建筑安装工程费用项目组成表（按照工程造价形成划分）

<table>
<tr><td rowspan="18">建筑安装工程费</td><td rowspan="9">分部分项工程费</td><td>1.房屋建筑与装饰工程①土石方工程②桩基工程……</td><td rowspan="18">人工费
材料费
施工机具使用费
企业管理费
利润</td></tr>
<tr><td>2.仿古建筑工程</td></tr>
<tr><td>3.通用安装工程</td></tr>
<tr><td>4.市政工程</td></tr>
<tr><td>5.园林绿化工程</td></tr>
<tr><td>6.矿山工程</td></tr>
<tr><td>7.构筑物工程</td></tr>
<tr><td>8.城市轨道交通工程</td></tr>
<tr><td>9.爆破工程</td></tr>
<tr><td rowspan="9">措施项目费</td><td>1.安全文明施工费</td></tr>
<tr><td>2.夜间施工增加费</td></tr>
<tr><td>3.二次搬运费</td></tr>
<tr><td>4.冬雨季施工增加费</td></tr>
<tr><td>5.已完工程及设备保护费</td></tr>
<tr><td>6.工程定位复测费</td></tr>
<tr><td>7.特殊地区施工增加费</td></tr>
<tr><td>8.大型机械进出场及安拆费</td></tr>
<tr><td>9.脚手架工程费</td></tr>
</table>

表2-3（续）

<table>
<tr><td rowspan="14">建筑安装工程费</td><td rowspan="3">其他项目费</td><td>1.暂列金额</td><td rowspan="3">人工费
材料费
施工机具使用费
企业管理费
利润</td></tr>
<tr><td>2.计日工</td></tr>
<tr><td>3.总承包服务费</td></tr>
<tr><td rowspan="7">规费</td><td rowspan="5">1.社会保险费</td><td>①养老保险费</td></tr>
<tr><td>②失业保险费</td></tr>
<tr><td>③医疗保险费</td></tr>
<tr><td>④生育保险费</td></tr>
<tr><td>⑤工伤保险费</td></tr>
<tr><td colspan="2">2.住房公积金</td></tr>
<tr><td colspan="2">3.工程排污费</td></tr>
<tr><td rowspan="4">税金</td><td colspan="2">1.营业税</td></tr>
<tr><td colspan="2">2.城市维护建设税</td></tr>
<tr><td colspan="2">3.教育费附加</td></tr>
<tr><td colspan="2">4.地方教育费附加</td></tr>
</table>

1. 分部分项工程费

分部分项工程费是指各专业工程的分部分项工程应予列支的各项费用。

（1）专业工程

专业工程是指按现行国家计量规范划分的房屋建筑与装饰工程、仿古建筑工程、通用安装工程、市政工程、园林绿化工程、矿山工程、构筑物工程、城市轨道交通工程、爆破工程等各类工程。

（2）分部分项工程

分部分项工程指按现行国家计量规范对各专业工程划分的项目。如房屋建筑与装饰工程划分的楼地面工程、墙柱面工程、天棚工程和油漆涂料裱糊工程等。

各类专业工程的分部分项工程划分见现行国家或行业计量规范。

2. 措施项目费

措施项目费是指为完成建设工程施工，发生于该工程施工前和施工过程中的技术、生活、安全、环境保护等方面的费用，内容包括以下部分：

（1）安全文明施工费

第一，环境保护费：是指施工现场为达到环保部门要求所需要的各项费用。

第二，文明施工费：是指施工现场文明施工所需要的各项费用。

第三，安全施工费：是指施工现场安全施工所需要的各项费用。

第四，临时设施费：是指施工企业为进行建设工程施工所必须搭设的生活和生产用的临时建筑物、构筑物和其他临时设施费用，包括临时设施的搭设、维修、拆除、清理费或者摊销费等。

（2）夜间施工增加费

夜间施工增加费是指因夜间施工所发生的夜班补助费、夜间施工降效、夜间施工照明设备摊销及照明用电等费用。

（3）二次搬运费

二次搬运费是指因施工场地条件限制而发生的材料、构配件、半成品等一次运输不能到达堆放地点，必须进行二次或多次搬运所发生的费用。

（4）冬、雨季施工增加费

冬、雨季施工增加费是指在冬季或雨季施工需增加的临时设施、防滑、排除雨雪，人工和施工机械效率降低等费用。

（5）已完工程及设备保护费

已完工程及设备保护费是指竣工验收前，对已完工程及设备采取的必要保护措施所发生的费用。

（6）工程定位复测费

工程定位复测费是指工程施工过程中进行全部施工测量放线和复测工作的费用。

（7）特殊地区施工增加费

特殊地区施工增加费是指工程在沙漠或其边缘地区、高海拔、高寒及原始森林等特殊地区施工增加的费用。

（8）大型机械设备进出场及安拆费

大型机械设备进出场及安拆费是指机械整体或分体自停放场地运至施工现场或由一个施工地点运至另一个施工地点，所发生的机械进出场运输及转移费用及机械在施工现场进行安装、拆卸所需的人工费、材料费、机械费、试运转费及安装所需的辅助设施的费用。

（9）脚手架工程费

脚手架工程费是指施工需要的各种脚手架搭、拆、运输费用以及脚手架购置费的摊销（或租赁）费用。措施项目及其包含的内容详见各类专业工程的现行国家或行业计量规范。

3. 其他项目费

（1）暂列金额

暂列金额是指建设单位在工程量清单中暂定并包括在工程合同价款中的一笔款项。用于施工合同签订时尚未确定或者不可预见的所需材料、工程设备和服务的采购，施工中可能发生的工程变更、合同约定调整因素出现时的工程价款调整以及发生的索赔、现场签证确认等的费用。

（2）计日工

计日工是指在施工过程中，施工企业完成建设单位提出的施工图纸以外的零星项目或者工作所需的费用。

（3）总承包服务费

总承包服务费是指总承包人为配合、协调建设单位进行的专业工程发包，对建设单位自行采购的材料、工程设备等进行保管以及施工现场管理、竣工资料汇总整理等服务所需的费用。规费和税金的定义同前面介绍的一致。

（三）建筑安装工程费用参考计算方法

1. 人工费

$$人工费=\sum（工日消耗量\times日工资单价） \tag{2-1}$$

公式（2–1）主要适用于施工企业投标报价时自主确定人工费，也是工程造价管理机构编制计价定额确定定额人工单价或发布人工成本信息的参考依据。

$$人工费=\sum（工程工日消耗量\times日工资单价） \tag{2-2}$$

日工资单价是指施工企业平均技术熟练程度的生产工人在每工作日（国家法定工作时间内）按规定从事施工作业应得的日工资总额。

工程造价管理机构确定日工资单价应通过市场调查、根据工程项目的技术要求，参考实物工程量人工单价综合分析确定，最低日工资单价不得低于工程所在地人力资源和社会保障部门所发布的最低工资标准的：普工 1.3 倍、一般技工 2 倍、高级技工 3 倍。

工程计价定额不可只列一个综合工日单价，应根据工程项目技术要求和工种差别适当划分多种日人工单价，以确保各分部工程人工费的合理构成。

公式（2–2）适用于工程造价管理机构编制计价定额时确定定额人工费，是施工企业投标报价的参考依据。

2. 材料费

（1）材料费。

$$材料费=\Sigma（材料消耗量\times材料单价）$$

材料单价＝Σ(材料原价＋运杂费)×[1+运输损耗率(%)]×[1+采购保管费率(%)]

（2）工程设备费。

工程设备费＝Σ（工程设备量 × 工程设备单价）工程设备单价

＝（设备原价＋运杂费）×［1+采购保管费率（%）］

3. 施工机具使用费

（1）施工机械使用费。

$$施工机械使用费=\Sigma（施工机械台班消耗量\times机械台班单价）$$

机械台班单价＝台班折旧费＋台班大修费＋台班经常修理费＋台班安拆费及场外运费＋台班人工费＋台班燃料动力费＋台班车船税费

工程造价管理机构在确定计价定额中的施工机械使用费的时候，应根据《建筑施工机械台班费用计算规则》结合市场调查编制施工机械台班单价。施工企业可以参考工程造价管理机构发布的台班单价，自主地确定施工机械使用费的报价，例如租赁施工机械，公式为

$$施工机械使用费=\Sigma（施工机械台班消耗量\times机械台班租赁单价）$$

（2）仪器仪表使用费。

仪器仪表使用费＝工程使用的仪器仪表摊销费＋维修费

4. 企业管理费费率

（1）以分部分项工程费为计算的基础：

生产工人年平均管理费

$$企业管理费费率(\%)=\frac{生产工人年平均管理费}{年有效施工天数\times人工单价}\times人工费占分部分项工程费比例(\%)$$

（2）以人工费和机械费合计为计算基础：

$$企业管理费费率（\%）=\frac{生产工人年平均管理费}{年有效施工天数\times（人工单价+工日机械使用费）}\times100\%$$

（3）以人工费为计算基础：

$$企业管理费费率（\%）=\frac{生产工人年平均管理费}{年有效施工天数\times人工单价}\times100\%$$

上面公式适用于施工企业投标报价时自主确定管理费，是工程造价管理机构编制计价定额确定企业管理费的参考依据。

工程造价管理机构在确定计价定额中企业管理费时，应以定额人工费或定额人工费加定额机械费作为计算基数，其费率根据历年工程造价积累的资料，辅以调查数据确定，列入分部分项工程和措施项目中。

5. 利润

第一，施工企业根据企业自身需求并结合建筑市场实际自主确定，列入报价中。

第二，工程造价管理机构在确定计价定额中利润时，应以定额人工费或定额人工费加定额机械费作为计算基数，其费率根据历年工程造价积累的资料，并结合建筑市场实际确定，以单位（单项）工程测算，利润在税前建筑安装工程费的比重可按不低于5%且不高于7%的费率计算，利润应列入分部分项工程和措施项目中。

6. 规费

（1）社会保险费和住房公积金

社会保险费和住房公积金应以定额人工费为计算基础，根据工程所在地省、自治区、直辖市或行业建设主管部门规定费率计算。

$$社会保险费和住房公积金=\sum（工程定额人工费\times社会保险费和住房公积金费率）$$

式中，社会保险费和住房公积金费率可以每万元发承包价的生产工人人工费及管理人员工资含量与工程所在地规定的缴纳标准综合分析取定。

（2）工程排污费。工程排污费等其他应列而未列入的规费应按工程所在地环境保护等部门规定的标准缴纳，按实际计取列入。

7. 税金

税金计算公式：

$$税金=税前造价\times综合税率（\%）$$

综合税率分别按纳税地点在市区的企业；纳税地点在县城、镇的企业及纳税地点不在市区、县城、镇的企业分别计取。实行营业税改增值税的，按纳税地点现行税率计算。

（四）建筑安装工程计价参考公式

1. 分部分项工程费

分部分项工程费=∑（分部分项工程量×综合单价）

式中，综合单价包括人工费、材料费、施工机具使用费、企业管理费和利润及一定范围的风险费用（下同）。

2. 措施项目费

（1）国家计量规范规定应予计量的措施项目，其计算公式为

措施项目费=∑（措施项目工程量×综合单价）

（2）国家计量规范规定不宜计量的措施项目计算方法如下。

①安全文明施工费：

安全文明施工费=计算基数×安全文明施工费费率（%）

计算基数应为定额基价（定额分部分项工程费+定额中可以计量的措施项目费）、定额人工费（或者定额人工费+定额机械费），其费率由工程造价管理机构根据各专业工程的特点综合确定。

②夜间施工增加费：

夜间施工增加费=计算基数×夜间施工增加费费率（%）

③二次搬运费：

二次搬运费=计算基数×二次搬运费费率（%）

④冬雨季施工增加费：

冬雨季施工增加费=计算基数×冬雨季施工增加费费率（%）

⑤已完工程及设备保护费：

已完工程及设备保护费=计算基数×已完工程及设备保护费费率（%）

上述①~⑤项措施项目的计费基数应为定额人工费或（定额人工费+定额机械费），其费率由工程造价管理机构根据各种专业工程特点和调查资料综合分析后再确定。

3. 其他项目费

第一，暂列金额由建设单位根据工程特点，按有关计价规定估算，施工过程中由建

设单位掌握使用、扣除合同价款调整后有余额，归建设单位。

第二，计日工由建设单位和施工企业按施工过程中的签证计价。

第三，总承包服务费由建设单位在招标控制价中根据总包服务范围和有关计价规定编制，施工企业投标时自主报价，施工过程中按签约合同价执行。

4. 规费和税金

建设单位和施工企业均应按照省、自治区、直辖市及行业建设主管部门发布标准计算规费和税金，不得作为竞争性费用。

（五）相关问题的说明

第一，各专业工程计价定额的编制及其计价程序，均按《建筑安装工程费用项目组成》实施。

第二，各专业工程计价定额的使用周期原则上为 5 年。

第三，工程造价管理机构在定额使用周期内，应及时发布人工、材料和机械台班价格信息，实行工程造价动态管理，如遇国家法律、法规、规章或相关政策变化以及建筑市场物价波动较大时，应适时调整定额人工费、定额机械费以及定额基价或规费费率，使建筑安装工程费能反映建筑市场实际。

第四，建设单位在编制招标控制价时，应按照各专业工程的计量规范和计价定额以及工程造价信息编制。

第五，施工企业在使用计价定额时除不可竞争费用外，其余仅作为参考，由施工企业投标时自主报价。

三、建筑安装工程计价程序

根据住房城乡建设部、财政部关于印发《建筑安装工程费用项目组成》的通知之规定，建设单位工程招标控制价计价程序如表 2–4 所示，施工企业工程投标报价计价程序如表 2–5 所示，竣工结算计价程序如表 2–6 所示。

表2–4 建设单位工程招标控制价计价程序

序号	内容	计算方法	金额（元）
1	分部分项工程费	按计价规定计算	
1.1			
1.2			
1.3			

表2-4（续）

序号	内容	计算方法	金额（元）
1.4			
1.5			
2	措施项目费	按计价规定计算	
2.1	其中：安全文明施工费	按规定标准计算	
3	其他项目费		
3.1	其中：暂列金额	按计价规定估算	
3.2	其中：专业工程暂估价	按计价规定估算	
3.3	其中：计日工	按计价规定估算	
3.4	其中：总承包服务费	按计价规定估算	
4	规费	按规定标准计算	
5	税金（扣除不列入计税范围的工程设备金额）	（1+2+3+4）×规定税率	
招标控制价合计=1+2+3+4+5			

表2-5　施工企业工程投标报价计价程序

序号	内容	计算方法	金额（元）
1	分部分项工程费	自主报价	
1.1			
1.2			
1.3			
1.4			
1.5			
2	措施项目费	自主报价	
2.1	其中：安全文明施工费	按规定标准计算	
3	其他项目费		
3.1	其中：暂列金额按计价规定估算	按招标文件提供金额计算	
3.2	其中：专业工程暂估价按计价规定估算	按招标文件提供金额计算	
3.3	其中：计日工按计价规定估算	自主报价	
3.4	其中：总承包服务费按计价规定估算	自主报价	
4	规费	按规定标准计算	
5	税金（扣除不列入计税范围的工程设备金额）	（1+2+3+4）×规定税率	
投标报价合计=1+2+3+4+5			

表2-6 竣工结算计价程序

序号	汇总内容	计算方法	金额（元）
1	分部分项工程	按合同约定计算	
1.1			
1.2			
1.3			
1.4			
1.5			
2	措施项目	按合同约定计算	
2.1	其中：安全文明施工费	按规定标准计算	
3	其他项目		
3.1	其中：专业工程结算价	按合同约定计算	
3.2	其中：计日工	按计日工签证计算	
3.3	其中：总承包服务费	按合同约定计算	
3.4	索赔与现场签证	按发承包双方确认数额计算	
4	规费	按规定标准计算	
5	税金（扣除不列入计税范围的工程设备金额）	（1+2+3+4）×规定税率	

第二节 建筑装饰工程费用构成与预算编制

一、工程预算造价的构成与特点

（一）工程造价构成概述

工程造价的构成是按工程项目建设过程中各种费用支出或花费的性质来确定的，是通过费用划分和分类汇总所形成的工程造价的费用分解结构。在工程造价基本构成中，有用于购买工程项目所需的各种设备的费用，有用于购买土地所需的费用，有用于建筑安装施工所需的费用，也用于委托工程勘察设计及监理所需的费用以及建设单位自身进行项目筹建和项目管理所花的费用等。

（二）定额直接费

直接费由定额直接费、其他直接费、施工图预算包干费以及施工配合费等组成。由人工费、材料费、施工机械使用费，以及构件增值费组成的费用称为定额直接费，它是由按施工图计算的工程量乘以预算定额中的基价汇总计算出来的。其他直接费则是在施工过程中必然发生的各种费用。至于施工图预算包干费、施工配合费则是在特定情况下根据施工合同确定的，而不是每一个工程都有，以后将分别加以阐述。

1. 人工费

人工费是指列入概预算定额并直接从事土建工程、装饰工程、安装工程、市政工程、维修工程、仿古建筑、园林绿化工程施工的生产工人的基本工资、工资性津贴，以及属于生产工人开支范围内的各项费用。

人工费主要是依据国家劳动定额中生产工人每天的完成量，加上一定比例的人工幅度差，结合现时生产工人的平均等级及劳动报酬确定的。

2. 材料费

材料费是指施工过程中耗费的构成工程实体的原材料、辅助材料、构配件、零件及半成品的费用，其内容包括：

第一，材料原价（或供应价格）。

第二，材料运杂费。材料运杂费是指材料自来源地至工地仓库或指定堆放地点所发生的全部费用。

第三，运输损耗费。运输损耗费是指材料在运输装卸过程中不可避免的损耗。

第四，采购及保管费。采购及保管费是指组织采购、供应和保管材料过程中所需要的各项费用，包括采购费、仓储费、工地保管费以及仓储损耗。

第五，检验试验费。检验试验费是指对建筑材料、构件和建筑安装物进行一般鉴定、检查所发生的费用，包括自设试验室进行试验所耗用的材料和化学药品等费用。不包括新结构、新材料的试验费和建设单位对具有出厂合格证明的材料进行检验，对构件做破坏性试验及其他特殊要求检验试验的费用。

3. 施工机械使用费

施工机械使用费是指列入概预算定额的施工机械台班量，按相应的机械台班费定额计算的机械使用费，施工机械安、拆及进出场费和定额所列的其他机械费之和。前面已述，由人工费、材料费、施工机械使用费组成的定额直接费（目前对非现场生产的铁、木、混凝土构件增加了构件增值税）又称定额基价。由于人工、材料、机械台班单价经常发生变化，因此定额直接费是一定时期、一定范围内的产物。如人工工日单价可能随着工资制度的改革、职工福利待遇的提高、每周工作时间的减少而提高工日单价；材料单价也受市场材料供应情况的缓紧经常在发生波动；机械台班单价也因人工、材料、电力、燃料价格的变动而调整机械台班价格。因此，各地定额管理站为适应这些变化，每隔一段时间（一年或两年）制定出新的概预算定额。各地定额管理站还随时结合市场行情，根据国家、省、市有关文件，经常行文对人工费、材料费和机械费进行系数调整，组成新的定额直接费。

（三）其他直接费

其他直接费是概预算定额分项中和间接费用定额中规定以外的现场需用的各项费用。内容包括：

第一，冬雨季施工增加费。其是指建筑安装工程在冬季、雨季施工，采用防寒保暖、防雨措施所增加的人工费、材料费、保温及防雨措施费，以及排除雨雪污水的人工费等。

第二，生产工具用具使用费。

第三，检验试验费。检验试验费是指对建筑材料、构件和安装物进行一般鉴定、检查所发生的费用。

第四，工程定位、点交和场地清理费。

第五，材料二次搬运费。其是指因现场狭小，材料无法直接运到施工现场，或由于工程任务急，进场材料多，施工现场堆放不下，材料必须进行二次搬运所发生的人工费、运输工具费等。

第六，夜间施工增加费。为了抢工期（建设单位要求比工期定额提前竣工），或技术上要求必须连续作业方能保证工程质量而发生的照明设施摊销费、夜餐补助费和降低工效等费用。白天必须照明施工的地下室工程也应计取照明设施（含电费）摊销费和降低工效的费用。

第七，流动施工津贴。

第八，施工配合费。同一个单位工程，建设单位将其部分项目（如铝合金门窗、钢门钢窗安装、装饰、照明、采暖、给排水安装等）分包给其他单位施工，土建施工单位必须留洞、补眼、提供脚手架和垂直运输机械，影响进度安排，作业效率降低等情况，土建施工单位能向建设单位收取一定比例的施工配合费。

第九，施工图预算包干费。建设单位和施工单位为了明确经济责任，控制工程造价，加快建设速度，简化结算手续，对部分工程费用采取以直接费为计价基础的系数包干。凡属设计变更（经原设计单位同意）、基础处理和各地定额站统一调整的预算价格，可以在竣工结算中调整外，除此之外所发生的工程预算外费用，均列为包干内容。

施工配合费的收取标准是：施工单位有能力承担的分部分项工程，如铝合金门窗、塑钢门窗安装、民用建筑中的照明、采暖、通风空调、给水等工程，由建设单位分包给其他单位施工，施工单位向建设单位按外包工程的直接工程费收取 3% 的费用；施工单位无能力承担的分部分项工程，只收取 1% 的费用。

施工图预算包干费的额度由建设单位同施工单位签订施工合同时，根据该工程特点具体商定，应控制在直接费以内，并相应计取技术装备费、法定利润及税金。

（四）间接费

间接费是指不直接用于建筑安装工程而又实际发生的费用。它由施工管理费、远地施工增加费、临时设施费和劳动保险基金等项组成。

1. 施工管理费

第一，工作人员（施工企业的政工、行政、技术、经管、实验、消防、警卫、炊事、勤杂、行政汽车司机等）的基本工资和工资性质的津贴；

第二，工作人员工资附加费（福利基金及工会经费）；

第三，工作人员劳动保护费；

第四，职工教育经费；

第五，办公费（文具、账表、书报、邮电、茶水和取暖等）；

第六，差旅交通费；

第七，固定资产使用费（办公楼、设备、仪器等的折旧费、大修费及租赁费）；

第八，行政工具用具使用费；

第九，预算定额编制管理费，这项费用由工程造价管理机构向施工企业按完成工作量的千分之一收取；

第十，支付给银行的流动资金贷款利息；

第十一，税金（车船使用税、房产税、土地使用税、印花税等）；

第十二，其他（如临时工管理费、民兵训练费、上级管理费等）。

对施工管理费的收费标准，费用定额中分得很细，一要根据工程的性质（建筑工程、装饰工程、市政工程、打桩工程、大型土石方工程、维修工程、园林绿化工程、包工不包料工程、安装工程、炉窑砌筑工程、金属结构制作安装工程、钢门钢窗安装工程等）；二要根据工程的类别（1 ~ 4 类）；三要根据文件规定的计费基数（定额直接费、人工费）按照各自不同的费率分别计取。此外，各省市在工程类别的划分上与不同工程类别的费率都会有所区别，就是在同一地区也经常在进行调整。

2. 远地施工增加管理费

远地施工增加管理费是指由于主管部门分配任务，施工单位远离城市或基地施工时增加的差旅费、探亲费、周转材料运杂费、生活补助费、办公费等。这里有两个条件：一是任务是由主管部门分配的；二是施工地点距离公司基地在50km以上，当前市场竞争激烈，外省外地施工队伍都到各地参与投标竞争，这种情况就不能收取远地工程增加管理费。

符合收取远地施工增加管理费条件的，建筑市政工程按定额直接费的2%计取，安装工程按人工费的15%计取。

3. 临时设施费

临时设施费是施工单位进行建筑安装工程施工所必需的生活（如职工临时宿舍、文化福利）及生产用的临时建筑物（如构筑物、仓库、加工厂、办公室），以及规定范围内的道路、水、电、管线等临时设施和小型临时设施。其费用包括临时设施的搭盖、拆除、维修及摊销费。临时设施费按工程类别和工程性质分别计取，建设单位根据工程预算在工程开工之前一次性付给施工单位，工程竣工结算时最终结清。

4. 劳动保险基金

劳动保险基金是指国有施工企业（含三级及三级以上集体企业）由福利基金支出以外的，按劳保条例规定的离退休职工的费用及六个月以上的病假工资及按照上述职工工资总额提取的职工福利基金。

5. 计划利润

为适应招标投标竞争的需要，促进施工企业改善经营管理，国家规定将法定利润取消，改为收取7%的计划利润，同时不再收取技术装备费。但是有些省市根据本地区的具体情况，暂缓执行计划利润，仍按原规定收取技术装备费和法定利润两项费用。

（1）技术装备费

技术装备费是施工企业为进行建筑安装工程施工所配备的机械、设备等的购置费。

（2）法定利润

法定利润是指建筑安装企业实行扩大企业经营管理自主权后进行独立经济核算，自负盈亏，财政自理，组织正常生产和发展企业的需要而发生的费用。

6. 税金

税金是指按国家税法规定的计入建筑安装工程造价内的营业税、城市维护建设税及教育费附加等。

（1）营业税

其是指国家依据税法对从事商业、交通运输业和各种服务业的单位和个人按照营业额征收的一种税。

（2）城市维护建设税

其是指为加强城市维护建设，增加和扩大城市维护建设基金的来源，按营业税实交税额的一定比例征收，专用于城市维护建设的一种税。

（3）教育费附加

其是指为加快发展地方教育事业，扩大地方教育经费来源，按实交营业税的一定比例征收，专用于改善地方中小学办学条件的一种费用。

二、国际工程费用构成简介

国际工程项目造价主要是指投标报价的费用组成，它随投标的工程项目内容和招标文件要求不同而有所差异，一般由分部分项工程单价汇总的小项：工程造价、开办费、分包工程造价以及暂定金额（包含不可预见费）等项组成。

1. 分项工程单价

分项工程单价，亦称工程量单价，就是工程量清单上所列项目的单价，包括直接费、间接费（现场综合管理费）和利润等。

（1）直接费

凡是直接用于工程的人工费、材料费、机械使用费以及周转材料费用等均称为直接费。

（2）间接费

主要是指组织和管理施工生产而产生的费用，也称现场综合管理费。他与直接费的区别是：间接费的消耗并不是为直接施工某一分项工程而发生的费用，因此不能直接计入分部分项工程中，但只能间接地分摊到所施工的分部分项工程，即所施工的建筑产品中。

（3）利润

指承包商的预期税前利润。不同的国家和地区对账面利润的多少均有规定。承包商要明确在该工程上应收取的利润数目，并将利润分摊到分项工程单价中。

2. 开办费

有些国际工程，往往将属于施工管理费和待摊费用中若干项目在报价单最前面的开办费项下单独列出，也称准备工作费。开办费的内容因不同国家和不同工程而有所不同，一般包括：施工用水、用电；施工机械费；脚手架费用；临时设施费；业主工程师（监理工程师）办公室及生活设施费；现场材料试验室及设备费；工人现场福利及安全费；

职工交通费；日常气象报表费；现场道路及进出场道路修筑及维持费；恶劣气候下的工程保护措施费；现场保卫设施费等等。

3. 分包工程估价

对分包出去的工程项目，同样也要根据工程量清单分列出分项工程的单价。但这部分的估价工作由分包商去做。通常总包的估价师对分包单价不作估算或仅作粗略估计，待收到各分包商的报价之后，对这些报价进行分析比较后选择合适的分包报价，作为分包合同价，然后对分包合同价加上应收取的总包管理费、其他服务费和利润等，就组成了分包工程的估算价格，即填在工程量清单报价单中的分项工程单价。

在国际工程中，分包有指定分包和总承包合同签订后再选择分包的情况，在确定分包工程报价时，注意区别不同情况做出相应的报价。

三、建筑安装工程费用定额及适用范围

在社会主义市场经济下，国家对建筑安装工程的各项费用标准只进行宏观管理。各省（市）、自治区不可能执行一个统一标准，就是在同一个省，各地区、各县市也会有所差别，年份不同，标准也不一定完全相同。第一节所讲的费用构成和计费标准是根据湖北省建筑安装工程费用定额，结合湖北省及武汉市的有关文件综合汇总的，它同预算定额（统一基价表）一样是建筑工程预、结算，工程招标投标计算标底，施工单位内部实行经济承包、核算的依据，主要适用于下列范围：

（一）一般土木建筑工程

适用于工业与民用临时性和永久性的建筑物、构筑物，包括各种房屋、设备基础、钢筋混凝土、木结构、零星金属结构、装饰油漆、烟囱、水塔、水池、围墙、挡土墙、化粪池、窨井、室内外管道、地沟砌筑以及其附属土石方工程和开工前的平整场地。

（二）市政工程

适用于城市建设的道路、桥涵、隧道、防洪堤以及附属的土石方工程。同时也适用于给排水工程构筑物等项。

（三）安装工程

适用于机械设备安装，电气设备安装，工艺管道安装，通风空调安装，给排水、采暖、煤气管道安装，以及金属结构的刷油和防腐等。

（四）炉窑砌筑工程

适用于专业炉窑和一般工业炉窑的砌筑工程（不包括金属锚固体制作安装）。

（五）金属构件工程

适用于工业与民用建筑中的柱、梁、屋架、支撑、拉杆及钢门钢窗等的制作安装及刷油。

（六）大型土石方工程

适用于修筑堤坝、人工河、运动场、铁路专用线的路基以及室外给排水管沟土方等。

（七）打桩工程

适用于混凝土灌注桩、预制桩、人工挖孔桩以及钻（冲）孔桩等。

（八）维修工程

适用于旧有建筑物、构筑物和道路等的拆除和维修工程（指不改变结构、不扩大面积的工程）。

第三章　建筑装饰投资估算与设计概算编制

第一节　建筑装饰投资估算编制

一、投资估算概述

（一）投资估算的概念与作用

投资估算是指在建设项目投资决策过程中，依据现有的资料和特定的方法，对建设项目的投资数额进行的估计。它是项目建设前期编制项目建议书和可行性研究报告的重要组成部分，是项目决策的重要依据之一。投资估算的准确与否不仅影响到可行性研究工作的质量和经济评价结果，而且也直接关系到下一阶段设计概算和施工图预算的编制，对建设项目资金筹措方案也有直接的影响。因此，全面准确地估算建设项目的工程造价，是可行性研究乃至整个决策阶段造价管理的重要任务，投资估算在项目开发建设过程中的作用有以下几点：

第一，项目建议书阶段的投资估算，是项目主管部门审批项目建议书的依据之一，并对项目的规划、规模起参考作用。

第二，项目可行性研究阶段的投资估算，是项目投资决策的重要依据，也是研究、分析、计算项目投资经济效果的重要条件。当可行性研究报告被批准之后，其投资估算额就是作为设计任务书中下达的投资限额，就作为建设项目投资的最高限额，不得随意突破。

第三，项目投资估算对工程设计概算起控制作用，设计概算不得突破批准的投资估算额，并应控制在投资估算额之内。

第四，项目投资估算可作为项目资金筹措及制订建设贷款计划的依据，建设单位可根据批准的项目投资估算额，进行资金筹措和向银行申请贷款。

第五，项目投资估算是核算建设项目固定资产投资需要额和编制固定资产投资计划的重要依据。

（二）投资估算工作内容

第一，工程造价咨询单位可接受有关单位的委托编制整个项目的投资估算、单项工程投资估算、单位工程投资估算或分部分项工程投资估算，也可接受委托进行投资估算的审核与调整，配合设计单位或决策单位进行方案比选、优化设计、限额设计等方面的投资估算工作，也可进行决策阶段的全过程造价控制等工作。

第二，估算编制一般应依据建设项目的特征、设计文件和相应的工程造价计价依据或资料对建设项目总投资及其构成进行编制，并对主要技术经济指标进行分析。

第三，建设项目的设计方案、资金筹措方式、建设时间等出现调整时，应进行投资估算的调整。

第四，对建设项目进行评估时，应进行投资估算的审核，政府投资项目的投资估算审核除依据设计文件外，还应依据政府有关部门发布的有关规定、建设项目投资估算指标和工程造价信息等计价依据。

第五，设计方案进行方案比选时，工程造价人员应主要依据各个单位或分部分项工程的主要技术经济指标确定最优方案，注册造价工程师应配合设计人员对不同技术方案进行技术经济分析，确定合理的设计方案。

第六，对于已经确定的设计方案，注册造价工程师可依据有关技术经济资料对设计方案提出优化设计的建议与意见，通过优化设计和深化设计使技术方案更加经济合理。

第七，对于采用限额设计的建设项目、单位工程或分部分项工程，注册造价工程师应配合设计人员确定合理的建设标准，进行投资分解与投资分析，以确保限额的合理可行。

第八，造价咨询单位在承担全过程造价咨询或决策阶段的全过程造价控制时，除应进行全面的投资估算的编制外，还应主动地配合设计人员通过方案比选、优化设计和限额设计等手段进行工程造价控制与分析，确保建设项目在经济合理的前提下做到技术先进。

（三）投资估算的阶段划分和精度要求

在我国，项目投资估算是指在做初步设计之前各工作阶段中的一项工作。在做工程初步设计之前，根据需要可邀请设计单位参加编制项目规划和项目建议书，并可委托设计单位承担项目的初步可行性研究、可行性研究及设计任务书的编制工作，同时应根据项目已明确的技术经济条件，编制和估算出精确度不同的投资估算额，我国建设项目的投资估算分为以下几个阶段。

1. 项目规划阶段的投资估算

建设项目规划阶段是指有关部门根据国民经济发展规划、地区发展规划和行业发展规划的要求，编制一个建设项目的建设规划。此阶段是按项目规划的要求和内容，粗略地估算建设项目所需要的投资额，其对投资估算精度的要求为允许误差大于 ±30%。

2. 项目建议书阶段的投资估算

在项目建议书阶段，是按项目建议书中的产品方案、项目建设规模、产品主要生产工艺、企业车间组成、初选建厂地点等，估算建设项目所需要的投资额。其对投资估算精度的要求为误差控制在 ±20% 以内。此阶段项目投资估算的意义是可据此判断一个项目是否需要进行下一阶段的工作。

3. 初步可行性研究阶段的投资估算

初步可行性研究阶段，是在掌握了更详细、更深入的资料条件下，估算建设项目所需的投资额。其对投资估算精度的要求为误差控制在 ±10% 以内，此阶段项目投资估算的意义是据以确定是否进行详细可行性研究。

4. 详细可行性研究阶段的投资估算

详细可行性研究阶段的投资估算至关重要，因为这个阶段的投资估算经审查批准之后，便是工程设计任务书中规定的项目投资限额，并可据此列入项目年度基本建设计划。

二、建设工程投资估算的费用构成与计算

（一）投资估算的费用构成

第一，建设项目总投资由建设投资、建设期利息、固定资产投资方向调节税和流动资金组成。

第二，建设投资是用于建设项目的工程费用、工程建设其他费用及预备费用之和。

第三，工程费用包括建筑工程费、设备及工器具购置费和安装工程费。

第四，预备费包括基本预备费和价差预备费。

第五，建设期贷款利息包括支付金融机构的贷款利息和为筹集资金而发生的融资费用。

第六，建设项目总投资的各项费用按资产属性分别形成固定资产、无形资产和其他资产（递延资产），项目可行性研究阶段可按资产类别简化归并后进行经济评价。

（二）固定资产其他费用的计算

1. 建设管理费

第一，以建设投资中的工程费用为基数乘以建设管理费率计算。

建设管理费=工程费用×建设管理费费率

第二，由于工程监理是受建设单位委托的工程建设技术服务，属建设管理范畴。如采用监理，建设单位的部分管理工作量转移至监理单位。监理费应根据委托的监理工作和监理深度在监理合同中商定，或按当地或所属行业部门有关规定计算。

第三，如建设管理采用工程总承包方式，其总包管理费由建设单位与总包单位根据总包工作范围在合同中商定，从建设管理费中支出。

第四，改扩建项目的建设管理费率应比新建项目适当降低。

第五，建设项目按批准的设计文件规定的内容建设，工业项目经负荷试车考核（引进国外设备项目按合同规定试车考核期满）或试运行期能够正常生产合格产品，非工业项目符合设计要求且能够正常使用时，应及时组织验收、移交生产或使用。凡已超过批准的试运行期并符合验收条件，但未及时办理竣工验收手续的建设项目，视同项目已交付生产，其费用不得再从基建投资中支付，所实现的收入作为生产经营收入，并不再作为基建收入。

2. 建设用地费

第一，根据征用建设用地面积、临时用地面积，按建设项目所在省（市、自治区）人民政府制定颁发的土地征用补偿费、安置补助费标准和耕地占用税和城镇土地使用税标准计算。

第二，建设用地上的建（构）筑物如需迁建，其迁建补偿费应按迁建补偿协议计列或按新建同类工程造价计算。建设场地平整中的余物拆除清理费在“场地准备及临时设施费”中计算。

第三，建设项目采用“长租短付”方式租用土地使用权，在建设期间支付的租地费用计入建设用地费，在生产经营期间支付的土地使用费应进入营运成本中核算。

3. 可行性研究费

第一，依据前期研究委托合同计列，或参照《国家计委关于印发〈建设项目前期工作咨询收费暂行规定〉的通知》规定计算。

第二，编制预可行性研究报告参照编制项目建议书收费标准并且可适当调增。

4. 研究试验费

第一，按照研究试验内容和要求进行编制。

第二，研究试验费不包括以下项目：

①应由科技三项费用（即新产品试制费、中间试验费和重要科学研究补助费）开支的项目。

②应在建筑安装费用中列支的施工企业对建筑材料、构件和建筑物进行一般鉴定、检查所发生的费用及技术革新的研究试验费。

③应由勘察设计费或工程费用中开支的项目。

5. 勘察设计费

依据勘察设计委托合同计列，或参照原国家计委和原建设部《关于发布〈工程勘察设计收费管理规定〉的通知》规定计算。

6. 环境影响评价费

依据环境影响评价委托合同计列，或按照原国家计委和国家环境保护总局《关于规范环境影响咨询收费有关问题的通知》规定计算。

7. 劳动安全卫生评价费

依据劳动安全卫生预评价委托合同计列，或按照建设项目所在省（市、自治区）劳动行政部门规定的标准计算。

8. 场地准备及临时设施费

第一，场地准备及临时设施应尽量与永久性工程统一考虑。建设场地的大型土石方工程的场地准备及临时设施费应进入工程费用中的总图运输费用中。

第二，新建项目的场地准备和临时设施费应根据实际工程量估算，或者按工程费用的比例计算。改扩建项目一般只计拆除清理费。

场地准备和临时设施费 = 工程费用 × 费率 + 拆除清理费

第三，发生拆除清理费时可按新建同类工程造价或主材费、设备费的比例计算。

凡是可回收材料的拆除工程，采用以料抵工方式冲抵拆除清理费。

第四，此项费用不包括已列入建筑安装工程费用中的施工单位临时设施费用。

9. 引进技术和引进设备其他费

第一，引进项目图纸资料翻译复制费。根据引起项目的具体情况计列，或按引进货价（F.O.B）的比例估列；引进项目发生备品备件测绘费时，按照具体情况估列。

第二，出国人员费用，依据合同或协议规定的出国人次、期限以及相应的费用标准计算。生活费按照财政部、外交部规定的现行标准计算，差旅费按中国民航公布的票价计算。

第三，来华人员费用。依据引进合同或协议有关条款及来华技术人员派遣计划进行计算。来华人员接待费用可按每人次费用指标计算，引进合同价款中已包括的费用内容不得重复计算。

第四，银行担保及承诺费。应按担保或承诺协议计取。编制投资估算和概算时可以以担保金额或承诺金额为基数乘以费率计算。

第五，引进设备材料的国外运输费、国外运输保险费、关税、增值税、外贸手续费、银行财务费、国内运杂费、引进设备材料国内检验费等按引进货价（F.O.B 或 C.I.F）计算之后进入相应的设备材料费中。

第六，单独引进软件不计算关税只计算增值税。

10. 工程保险费

第一，不投保的工程不计取此项目费用。

第二，不同的建设项目可根据工程特点选择投保险种，根据投保合同计列保险费用。编制投资估算和概算时可按工程费用的比例估算。

第三，此项费用不包括已列入施工企业管理费中的施工管理用财产、车辆保险费。

11. 联合试运转费

第一，不发生试运转或试运转收入大于（或者等于）费用支出的工程，不列此项费用。

第二，当联合试运转收入小于试运转支出时：联合试运转费 = 联合试运转费用支出 − 联合试运转收入

第三，联合试运转费不包括应由设备安装工程费用开支的调试及试车费用，以及在试运转中暴露出来的因施工原因或设备缺陷等发生的处理费用。

第四，试运行期按照以下规定确定：引进国外设备项目建设合同中规定的试运行期执行；国内一般性建设项目试运行期原则上按照批准的设计文件所规定的期限执行；个别行业的建设项目试运行期需要超过规定试运行期的，应报项目设计文件审批机关批准。试运行期一经确定，各建设单位应严格按规定执行，不能擅自缩短或延长。

12. 特殊设备安全监督检验费

特殊设备安全监督检验费按照建设项目所在省、市和自治区安全监察部门的规定标准计算。无具体规定的，在编制投资估算和概算时，可按受检设备现场安装费的比例估算。

13. 市政公用设施费

第一，按工程所在地人民政府规定标准计列。

第二，不发生或按规定免征项目不计取。

（三）无形资产费用计算方法

无形资产费用主要指专利及专有技术使用费，其计算方法如下：

第一，按专利使用许可协议和专有技术使用合同的规定计列。

第二，专有技术的界定应以省、部级鉴定批准为依据。

第三，项目投资中只计需在建设期支付的专利及专有技术使用费，协议或合同规定在生产期支付的使用费应在生产成本中核算。

第四，一次性支付的商标权、商誉及特许经营权费按协议或合同规定计列，协议或合同规定在生产期支付的商标权或特许经营权费，应在生产成本中核算。

第五，为项目配套的专用设施投资，包括专用铁路线、专用公路、专用通信设施、变送电站、地下管道以及专用码头等，例如由项目建设单位负责投资但产权不归属本单位的，应做无形资产处理。

（四）其他资产费用（递延资产）计算方法

其他资产费用（递延资产）主要指生产准备及开办费，其计算方法如下：

（1）新建项目按设计定员为基数计算，改扩建项目按新增设计定员为基数计算：

生产准备费=设计定员×生产准备费指标（元/人）

（2）可采用综合的生产准备费指标进行计算，也可以按费用内容的分类指标计算。

三、投资估算编制办法

建设项目投资估算要根据主体专业设计的阶段和深度，结合各自行业的特点，所采用生产工艺流程的成熟性，以及编制者所掌握的国家及地区、行业或部门相关投资估算基础资料和数据的合理、可靠、完整程度（包括造价咨询机构自身统计和积累的、可靠的相关造价基础资料），采用生产能力指数法、系数估算法、比例估算法、混合法（生产能力指数法与比例估算法、系数估算法与比例估算法等综合使用）、指标估算法进行建设项目投资估算。

建设项目投资估算无论采用何种办法，应充分考虑拟建项目设计的技术参数和投资估算所采用的估算系数、估算指标，在质和量方面所综合的内容，应遵循口径一致的原则。

建设项目投资估算无论采用何种办法，应将所采用的估算系数和估算指标价格、费用水平调整到项目建设所在地及投资估算编制年的实际水平。对建设项目的边界条件而言，如建设用地费和外部交通、水、电、通信条件，或市政基础设施配套条件等差异所产生的与主要生产内容投资无必然关联的费用，应结合建设项目的实际情况修正。

（一）投资估算文件的组成

第一，投资估算文件一般由封面、签署页、编制说明、投资估算分析、投资估算汇总表、单项工程投资估算汇总表以及主要技术经济指标等内容组成。

第二，投资估算编制说明一般阐述以下内容：

①工程概况；

②编制范围；

③编制方法；

④编制依据；

⑤主要技术经济指标；

⑥有关参数、率值选定的说明；

⑦特殊问题的说明（包括采用新技术、新材料、新设备、新工艺）；必须说明的价格的确定；进口材料、设备、技术费用的构成与计算参数；采用矩形结构、异形结构的费用估算方法；环保（不限于）投资占总投资的比重；没有包括项目或费用的必要说明等；

⑧采用限额设计的工程还应对投资限额和投资分解做进一步说明；

⑨采用方案比选的工程还应对方案比选的估算和经济指标做进一步说明。

第三，投资分析应包括以下内容：

①工程投资比例分析。

②分析设备购置费、建筑工程费、安装工程费、工程建设其他费用以及预备费占建设总投资的比例；分析引进设备费用占全部设备费用的比例等。

③分析影响投资的主要因素。

④与国内类似工程项目的比较，分析说明投资高低的原因。

第四，总投资估算包括汇总单项工程估算、工程建设其他费用、估算基本预备费、价差预备费，计算建设期利息等。

第五，单项工程投资估算，应按建设项目划分的各个单项工程分别计算组成工程费用的建筑工程费、设备购置费和安装工程费。

第六，工程建设其他费用估算，应按预期将要发生的工程建设其他费用种类，逐渐详细估算其费用金额。

第七，估算人员应根据项目特点，计算并分析整个建设项目、各单项工程和主要单位工程的主要技术经济指标。

（二）投资估算的编制依据

第一，投资估算的编制依据是指在编制投资估算时需要进行计量、价格确定、工程计价有关参数以及率值确定的基础资料。

第二，投资估算的编制依据主要有以下几个方面：

①国家、行业和地方政府的有关规定。

②工程勘察与设计文件，图示计量或有关专业提供的主要工程量和主要设备清单。

③行业部门、项目所在地工程造价管理机构或行业协会等编制的投资估算指标、概算指标（定额）、工程建设其他费用定额（规定）、综合单价、价格指数和有关造价文件等。

④类似工程的各种技术经济指标和参数。

⑤工程所在地的同期的工、料、机市场价格，建筑、工艺及附属设备的市场价格以及有关费用。

⑥政府有关部门、金融机构等部门发布的价格指数、利率、汇率以及税率等有关参数。

⑦与建设项目相关的工程地质资料、设计文件以及图纸等。

⑧委托人提供的其他技术经济资料。

（三）项目建议书阶段投资估算

项目建议书阶段的投资估算一般要求编制总投资估算，总投资估算表中工程费用的内容应分解到主要单项工程，工程建设其他费用可在总投资估算表中分项计算。

项目建议书阶段建设项目投资估算可采用生产能力指数法、系数估算法、比例估算法、混合法（生产能力指数法与比例估算法、系数估算法与比例估算法等综合使用）、指标估算法等。

1. 生产能力指数法

生产能力指数法是根据已建成的类似建设项目生产能力和投资额，进行粗略估算拟建建设项目相关投资额的方法，其计算公式为

$$C=C_1\left(Q/Q_1\right)x\cdot f$$

式中 C——拟建建设项目的投资额；

C_1——已建成类似建设项目的投资额；

Q——拟建建设项目的生产能力；

Q_1——已建成类似建设项目的生产能力；

x——生产能力指数（$0\leqslant x\leqslant 1$）；

f——不同的建设时期、不同的建设地点而产生的定额水平、设备购置和建筑安装材料价格、费用变更及调整等综合调整系数。

2. 系数估算法

系数估算法是以已知的拟建建设项目主体工程费或主要生产工艺设备费为基数，以

其他辅助费或配套工程费占主体工程费或主要生产工艺设备费的百分比为系数，进行估算拟建建设项目相关投资额的方法，其计算公式为

$$C = E\left(1 + f_1P_1 + f_2P_2 + f_3P_3 + \cdots\right) + I$$

式中 C——拟建建设项目的投资额；

E——拟建建设项目的主体工程费或主要生产工艺设备费；

P_1、P_2、P_3——已经建成类似建设项目的辅助或配套工程费占主体工程费或主要生产工艺设备费的比重；

f_1、f_2、f_3——由于建设时间、地点不同而产生的定额水平、建筑安装材料价格、费用变更和调整等综合调整系数；

I——根据具体情况计算的拟建建设项目各个项目其他基本建设费用。

3. 比例估算法

比例估算法是根据已知的同类建设项目主要生产工艺设备投资占整个建设项目的投资比例，先逐项估算出拟建建设项目主要生产工艺设备投资，再按比例进行估算拟建建设项目相关投资额的方法，其计算公式为

$$C = \sum_{i=1}^{n} Q_i P_i / k$$

式中 C——拟建建设项目的投资额；

k——主要生产工艺设备费占拟建建设项目投资额的比例；

n——主要生产工艺设备的种类；

Q_i——第 i 种主要生产工艺设备的数量；

P_i——第 i 种主要生产工艺设备购置费（到厂价格）。

4. 混合法

混合法是根据主体专业设计的阶段和深度，投资估算编制者所掌握的国家及地区、行业或者部门相关投资估算基础资料和数据（包括造价咨询机构自身统计和积累的相关造价基础资料），对一个拟建建设项目采用生产能力指数法与比例估算法或系数估算法与比例估算法混合估算其相关投资额的方法。

5. 指标估算法

指标估算法是把拟建建设项目以单项工程或单位工程，按建设内容纵向划分为各个主要生产设施、辅助及公用设施、行政及福利设施以及各项其他基本建设费用，按费用

性质横向划分为建筑工程、设备购置、安装工程等，根据各类具体的投资估算指标，进行各单位工程或单项工程投资的估算，在此基础上汇集编制成拟建建设项目的各个单项工程费用和拟建建设项目的工程费用投资估算，再按照相关规定估算工程建设其他费用、预备费、建设期贷款利息等，形成拟建建设项目总投资。

（四）可行性研究阶段投资估算

第一，可行性研究阶段建设项目投资估算原则上应采用指标估算法，对于对投资有重大影响的主体工程，应估算出分部分项工程量，参考相关综合定额（概算指标）或概算定额编制主要单项工程的投资估算。

第二，预可行性研究阶段、方案设计阶段，项目建设投资估算视设计深度，宜参照可行性研究阶段的编制办法进行。

第三，在一般的设计条件下，可行性研究投资估算深度在内容上应达到规定要求。对于子项单一的大型民用公共建筑，主要单项工程估算应细化到单位工程估算书。可行性研究投资估算深度应满足项目的可行性研究与评估要求，并且最终满足国家和地方相关部门批复或备案的要求。

（五）投资估算过程中的方案比选、优化设计和限额设计

第一，工程建设项目由于受资源、市场、建设条件等因素的限制，为了提高工程建设投资效果，拟建项目可能因建设场址、建设规模、产品方案、所选用的工艺流程不同等存在多个整体设计方案。但在一个整体设计方案中，亦可存在厂区总平面布置、建筑结构形式等不同的多个设计方案。当出现多个设计方案时，工程造价咨询机构和注册造价工程师有义务与工程设计者配合，为建设项目投资决策者提供方案比选的意见。

第二，建设项目设计方案比选应遵循以下三个原则：

①建设项目设计方案比选要协调好技术先进性和经济合理性的关系，即在满足设计功能和采用合理先进技术的条件下，尽可能降低投入。

②建设项目设计方案比选除考虑一次性建设投资的比选，还应考虑项目运营过程中的费用比选，即项目寿命期的总费用比选。

③建设项目设计方案比选要兼顾近期与远期的要求，即建设项目的功能和规模应根据国家和地区远景发展规划，适当留有发展余地。

第三，建设项目设计方案比选的内容：在宏观方面有建设规模、建设场址、产品方案等；对于建设项目本身有厂区（或居住小区）总平面布置、主体工艺流程选择、主要设备选型等；小的方面有工程设计标准、工业和民用建筑的结构形式、建筑安装材料的选择等。

第四，建设项目设计方案比选的方法：建设项目多方案整体宏观方面的比选，一般采用投资回收期法、计算费用法、净现值法、净年值法、内部收益率法以及上述几种方法同时使用等。建设项目本身局部多方案的比选，一般采用价值工程原理或多指标综合评分法（对参与比选的设计方案设定若干评价指标，并按其各自在方案中的重要程度给定各评价指标的权重和评分标准，计算各设计方案的权重加得分的方法）比选；也可采用上述宏观方案的比选方法。

第五，优化设计的投资估算编制是在方案比选确定的设计方案基础上，通过设计招标、方案竞选、深化设计等措施，在以降低成本或功能提高为目的的优化设计或深化过程中，对投资估算进行调整的过程。

第六，限额设计的投资估算编制的前提条件是严格按照基本建设程序进行，前期设计的投资估算应准确和合理，限额设计的投资估算编制应进一步细化建设项目投资估算，按照项目实施内容和标准合理分解投资额度和预留调节金。

投资估算的准确与否不仅影响到可行性研究工作的质量和经济评价结果，而且也直接关系到下一阶段设计概算和施工图预算的编制，对建设项目资金筹措方案也有直接的影响。本章主要介绍投资估算的阶段划分与精度要求；投资估算费用的构成与计算；投资估算文件的编制以及投资估算过程中的方案比选、优化设计和限额设计。

第二节　建筑装饰设计概算编制

一、设计概算概述

（一）设计概算的概念与作用

设计概算是初步设计概算的简称，是指在初步设计或扩大初步设计阶段，由设计单位根据初步设计图纸、定额、指标、其他工程费用定额等，对工程投资进行的概略计算。

建设项目设计概算是设计文件的重要组成部分，是确定和控制建设项目全部投资的文件，是编制固定资产投资计划、实行建设项目投资包干、签订承发包合同的依据，是签订贷款合同、项目实施全过程造价控制管理以及考核项目经济合理性的依据，设计概算的作用具体表现如下：

1. 设计概算是确定建设项目、各单项工程及各单位工程投资的依据

按照规定报请有关部门或单位批准的初步设计及总概算，一经批准即作为建设项目

静态总投资的最高限额，不得任意突破，必须突破时，需报原审批部门（单位）批准。

2. 设计概算是编制投资计划的依据

计划部门根据批准的设计概算编制建设项目年固定资产投资计划，并严格控制投资计划的实施。若建设项目实际投资数额超过了总概算，那么必须在原设计单位和建设单位共同提出追加投资的申请报告基础上，经上级计划部门审核批准后，才能追加投资。

3. 设计概算是进行拨款和贷款的依据

建设银行根据批准的设计概算和年度投资计划，进行拨款和贷款，并严格实行监督控制。对超出概算的部分，未经计划部门批准，建设银行不得追加拨款和贷款。

4. 设计概算是实行投资包干的依据

在进行概算包干时，单项工程综合概算及建设项目总概算是投资包干指标商定和确定的基础，尤其经上级主管部门批准的设计概算或修正概算，是主管单位和包干单位签订包干合同，控制包干数额的依据。

5. 设计概算是考核设计方案的经济合理性和控制施工图预算的依据

设计单位根据设计概算进行技术经济分析和多方案评价，来提高设计质量和经济效果；同时保证施工图预算在设计概算的范围内。

6. 设计概算

设计概算是进行各种施工准备、设备供应指标、加工订货及落实各项技术经济责任制的依据。

7. 设计概算

设计概算是控制项目投资，考核建设成本，提高项目实施阶段工程管理和经济核算水平的必要手段。

（二）设计概算的分类

设计概算分为三级概算，即单位工程概算、单项工程综合概算、建设项目总概算，建设工程总概算的编制内容及相互关系如图 3-1 所示。

（三）设计概算的编制依据

第一，批准的可行性研究报告。

第二，设计工程量。

第三，项目涉及的概算指标或定额。

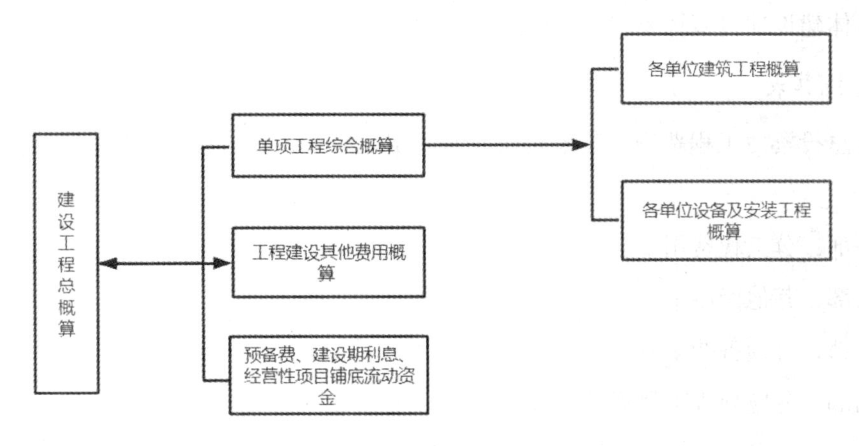

图 3–1　设计概算的编制内容及相互关系

第四，国家、行业和地方政府有关法律、法规或者规定。

第五，资金筹措方式。

第六，正常的施工组织设计。

第七，项目涉及的设备、材料供应及价格。

第八，项目的管理（含监理）、施工条件。

第九，项目所在地区有关的气候、水文、地质地貌等自然条件。

第十，项目所在地区有关的经济、人文等社会条件。

第十一，项目的技术复杂程度，以及新技术及专利使用情况等。

第十二，有关文件、合同、协议等。

二、设计概算的编制办法

（一）建设项目总概算及单项工程综合概算的编制

1. 概算编制说明应包括以下主要内容：

第一，项目概况：简述建设项目的建设地点、设计规模、建设性质（新建、扩建或改建）、工程类别、建设期（年限）、主要工程内容、主要工程量、主要工艺设备及数量等。

第二，主要技术经济指标：项目概算总投资（有引进的给出所需外汇额度）及主要分项投资、主要技术经济指标（主要单位工程投资指标）等。

第三，资金来源：按资金来源不同渠道分别说明发生资产租赁的租赁方式及租金。

第四，其他需要说明的问题。

①建筑、安装工程工程费用计价程序表；

②引进设备、材料清单及从属费用计算表；

③具体建设项目概算要求的其他附表及附件。

2. 总概算表

概算总投资由工程费用、其他费用、预备费及应列入项目概算总投资中的几项费用组成：

第一部，分工程费用；

第二部，其他费用；

第三部，分预备费；

第四部，分应列入项目概算总投资当中的几项费用：

①建设期利息；

②固定资产投资方向调节税；

③铺底流动资金。

3. 第一部分工程费用。按单项工程综合概算组成编制，采用二级编制的按单位工程概算组成编制。

第一，市政民用建设项目一般排列顺序：主体建（构）筑物、辅助建（构）筑物、配套系统。

第二，工业建设项目一般排列顺序：主要工艺生产装置、辅助工艺生产装置、总图运输、生产管理服务性工程、生活福利工程及厂外工程。

（二）其他费用、预备费、专项费用概算编制

1. 一般建设项目其他费用包括建设用地费、建设管理费、勘察设计费、可行性研究费、环境影响评价费、劳动安全卫生评价费、场地准备及临时设施费、工程保险费、联合试运转费、生产准备及开办费、特殊设备安全监督检验费、市政公用设施建设及绿化补偿费、引进技术和引进设备材料其他费、专利及专有技术使用费及研究试验费等。

第一，建设用地费、建设管理费、勘察设计费、可行性研究费、环境影响评价费、劳动安全卫生评价费、场地准备及临时设施费、工程保险费、联合试运转费、特殊设备安全监督检验费、市政公用设施建设及绿化补偿费、引进技术和引进设备材料其他费、研究试验费等。

第二，专利及专有技术使用费。

①按专利使用许可协议和专有技术使用合同的规定计列。

②专有技术的界定应以省、部级鉴定批准为依据。

③项目投资中只计需要在建设期支付的专利及专有技术使用费，协议或合同规定在

生产期支付的使用费应在生产成本中核算。

④一次性支付的商标权、商誉及特许经营权费按协议或合同规定计列。协议或合同规定在生产期支付的商标权或特许经营权费应在生产成本中核算。

⑤为项目配套的专用设施投资，包括专用铁路线、专用公路、专用通信设施、变送电站、地下管道、专用码头等，例如：由项目建设单位负责投资但产权不归属本单位的，应作无形资产处理。

第三，生产准备及开办费。

①新建项目按设计定员为基数计算，改扩建项目按新增设计定员为基数计算：

生产准备费=设计定员×生产准备费用指标（元/人）

②可采用综合的生产准备费用指标进行计算，也可以按费用内容的分类指标计算。

2. 引进工程其他费用中的国外技术人员现场服务费、出国人员旅费和生活费折合人民币列入，用人民币支付的其他几项费用直接列入其他费用中。

3. 预备费包括基本预备费和价差预备费，基本预备费以总概算第一部分“工程费用”和第二部分“其他费用”之和为基数的百分比计算；价差预备费一般按下式计算：

$$P=\sum_{i=1}^{n} I_i\left[(1+f)^m(1+f)^{0.5}(1+f)^{t-1}-1\right]$$

式中 P——价差预备费；

n——建设期（年）数；

I_i——建设期第 i 年的投资；

f——投资价格指数；

i——建设期第 i 年；

m——建设前年数（从编制概算到开工建设年数）。

4. 应列入项目概算总投资中的几项费用

（1）建设期利息：根据不同资金来源以及利率分别计算。

$$Q=\sum_{j-1}^{n}\left(P_{j-1}+Aj/2\right)i$$

式中 Q——建设期利息；

P_{j-1}——建设期第（j–1）年末贷款累计金额与利息累计金额之和；

A_j——建设期第 j 年贷款金额；

i——年利率。

n——建设期年数。

（2）铺底流动资金按国家或行业有关规定计算。

（3）固定资产投资方向调节税（暂停征收）。

（三）单位工程概算的编制

第一，单位工程概算是编制单项工程综合概算（或项目总概算）的依据，单位工程概算项目是根据单项工程中所属的每个单体按专业分别编制。

第二，单位工程概算一般分建筑工程、设备及安装工程两大类，建筑工程单位工程概算按下述（第三）的要求编制，设备和安装工程单位工程概算按（第四）的要求编制。

第三，建筑工程单位工程概算。

①建筑工程概算费用内容及组成见住房城乡建设部财政部《建筑安装工程费用项目组成》。

②建筑工程概算要采用“建筑工程概算表”编制，按构成单位工程的主要分部分项工程编制，根据初步设计工程量按工程所在省、市、自治区颁发的概算定额（指标）或行业概算定额（指标）以及工程费用定额计算。

③对于通用结构建筑，可采用“造价指标”编制概算；对于特殊或重要的建（构）筑物，必须按构成单位工程的主要分部分项工程编制，必要时结合施工组织设计进行详细计算。

第四，设备及安装工程单位工程概算。

①设备及安装工程概算费用由设备购置费和安装工程费组成。

②设备购置费。

$$定型或成套设备费=设备出厂价格+运输费+采购保管费$$

引进设备费用分外币和人民币两种支付方式，外币部分按美元或其他国际主要流通货币计算。

非标准设备原价有多种不同的计算方法，如综合单价法、成本计算估价法、系列设备插入估价法、分部组合估价法及定额估价法等，一般采用不同种类设备综合单价法计算，计算公式为

$$设备费=云综合单价（元/吨）\times 设备单重（吨）$$

工具、器具及生产家具购置费一般以设备购置费为计算基数，按照部门或行业规定

的工具、器具及生产家具费率计算。

③安装工程费。安装工程费用内容组成，以及工程费用计算方法见住房城乡建设部财政部《建筑安装工程费用项目组成》；其中，辅助材料费按概算定额（指标）计算，主要材料费以消耗量按工程所在地当年预算价格（或市场价）计算。

④引进材料费用计算方法与引进设备费用计算方法相同。

⑤设备及安装工程概算采用“设备及安装工程概算表”形式，按构成单位工程的主要分部分项工程编制，根据初步设计工程量按工程所在省、市、自治区颁发的概算定额（指标）或行业概算定额（指标）以及工程费用定额计算。

⑥概算编制深度可参照《建设工程工程量清单计价规范》深度执行。

第五，当概算定额或指标不能满足概算编制要求时，应编制“补充单位估价表”。

（四）概算的调整

第一，设计概算批准后一般不得调整。因为特殊原因需要调整概算时，由建设单位调查分析变更原因，报主管部门审批同意后，由原设计单位核实编制及调整概算，并按有关审批程序报批。

第二，调整概算的原因：

①超出原设计范围的重大变更；

②超出基本预备费规定范围内不可抗拒的重大自然灾害引起的工程变动和费用增加；

③超出工程造价调整预备费的国家重大政策性的调整。

第三，影响工程概算的主要因素已经清楚，工程量完成了一定量后方可进行调整，一个工程只允许调整一次概算。

第四，调整概算编制深度与要求、文件组成及表格形式同原设计概算，调整概算还应对工程概算调整的原因做详尽分析说明，所调整的内容在调整概算总说明中要逐项与原批准概算对比，并编制调整前后概算对比表分析主要变更原因。

第五，在上报调整概算时，应同时提供有关文件和调整依据。

（五）设计概算文件的编制程序和质量控制

第一，编制设计概算文件的有关单位应当一起制定编制原则、方法，以及确定合理的概算投资水平，对设计概算的编制质量、投资水平负责。

第二，项目设计负责人和概算负责人对全部设计概算的质量负责；概算文件编制人员应参与设计方案的讨论；设计人员要树立以经济效益为中心的观念，严格按照批准的工程内容及投资额度设计，提出满足概算文件编制深度的技术资料；概算文件编制人员对投资的合理性负责。

第三，概算文件需要经编制单位自审，建设单位（项目业主）复审，工程造价主管部门审批。

第四，概算文件的编制与审查人员必须具有国家注册造价工程师资格或者具有省市（行业）颁发的造价员资格证，并根据工程项目大小按持证专业承担相应的编审工作。

第五，各造价协会（或者行业）、造价主管部门可根据所主管的工程特点制定概算编制质量的管理办法并对编制人员采取相应的措施进行考核。

三、设计概算的审查

（一）设计概算审查的内容

1. 审查设计概算的编制依据

包括国家综合部门的文件，国务院主管部门和各省、市、自治区根据国家规定或授权制定的各种规定及办法以及建设项目的设计文件等重点审查。

（1）审查编制依据的合法性

采用的各种编制依据必须经过国家或授权机关的批准，符合国家的编制规定，未经批准的不能采用，也不能强调情况特殊，擅自提高概算定额、指标或费用标准。

（2）审查编制依据的时效性

各种依据，如定额、指标、价格及取费标准等，都应根据国家有关部门的现行规定进行，注意有无调整和新的规定，有的颁发时间较早，不能全部适用；有的应按有关部门做的调整系数执行。

（3）审查编制依据的适用范围

各种编制依据都有规定的适用范围，如各主管部门规定的各种专业定额及其取费标准，只适用于该部门的专业工程；各地区规定的各种定额及其取费标准，只适用于该地区的范围以内。特别是地区的材料预算价格区域性更强，如某市有该市区的材料预算价格，又编制了郊区内一个矿区的材料预算价格，如在该市的矿区进行建设时，其概算采用的材料预算价格，则应用矿区的价格，但不能采用该市的价格。

2. 审查概算编制内容

（1）审查编制说明

审查编制说明可以检查概算的编制方法、深度和编制依据等重大原则问题。

（2）审查概算编制内容

一般大中型项目的设计概算，应有完整的编制说明和“三级概算”（即总概算表、单项工程综合概算表、单位工程概算表），并按有关规定的深度进行编制。审查是否有符合规定的“三级概算”，各级概算的编制、校对和审核是否按规定签署。

（3）审查概算的编制范围

审查概算编制范围是否与主管部门批准的建设项目范围及具体工程内容一致；审查分期建设项目的建筑范围及具体工程范围有无重复交叉，是否重复计算或漏算；审查其他费用所列的项目是否都符合规定，静态投资、动态投资和经营性项目铺底流动资金是否分部列出等。

3. 审查建设规模、标准

审查概算的投资规模、生产能力、设计标准、建设用地、建筑面积、主要设备、配套工程、设计定员等是否符合原批准可行性研究报告或立项批文的标准，如概算总投资超过原批准投资估算 10% 以上，应进一步审查超估算的原因。

4. 审查设备规格、数量和配置

工业建设项目设备投资比重大，一般占总投资的 30% ~ 50%，要认真审查。审查所选用的设备规格、台数是否与生产规模一致，材质、自动化程度有无提高标准，引进设备是否配套、合理，备用设备台数是否适当，消防、环保设备是否计算等。还要重点审查价格是否合理、是否符合有关规定，例如国产设备应按当时询价资料或有关部门发布的出厂价、信息价，引进设备应依据询价或合同价编制概算。

5. 审查工程费

建筑安装工程投资是随工程量增加而增加的，要认真审查。要根据初步设计图纸、概算定额及工程量计算规则、专业设备材料表、建构筑物和总图运输一览表进行审查，审查有无多算、重算及漏算。

6. 审查计价指标

审查建筑工程采用工程所在地区的计价定额、费用定额、价格指数和有关人工、材料、机械台班单价是否符合现行规定；审查安装工程所采用的专业部门或地区定额是否符合工程所在地区的市场价格水平。概算指标调整系数、主材价格、人工、机械台班和辅材调整系数是否按当地最新规定执行；审查引进设备安装费率或计取标准、部分行业专业设备安装费率是否按有关规定计算等。

7. 审查其他费用

工程建设其他费用投资约占项目总投资 25%，必须认真逐项审查。审查费用项目是否按国家统一规定计列，具体费率或计取标准、部分行业专业设备安装费率是否按有关规定计算等。

（二）设计概算审查的方法

设计概算审查主要有以下方法：

1. 对比分析法

对比分析法主要是通过建设规模、标准与立项批文对比；工程数量与设计图纸对比；综合范围、内容与编制方法、规定对比；各项取费与规定标准对比；材料、人工单价与市场价格对比；引进设备、技术投资与报价要求对比；技术经济指标与同类工程对比等，通过以上对比，容易发现设计概算存在的主要问题和偏差。

2. 查询核实法

查询核实法是对一些关键设备和设施、重要装置、引进工程图纸不全、难以核算的较大投资进行多方查询核对，逐项落实的方法。主要设备的市场价向设备供应部门或招标代理公司查询核实；重要生产装置、设施向同类企业（工程）查询了解；引进设备价格及有关税费向进出口公司调查落实；复杂的建安工程向同类工程的建设、承包、施工单位征求意见；深度不够或者不清楚的问题直接向原概算编制人员及设计者询问清楚。

3. 联合会审法

联合会审前，可先采取多种形式分头审查，包括设计单位自审，主管、建设、承包单位初审，工程造价咨询公司评审，邀请同行专家预审，审批部门复审等，经层层审查把关后，由有关单位和专家进行联合会审。在会审会上，由设计单位介绍概算编制情况及有关问题，各有关单位、专家汇报初审和预审意见。然后进行认真分析、讨论，结合对各专业技术方案的审查意见所产生的投资增减，逐一核实原概算出现的问题。经过充分协商，认真听取设计单位意见后，实事求是地处理、调整。通过以上复审后，对审查中发现的问题和偏差。按照单项、单位工程的顺序，先按设备费、安装费、建筑费和工程建设其他费用分类整理；然后按照静态投资部分、动态投资部分和铺底流动资金三大类，汇总核增或核减的项目及其投资额；最后将具体审核数据，按照“原编”、“审核结果”、“增减投资”、“增减幅度”四栏列表，并按照原总概算表汇总顺序，将增减项目逐一列出，相应调整所属项目投资合计数，依次汇总审核后的总投资及增减投资额。对于差错较多、问题较大或不能满足要求的，责成按会审意见修改返工后，重新报批；对于无重大原则问题，深度基本满足要求，投资增减不多的，当场核定概算投资额，并提交审批部门复核后，正式下达审批概算。

（三）设计概算审查的步骤

设计概算审查是一项复杂而细致的技术经济工作，审查人员既应懂得有关专业技术知识，又应具有熟练编制概算的能力，一般情况下可按如下步骤进行：

1. 概算审查的准备

概算审查的准备工作包括了解设计概算的内容组成、编制依据和方法；了解建设规模、设计能力和工艺流程；熟悉设计图纸和说明书、掌握概算费用的构成和有关技术经济指标；明确概算各种表格的内涵；收集概算定额、概算指标以及取费标准等有关规定的文件资料等。

2. 进行概算审查

根据审查的主要内容，分别对设计概算的编制依据、单位工程设计概算、综合概算及总概算进行逐级审查。

3. 进行技术经济对比分析

利用规定的概算定额或指标以及有关技术经济指标与设计概算进行分析对比，根据设计和概算列明的工程性质、结构类型、建设条件、费用构成、投资比例、占地面积、生产规模、设备数量、造价指标以及劳动定员等与国内外同类型工程规模进行对比分析，从大的方面找出和同类型工程的差距，为审查提供线索。

4. 研究、定案、调整概算

对概算审查中出现的问题要在对比分析、找出差距的基础上深入现场进行实际调查研究，了解设计是否经济合理、概算编制依据是否符合现行规定和施工现场实际、有无扩大规模、多估投资或预留缺口等情况，并及时核实概算投资。对于当地没有同类型的项目而不能进行对比分析时，可向国内同类型企业进行调查，收集资料，作为审查的参考。经过会审决定的定案问题应及时调整概算并经原批准单位下发文件。

为了提高建设项目投资效益，合理确定建设项目投资额度，合理确定和有效控制工程造价，规范建设项目设计阶段概算文件编制内容和深度，应认真编制与审查设计概算。本章主要介绍了设计概算编制依据、方法与质量控制；设计概算的审查内容、方法与步骤。

第四章　建筑装饰工程定额

建筑装饰装修工程行业的定额是建筑装饰行业的重要资料和实用工具，建筑装饰装修工程定额在确定建筑装饰装修工程的造价时是非常重要的，学会正确地使用建筑装饰装修工程定额，对于实际应用和进一步学习行业知识具有十分重要的意义。

第一节　建筑装饰工程定额概述

一、我国工程定额的产生及发展

近年来我国在国民经济各部门广泛地制定和使用各种定额，它们在我国的社会主义建设事业中发挥了应有的作用，工程建设定额就是其中的一个种类，同样它也在控制和确定建设工程造价，提高和加强建筑安装企业的经营管理水平方面发挥着重要的作用。

1949年左右，由国家计委和国家建委先后制定、颁发了各种定额及文件，如《一九五四年度建筑工程设计预算定额》、《一九五五年度建筑工程设计预算定额》、《工业及民用建筑设计和预算编制暂行办法》、《建筑工程预算定额》；1957年国家建委颁发《建筑工程扩大结构定额》；1961年国家建筑工程部和劳动部主持编制了《全国统一预算定额》；1979年国家建委颁发了通用设备安装工程预算定额9册；1981年国家建委印发了《建筑工程预算定额》(修改稿)，之后的四年时间里，各省市、自治区以此修改稿为蓝本，相继颁发了各地的《建筑工程预算定额》；1982年国家建委颁发了交通部主编的《公路工程预算定额》和《公路工程概算定额》；1983年国家建委和国家计委陆续颁发了由农林部、交通部、石油部、电力部及冶金部等主编的27本专业专用预算定额、概算定额和概算指标；1986年国家计委印发了由国家计委组织修订、有关部门主编的《全国统一安装工程预算定额》，共计15册，各省、市、自治区编制地区单位估价表或者确定系数采用系数调整法执行此套定额；1988年9月至1989年2月，建设部组织部分省、自治区和直辖市的有关单位编制了《市政工程预算定额》，共9册；1988年建设部组织编制了《仿古建设及园林工程预算定额》；1992年建设部颁发了《建筑装饰工程预算定额》；1995年建设部批准发布实施《全国统一建筑工程基础定额》(土建部分)；2002年2月起，建设部组织有关部门和地区工程造价专家编写《建设工程工程量清单计价规范》；2002年建设部颁发了《全国统一建筑装饰装修工程消耗量定额》，2013年7月1日我国住房和城乡建设部编写颁发的文件《建设工程工程量清单计价规范》。

二、工程定额的概念

定额就是规定的额度或限额，亦即规定的标准或尺度。

在社会生产中，为了完成某一合格产品，就必然要消耗（或投入）一定量的活劳动与物化劳动，但在社会生产发展的各个阶段上，由于各阶段的生产力水平及关系不同，因而在产品生产中所需消耗的活劳动与物化劳动的数量也就不同。然而在一定的生产条件下，总有一个合理的数额，规定完成某一单位合格产品所需消耗的活劳动与物化劳动的数量标准或额度，称为定额。

工程定额是在一定生产条件下，用科学的方法测定出生产质量合格的单位建筑工程产品所需消耗的劳动力、材料、机械台班的数量标准。它不仅规定了数量，而且还规定了工作内容、质量等要求。工程定额是专门为建筑工程产品生产而制定的一种定额，是生产定额的一种。即规定完成某一合格的单位建筑工程产品基本构造要素所需消耗的活劳动与物化劳动的数量标准或额度，称为建筑工程定额。这种规定的额度反映的是，在一定的社会生产力发展水平的条件下，完成工程建设中的某项产品与各种生产消费之间特定的数量关系。

在工程定额中，产品的外延是很不确定的。它可以指工程建设的最终产品——工程项目，例如，一个钢铁厂和一所学校；也可以是构成工程项目的某些完整的产品，如一所学校中的图书馆楼；也可以是完整产品中的某些较大组成部分，例如，只是指图书馆楼中的设备安装工程；还能是较大组成部分中的较小部分，或更为细小的部分，如浇灌混凝土基础等。

工程建设产品外延的不确定性，是由工程建设产品构造复杂，产品规模宏大，种类繁多，生产周期长等技术经济特点引起的。这些特点使定额在工程建设的管理中占有更加重要的地位，同时也决定了工程建设定额的多种类及多层次。

工程定额是根据国家一定时期的管理体制和管理制度，根据不同定额的用途和适用范围，由指定的机构按照一定的程序制定的，并按照规定的程序审批和颁发执行。工程定额是主观的产物，但是，它应正确地反映工程建设和各种资源消耗之间的客观规律。

三、工程定额的分类

工程定额的种类很多，根据内容、形式、用途和使用范围的不同，可分为以下几类：

（一）按生产要素分类

工程定额按生产要素可分为：

第一，劳动定额（又称人工定额）；

第二，材料消耗定额；

第三，机械台班使用定额。

劳动定额、材料消耗定额、机械台班使用定额是编制各种使用定额基础，也称为基础定额。

（二）按定额用途分类

工程定额按用途能分为：

第一，工期定额；

第二，施工定额；

第三，预算定额或综合预算定额；

第四，概算定额；

第五，概算指标；

第六，估算指标。

（三）按专业分类

工程定额按专业可分为：

第一，建筑工程定额；

第二，建筑装饰工程定额（有些地区将其含在建筑工程定额之中）；

第三，安装工程定额；

第四，市政工程定额；

第五，房屋修缮工程定额；

第六，仿古建筑及园林工程定额；

第七，公路工程定额；

第八，铁路工程定额；

第九，井巷工程定额。

（四）按定额费用性质分类

工程定额按费用性质可分为：

第一，建筑工程定额；

第二，设备安装工程定额；

第三，概算定额；

第四，器具定额；

第五，工程建设其他费用定额。

（五）按定额执行范围分类

工程定额按执行范围可分为：

第一，全国统一定额；

第二，行业统一定额；

第三，地区统一定额；

第四，企业定额。

四、工程定额的特性与作用

（一）工程定额的特性

工程定额作为工程项目建设过程中的生产消耗定额，具有如下特性：

1. 科学性

工程定额的科学性，首先表现在用科学的态度制定定额，尊重客观实际，力求定额水平合理；其次表现在制定定额的技术方法上，利用现代科学管理的成就，形成一套系统的、完整的、在实践中行之有效的方法；第三，表现在定额制定和贯彻的一体化。制定是为了提供贯彻的依据，贯彻是为了实现管理的目标，也是对定额的信息反馈。因此，定额具有一定的科学性。

2. 权威性

工程定额具有很大权威性，它同工程建设中的其他规范、规程、规定和规则一样，在规定范围内的建设、设计、施工、生产、建设银行等单位，都能严格遵守执行。

工程定额的权威性的客观基础是工程定额的科学性。只有科学的定额才具有权威。在计划经济和市场不规范的情况下，赋予工程定额以权威性是十分重要的。但是，应该指出，在社会主义市场经济条件下，对定额的权威性不应绝对化。定额毕竟是主观对客观的反映，定额的科学性会受到人们认识的局限。与此有关，定额的权威性也就会受到削弱和新的挑战。随着我国加入 WTO，在工程建设方面与国际接轨越来越必要，工程建设定额的权威性特征自然也就会弱化。

3. 群众性

工程定额的群众性是指工程定额的制定和执行都是建立在广大生产者和管理者的基础上，定额既来源于群众的生产经营活动，又成为群众参加生产经营活动的准则。在制定工程定额中，通过科学的方法和手段，对群众中的先进生产经验和操作方法，进行系统的分析、测定和整理，充分听取群众意见，并吸收技术熟练工人代表，直接参加制定工作，定额颁发后，得依靠广大生产者和管理者去贯彻执行，并在生产经营活动中，逐步提高定额水平，为定额的再次调整或制定提供新的经验。

4. 系统性

工程定额是相对独立的系统。它是由多种定额结合而成的有机的整体，它的结构复杂，有鲜明的层次和明确的目标。

工程定额的系统性是由工程建设的特点决定的。按照系统论的观点，工程建设就是庞大的实体系统。工程定额是为这个实体系统服务的，因而工程建设本身的多种类、多层次就决定了以它为服务对象的工程定额的多种类、多层次。从整个国民经济来看，进行固定资产生产和再生产的工程建设，是由多项工程集合的整体。其中包括农林水利、轻纺、机械、煤炭、电力、石油、冶金、化工、建材工业、交通运输、邮电工程，以及商业物资、科学教育文化、卫生体育、社会福利和住宅工程等等。这些工程的建设都有严格的项目划分，如建设项目、单项工程、单位工程、分部分项工程；在计划和实施过程中有严密的逻辑阶段，如规划、可行性研究、设计、施工、竣工交付使用，以及投入使用后的维修。与此相适应必然形成工程定额的多种类且多层次。

5. 稳定性和时效性

工程定额中的任何一种都是一定时期技术发展和管理水平的反映，因而在一段时间内都表现出稳定的状态。稳定的时间有长有短，一般在 5 年至 10 年之间。保持定额的稳定性是维护定额的权威性所必需的前提条件，更是有效地贯彻定额所必需的前提条件。如果某种定额处于经常修改变动的状态，势必造成执行中的困难和混乱，使人们对定额的科学性等产生怀疑，甚至丧失定额的权威性和严肃性。但是，工程定额的稳定性是相对的。当生产力向前发展了，定额就会与已经发展了的生产力不相适应。这样它原有的作用就会逐步减弱以至消失，要重新编制或修订。

（二）工程定额的作用

工程定额具有以下作用：

1. 工程定额是编制计划的基础

在市场经济条件下，国家和企业的生产和经济活动都要有计划地进行。在对一个建设项目建设的必要性和可行性进行科学论证时，其所需规模、投资额、资源等技术经济指标，必须依据各种定额来计算。在项目施工阶段，为实现计划管理，必须编制年度计划、季度计划、月旬作业计划等，而这些计划的编制，都要直接或间接地以各种定额为依据。

因此，工程定额是编制计划的重要基础。

2. 工程定额是确定工程造价和选择最佳设计方案的依据

工程造价是根据设计文件规定的工程规模、工程数量和所需要的劳动力、材料、机械台班消耗等消耗量并结合市场价格确定的，而其中劳动力、材料、机械台班消耗数量则是根据工程定额来确定。同时，同一建设项目的设计都有若干个可行方案，每个方案的投资和造价的多少，直接反映出该设计方案技术经济水平的高低。因此定额又是作为选择经济合理的设计方案的主要依据。

3. 工程定额是加强企业管理的重要工具

建筑安装工程施工是由多个工种、部门组成一个有机整体而进行生产活动的。在安排各部门各工种的生产计划中，无论是计算和平衡资源需用量，组织材料供应，合理配备劳动组织，调配劳动力，签发工程任务单和限额领料单，还是组织劳动竞赛，考核工料消耗，计算和分配劳动报酬等等，都要以各种定额为依据。所以它是加强企业管理的重要工具。

4. 工程定额是贯彻按劳分配原则的基础

正确贯彻按劳分配原则的前提，就是要企业对每个职工劳动成果进行准确衡量，以此作为付给职工劳动报酬的依据，而衡量职工贡献大小要依靠定额，支付计件工资、超产奖励等要根据完成定额的情况，评定工人的技术等级，同样要考核完成定额的情况。

5. 工程定额是提高劳动生产率的重要手段

定额明确规定了工人或班组完成一定施工生产任务所需要的工日数或在单位时间内所完成的施工任务。工人为了完成或超额完成定额，就必须努力提高操作技术水平，降低消耗，提高劳动生产率，但企业正是根据定额，把提高劳动生产率的指标和措施，具体落实到每个工人或班组。

6. 工程定额是企业实行经济核算的重要基础

企业为了分析和比较施工生产中的各种消耗，必须以各种定额为核算依据。要以定额为标准，分析比较企业各项成本、肯定成绩、找出差距、提出改进措施，并不断降低各种消耗，提高企业的经济效益。

五、工程定额标准数据

（一）标准数据的概念

标准数据，是指在国家对资源配置起基础作用的宏观调控下，结合本企业或行业现有技术装备和劳动生产力水平，对各类施工过程中所需要的要素资源消耗量进行科学计算，通过一定的审批程序并以定额标准发布后所规定的数值标准。作为统一规定，需共同遵守的准则和依据。

标准数据作为企业或行业的资源要素消耗量标准，其数据的取得必须来源于施工实践，并在国家或行业有关标准及其数据的宏观调控指导下，通过施工现场观察，按获取资料、数据的目的与要求，运用一定的技术测定方法，取得人工、材料和机械等各类资源要素消耗的原始数据，再经过去粗取精、加工与调整，将原始数据转换为所需的定额标准数据。

标准数据是工程定额（或简称企业定额）的核心内容，其数据的科学性与权威性是“统一规定”的重要基础，它不但是企业标准及其标准化活动中必须遵守的准则和依据，也是有关项目建设概预算定额标准中，人工、材料及机械等资源消耗量合理配置及其价格确定与价格实现的基础数据。

（二）标准数据的分类

结合建筑、安装及装饰企业标准的主要内容，可作如下分类：

1. 按企业标准数据的使用范围划分

企业标准数据是企业内部为制定企业标准所使用的标准数据。按其标准数据的使用性质或范围，可分为企业技术标准数据、管理标准数据及工作标准数据。

（1）企业技术标准数据

企业技术标准数据是企业开展技术标准化活动的重要依据。企业技术标准数据是构成企业技术基础标准、产品标准、技术方法标准和企业环境保护、卫生及安全标准等企业各类标准的基础数据，是制定企业基础定额有关技术标准数据的主要基础。

（2）企业管理标准数据

企业管理标准数据是企业采用现代科学管理方法和手段以及开展企业管理标准化活动、评价企业施工生产与经营管理水平的重要依据。企业管理标准数据是企业经济管理标准、生产管理标准、技术管理标准以及职能业务和行政服务管理等标准，所应具有的科学性、典型性和可比性的反映。这类标准数据在企业管理标准化活动中，对管理质量与数量必须提出明确的指标数据，不能模棱两可，尤其是基础定额所规定的技术经济标准数据更是这样。它既是企业标准的重要组成部分，又是企业技术标准（如施工技术操作规范、产品质量标准等）、管理标准（如原材料与施工机械管理等）和工作标准（如经济责任制、岗位操作等）指标数据的综合反映。

（3）企业工作标准数据

企业工作标准数据是企业标准化体系中不可缺少的工作标准数值。在企业标准化以各类标准数据为中心的活动中，关键是人员素质的提高和工作积极性的充分发挥。因此，工作标准数据是以企业管理中的作业层与管理层的人员或群体为对象，在工作质量、数量及完成时间等方面所规定的量化标准。量化标准的数据计算尽管有一定的难度，但它是将工作业绩以数据表示，实现工作管理定量化，便于监督、考核及信息反馈的基础数据，也是企业目标责任制分解的依据和全面提高企业现代化管理水平的保证。

按上述分类计算和确定的标准数据，必须依据工程建设标准化体系中有关国家标准和行业（主管部门）标准中的标准数据为前提，结合本企业具体测定的原始数据加以制定。它是国家宏观调控资源配置和技术、质量等高科技成果转化为国家、行业标准数据的具体体现和补充。为此按标准数据使用性质与范围划分的上述三类标准中的数据，必须随着本企业科技进步、管理创新和国家宏观调控范围的广度和力度的扩大，进行不断地修订和补充。

2. 按编制标准数据的对象划分

按基础定额标准数据编制的对象划分，可分为以单位产品为对象的标准数据和以劳动过程为对象的标准数据。

（1）以单位产品为对象的标准数据

以单位产品（或假定产品）为对象的标准数据，是指在不同类别的单位产品（如建筑单位产品、安装单位产品和建筑装饰装修单位产品）施工生产中，依据各类单位产品不同的人工、材料和机械台班等资源消耗数量，结合施工生产的技术组织和正常施工条件以及各类影响因素，计算和确定的标准数据。它是编制不同类别单位产品工时消耗、材料消耗和台班消耗标准的基础数据，是计算和确定劳动与机械时间定额、产量定额以及材料净用量和合理损耗量的依据，这类标准数据在定额中适用量大和面广，是基础定额指标数值的主体内容。

（2）以劳动过程为对象的标准数据

以劳动过程为对象的标准数据，是指生产制造单位产品时，以劳动者利用劳动资料，作用于不同的劳动对象，经现场测定、计算、确定的标准数据，按劳动过程可以分为工序、操作、动作和动素等标准数据。

第一，工序标准数据。工序标准数据是指以各类单位产品中的工序为对象所确定的劳动时间标准和资源消耗的数量标准。它反映完成某一工序产品（或称假定产品）的全部工时消耗（即按时间定额组成与因素调整后的时间）和资源配置消耗标准。在确定工序标准数据时，一定要写明是在什么样的施工技术和施工组织条件下确定的。工序标准数据是编制工序定额的基础，也可以确定基础定额中以工作过程编制单项定额和以施工过程编制综合定额的重要基础或依据。

第二，操作标准数据。操作是完成某一产品工序的重要组成部分，它是施工动作的综合。操作标准数据是以工序中的一个或若干个操作为对象所确定全部工时消耗和各类资源配置消耗的标准，这类标准数据是确定工序标准数据的基础或依据。

第三，动作标准数据。动作是完成某一操作的重要组成部分，是接触劳动对象如材料、构件等举动或动素的综合，以操作中的若干个动作为对象所确定的标准数据，同样是确定操作标准数据的基础或依据。

第四，动素标准数据。动素是完成某一动作所表现出的细微举动，它是施工工序、操作乃至动作中最小的，但是可以测量的细微举动。因此，如前所述，正确运用吉氏夫妇的动素分析法，同样可以获得构成施工动作中，虽是瞬间的或称“闪时”的工时消耗，但经优化处理后即会形成所需的动素标准数据。这类标准数据，可以说是制订科学定额时间标准，即工序、操作、动作乃至任何施工过程，包括工作过程、综合工作过程及循环与非循环施工过程在内的，最具科学性的基础数据。

（3）按标准数据的形式与内容划分

在通常情况下，形式与内容既可以是统一的，也可以有所不同，定额标准数据是定额形式与内容相一致的体现。因此，从形式与内容划分，可分为图表标准数据、时间标准数据、产量标准数据和材料资源消耗标准数据。

第一，图表标准数据。图表标准数据是指以绘制各种不同类型的图（如坐标图、横道图、数示图等）和表（如因素整理表、消耗量表、定额节表等）的形式，反映各种影响因素和资源配置变化规律与内容，所形成和计算的标准数据，图表数据的取得和确定，需要经过加工、整理、调整和计算等确认过程，才能成为定额标准所需要的标准数据。

第二，时间标准数据。时间标准数据是指用来确定完成某一单位合格产品所需工时消耗和机械台班工时消耗标准的数值，从工人工作时间和机械工作时间分类的角度，定额时间标准是按照人工或机械各自的定额时间组成内容，经工时评定和工时宽放和疲劳分析等调整加以确认的。劳动与机械时间消耗标准，是编制劳动时间定额或机械台班时间定额的重要依据，也是计算和确定劳动产量、机械台班产量定额的重要基础。时间标准数据是构成基础定额各项资源合理配置指标数值的综合体现。

第三，产量标准数据。产量标准数据是指在单位时间标准内，劳动者（或劳动者与施工机械配合）完成某种合格产品数量的标准数值。产量标准数据的取得和确定，是以劳动者或机械（人—机）台班各自的单位时间标准为前提，在分别查明人工或不同类型机械种类、性能的效率基础上加以计算和认定的。且它是科学的资源配置量和企业劳动、机械设备生产效率的反映，产量标准数据同样是编制机械（人—机）台班时间定额的重要依据，是确定产量时间定额与劳动产量定额互为倒数关系的基础数据，产量标准数据同样是构成基础定额各项资源合理配置指标数值的综合体现。

第四，材料资源消耗标准数据。材料资源消耗标准数据是指完成某一单位合格产品（或假定产品），在材料资源符合产品质量要求的条件下，所必须消耗的各种材料、燃料等的标准数值。这类标准数据的取得和确认，既应包括各种材料资源对单位合格产品所需净用量数值，也必须包括材料资源合理损耗量数值。它是施工生产要素材料合理配置的反映，是编制材料资源消耗定额的重要依据，更是构成基础定额各项材料资源消耗指标数值的综合体现。

总之，对定额标准数据作上述分类的目的就在于：无论是在取得定额数据资料的初始阶段，还是依据数据资料加以确认后的数据，一经审批作为统一规定，纳入基础定额即成为必须共同遵守的标准数据，成为应用与管理的准则和依据；定额标准数据是在定性分析后所形成的一种量化指标或标准，是经过科学测定、调整，符合现有生产力水平的数据，在企业定额标准化活动的过程中，无论是管理层还是作业层都必须建立起标准数据是统一规定的概念，建立起这样的观念，才能增强贯彻与执行定额指标的严肃性与权威性。

工程定额的标准数据，可以说是定额编制、修订的重要组成内容，它是建立在施工动作与时间优化研究基础上的一种应用技术，是动作与时间优化研究成果的反映。标准数据是以应用技术与日常有关原始定额数据的积累为前提的，所以在现代企业定额管理中建立起以电子计算机为手段的定额标准数据库，显得尤为重要。标准数据的建立是强化基础定额日常管理的需要，它对分析、研究工时消耗以及材料设备等资源消耗合理配置和提高定额管理工作效率是大有好处的。由于日常原始数据的积累与完善，就会减少大量的现场测定时间，分析原因与修订原指标数据也就有了较好的基础；标准数据的建立有助于观念更新，使产品生产以最少的资源投入，获得最佳产出效率与效益具有了指标保证。因此在施工生产与经营管理的运作应用中，标准数据的实质，就是构成基础定额不同表现形式（如时间定额与产量定额）的“统一规定”。所以标准数据的建立与应用，是提高企业各项管理水平，建立经营目标责任制，实现企业标准规范化管理的重要基础和前提。重视标准数据的日常管理与积累，不断地将标准数据通过基础定额指标数值管理，转化为生产力，是企业实现战略目标不可缺少的一种基础性管理。

（三）标准数据的确定方法

1. 经验估工法

经验估工法，亦称经验估计法。是在没有任何资料可供参考的情况下，由定额技术员和具有较丰富施工经验的工程技术人员、技术工人，共同根据各自的施工实践经验结合现场观察和图纸分析，考虑设备、工具和其他的施工组织条件，直接估算和拟定定额指标的一种方法。

运用这种方法测定定额，一般以施工工序（或单项产品）为测定对象，将工序细分为若干个操作，然后分别估算出每一操作所需定额时间（即基本工作时间、辅助工作时间、准备与结束时间、休息时间和不可避免的中断时间等）。再经过各自的综合整理，在充分讨论、座谈的基础上，将整理结果予以优化处理，拟出该工序（或单项产品）的定额指标。

所谓优化处理是指对提出的指标数据，按正常施工条件下计算的先进值、平均值和保守值等几种不同水平，通过数学计算求出平均先进值，作为定额水平确定下来。

经验估工法的优点是简便易行，测定工作量小，速度快，减少测定环节，缩短时间。它的缺点是精确程度较差，受估算人员施工经验和水平限制，易出现偏高或偏低的现象，估工中存在一定的主观片面性；适用范围较小，一般仅限于次要定额项目或定额缺项，临时性或一次性定额使用以及不易计算工作量的零星工程。对常用的主要定额项目的测定不应采用此法。

值得指出的是此种方法之所以能升华为理论，是因为任何一种切实可行的方法均来源于实践。此种方法同样是在实践经验的基础上，通过理性思维形成的系统化了的理性认识，是在反复的施工实践中形成，又用于指导实践，因此，对经验估工法应有一个科学的认识。正因为此种方法具有很强的实践性和群众性，在上述适用范围内尤为适用且简便易行，才得以推广。

2. 类推比较法

类推比较法是以某种同类型或相似类型的产品或工序的典型定额资料为依据，经过分析比较，类推出同一组定额中相邻项目定额水平的方法。

采用类推比较法测定所需定额指标时，它的特点是要求进行比较的定额项目之间必须是相似的或同类型的，具有明显的可比性，如缺乏可比性就不能采用此法。

类推比较法的优点是可以做到及时，质量较高，有一定的技术依据和标准，具有较好的准确性和平衡性。其缺点是由于依据同类型或相似类型的典型定额资料进行类推比较，难免要受原典型定额水平、技术依据的限制，影响工时标准的质量和精度，类推比较法多在原定额缺项或补充定额时使用，并可以较长时间地使用。

3. 统计计算法

统计计算法是依据过去生产同类产品各工序的实际工时或产量的统计资料，在统计分析和整理的基础上，考虑技术组织措施，测定出定额指标的方法。

统计计算法的优点是简单易行，工作量小，只要对过去的统计资料加以分析、整理就可以计算出定额指标。统计资料较多，又能密切统计人员与定额人员的业务关系，能使原始记录正常地反映实际情况。但是，由于过去的统计资料、原始记录的准确程度较差，利用这些资料不可避免地容易受到过去不正常因素的影响，使测定、计算的定额指标失真。因此，它的适用范围，也只适用于某些次要的定额项目，以及某些无法进行技术测定的项目。为了弥补这种方法的缺点，在采用统计计算法时，要注意以下几点：

（1）必须具有真实的、系统的、完整的统计资料

统计资料是统计计算法的基础，没有统计资料固然无从计算，但即使有统计资料，而资料不真实、不系统、不完整，也不能据以为凭。虚假的和片断的资料不能真实地反映生产力的状况，反而会引起一系列的不良后果，达不到测定定额的目的。

（2）统计资料应以单项统计资料和实物效率统计为主

只有和定额项目一致的单项统计资料，才是可以利用的资料。实物效率统计，一般是指以施工工程的自然、物理为计量单位，对施工过程中的各种工程实体完成数量的统计。如：土方工程，以 m^3 为单位，计算出（统计出）不同等级的工人在单位时间内完成的土方量效率。因为只有实物效率统计才能避免受价格等因素的影响，达到真实地反映劳动消耗量的目的。

（3）选择统计对象要全面

一般来说，一项统计资料只能反映该企业或该企业内某一施工队组在统计期内的工作效率。因此，在选择统计对象时，既要避免把少数工作情况不好又不具有代表性的企业或企业内施工队组的情况作为测定定额的依据，也要避免单纯选择少数好的或生产条件特别优越的企业或施工队组的情况作为测定定额的依据。正确的选择应该是以能代表企业或施工队平均先进的施工水平。为了比较和平衡，需要时也可以选择 1 ~ 2 个先进的和较落后的统计资料，作为选择的对象。

（4）统计计算法应该和经验估计法配合使用

为保证测算定额的质量，利用统计计算法测出的定额，应在企业或施工队组内经群众讨论的基础上，最后修改定案。

在取得统计资料之后，运用统计计算法计算出3个值，即平均值、平均先进值和最优值（先进值），然后供确定定额水平时选择。所谓平均值，是指以普遍达到的数值，进行加权平均

所得的数值；平均先进值，是指以平均值为标准（含平均值），再将比平均值先进的各数值选出，再一次加权平均所得的数值；最优值是指单位产品工时消耗量最少的数值。

4. 技术测定法

技术测定法是以施工现场观察为特点，依据施工过程的性质和内容，在对施工技术组织条件分析和操作方法合理化的基础上，采用不一样的技术方法取得测定定额数据的一种方法。

技术测定法的优点是重视对施工技术组织条件和操作方法的分析，容易发现工时、材料消耗等不合理因素和浪费现象，使数据的分析和计算具有一定的科学技术依据。此外，由于采用比较统一的衡量标准，测定数据比较准确，并能做到工种与工种之间定额水平的平衡。采用技术测定法制定技术定额，对施工企业管理的各项基础工作提出了更高的要求，从而促进企业提高管理水平。它的缺点是工作量大，技术较为复杂，目前普遍推广有一定困难。但是为了保证定额的质量，对于那些工料消耗量比较大的定额项目和工程量比较大的定额项目，应该首先考虑采用技术测定法，然后创造条件逐步推广，以避免产生落后于实际生产力水平的陈腐定额。此种方法适用范围较广，工时、材料和机械台班等主要定额项目的测定，都可采用此种方法。

运用技术测定法取得定额数据的常用方法有现场测时、写实记录、工作日写实、摄影、录像等技术手段,然后再进行动作优化和时间衡量,确定出工时和材料等消耗的合理数值。

运用上述 4 种方法测定劳动定额时，应该依据各种方法的优缺点和适用范围，结合被测定对象的具体要求有针对性地选择为宜。当然，为了提高定额数据的准确程度，往往也需要配合使用。但无论选用哪种测定方法，均需从施工实际出发，必须健全原始记录，做好日常的分析工作。在进行对比分析时应尽可能抓住主要影响因素，充分考虑到提高劳动生产率和挖掘施工潜力的可能性。每当定额数据确定后，应交群众进行充分讨论，反复修改。严格审批程序，经过审查平衡后批准施行。

第二节　建筑装饰工程施工定额

一、施工定额概述

（一）施工定额的概念

施工定额是指正常的施工条件下，以同一性质的施工过程为标定对象而规定的完成单位合格产品所需消耗的劳动力、材料、机械台班使用的数量标准。施工定额是直接用于施工管理中的一种定额，是建筑安装企业的生产定额，也是施工企业组织生产和加强管理，在企业内部使用的一种定额。

（二）施工定额的组成

为了适应组织施工生产和管理的需要，施工定额的项目划分很细，是建筑工程定额中分项最细、定额子目最多的一种定额，也是建筑工程定额中的基础性定额。在预算定额的编制过程中，施工定额的人工、材料、机械台班消耗的数量标准，是编制预算定额的重要依据，施工定额由劳动定额、材料消耗定额和机械台班使用定额三个相对独立的部分组成。

（三）施工定额的作用

施工定额的作用如下：

第一，施工定额是企业编制施工组织设计、施工作业计划、资源需求计划的依据。建筑施工企业编制施工组织设计，全面安排和指导施工生产，确保生产顺利进行，确定工程施工所需人工、材料、机械等的数量，必须借助于现行的施工定额；施工作业计划是施工企业进行计划管理的重要环节，它可对施工中劳动力的需要量和施工机械的使用进行平衡，同时又能计算材料的需要量和实物工程量等。所有这些工作，都需要以施工定额为依据。

第二，施工定额是编制单位工程施工预算，加强企业成本管理和经济核算的依据。根据施工定额编制的施工预算，是施工企业用来确定单位工程产品中的人工、材料、机械和资金等消耗量的一种计划性文件。运用施工预算，考核工料消耗，企业可以有效地控制在生产中消耗的人力、物力，达到控制成本、降低费用开支的目的。同时企业可以运用施工定额进行成本核算，挖掘企业潜力，提高劳动生产率，降低成本，在招和投标竞争中提高竞争力。

第三，施工定额是衡量企业工人劳动生产率，贯彻按劳分配推行经济责任制的依据。

施工定额中的劳动定额是衡量和分析工人劳动生产率的主要尺度。企业可以通过施工定额实行内部经济承包，签发包干合同，并衡量每一个施工队；计算劳动报酬与奖励，奖勤罚懒，开展劳动竞赛，制定评比条件，调动劳动者的积极性和创造性，促使劳动者超额完成定额所规定的合格产品数量，不断提高劳动生产率。

第四，施工定额是编制预算定额和单位估价表的基础。建筑工程预算定额是以施工定额为基础编制的，这就使预算定额符合现实的施工生产和经营管理的要求，使施工中所耗费的人力、物力能够得到合理的补偿。当前建筑工程施工中，由于应用新材料、采用新工艺而使预算定额缺项时，就必须以施工定额为依据，制定补充预算定额和补充单位估价表。

从上述作用可以看出，编制和执行好施工定额并充分发挥其作用，对于促进施工企业内部施工组织管理水平的提高，加强经济核算，提高劳动生产率，降低工程成本，提高经济效益，具有十分重要的意义，它对编制预算定额等工作也存在十分重要的作用。

（四）施工定额的编制原则

施工定额的编制原则如下：

1. 平均先进原则

平均先进水平是指在正常的施工条件下，大多数施工队组和生产者经过努力能够达到和超过的水平。这种水平使先进者感到一定压力，使处于中间水平的工人感到定额水平可望可即，对于落后工人不迁就，使他们认识到必须花大力气去改善施工条件，提高技术操作水平，珍惜劳动时间，节约材料消耗，尽快达到定额的水平。所以平均先进水平是一种可以鼓励先进，勉励中间，鞭策落后的定额水平，是编制施工定额的理想水平。

2. 简明适用性原则

定额简明适用就是指定额的内容和形式要方便于定额的贯彻和执行。简明适用性原则，要求施工定额内容要能满足组织施工生产和计算工人劳动报酬等多种需要。同时，又要简单明了，容易掌握，便于查阅、计算和携带。

3. 以专家为主编制定额的原则

编制施工定额要以专家为主，这是实践经验的总结。施工定额的编制要求有一支经验丰富、技术与管理知识全面、有一定政策水平的稳定的专家队伍。贯彻以专家为主编制施工定额的原则，必须注意走群众路线。由于广大建筑安装工人是施工生产的实践者又是定额的执行者，最了解施工生产的实际和定额的执行情况及存在问题，仍虚心向他们求教。

4. 独立自主的原则

施工企业作为具有独立法人地位的经济实体，应根据企业的具体情况和要求，结合政府的技术政策和产业导向，以企业盈利为目标，自主地制定施工定额。贯彻这一原则有利于企业自主经营，有利于执行现代企业制度，有利于施工企业摆脱过多的行政干预，更好地面对建筑市场竞争的环境，更有利于促进新的施工技术和施工方法的采用。

二、劳动定额

（一）劳动定额的概念

劳动定额又称人工定额，是指在正常施工技术和合理劳动组织条件下，完成单位合格产品所必需的劳动消耗量标准，这一标准是国家和企业对工人在单位时间内完成产品的数量和质量的综合要求。

（二）劳动定额的表现形式

按其表现形式的不同，劳动定额可以分为时间定额和产量定额两种，采用分式表示时，其分子为时间定额，分母为产量定额。

1. 时间定额

时间定额是指在一定的生产技术和生产组织条件下，某工种、某种技术等级的工人班组或个人，完成符合质量要求的单位产品所必需的工作时间。包括工人的有效工作时间（准备与结束时间、基本工作时间、辅助工作时间），不能避免的中断时间和工人必需的休息时间。

时间定额以工日为单位，每个工日工作时间按现行制度规定为 8h，可按下式计算：

单位产品时间定额（工日）=1/每工产量

或　　单位产品时间定额（工日）= 小组成员工日数综合 / 台班产量

2. 产量定额

产量定额是指在一定的生产技术和生产组织条件下，某工种或某种技术等级的班组或个人，在单位时间内（工日）应完成合格产品的数量。可按下式计算：

每工产量=1/单位产品时间定额

或　　台班产量 = 小组成员工日数综合 / 单位产品时间定额（工日）

从时间定额和产量定额的概念和计算式可以看出，两者互为倒数关系，即：

时间定额 = 1/产量定额

时间定额和产量定额，是劳动定额的两种不同的表现形式。但是，它们有各自的用途。时间定额，以工日为单位，以便计算分部分项工程的工日需要量，计算工期和核算工资。因此,劳动定额通常采用时间定额进行计量。产量定额是以产品的数量进行计量，用于小组分配产量任务，编制作业计划和考核生产效率。

（三）工作时间分析

工作时间的分析，是将劳动者整个生产过程中所消耗的工作时间，根据其性质、范围和具体情况进行科学划分和归类,明确规定哪些属于定额时间,哪些属于非定额时间，找出时间损失的原因，以便拟定技术组织措施，消除产生非定额时间的因素，以充分利用工作时间，提高劳动生产率。

对工作时间的研究和分析，能够分为工人工作时间和机械工作时间两个系统进行。

1. 工人工作时间

工人在工作班内消耗的工作时间，按其消耗的性质，基本可以分为两大类：定额时间（必须消耗的时间）和非定额时间（损失时间）。

（1）定额时间

定额时间是工人在正常施工条件下，为完成一定产品（工作任务）所消耗的时间。它包括有效工作时间、休息时间和不可避免中断时间的消耗。

第一，有效工作时间。有效工作时间是指与完成产品直接有关的时间消耗。其中包括基本工作时间、辅助工作时间、准备与结束工作时间的消耗。

①基本工作时间。指直接与施工过程的技术操作发生关系的时间消耗。如砌砖施工过程的挂线、铺灰浆、砌砖等工作时间。基本工作时间一般与工作量的大小成正比。

②辅助工作时间。指为了保证基本工作顺利完成而同技术操作无直接关系的辅助性工作时间。例如，修磨校验工具、移动工作梯、工人转移工作地点等所需的时间。辅助工作一般不改变产品的形状、位置及性能。

③准备与结束工作时间。指工人在执行任务前的准备工作（包括工作地点、劳动工具、劳动对象的准备）和完成任务后的整理工作时间。

第二，休息时间。休息时间是指工人在工作过程中为恢复体力所必需的短暂休息和生理需要的时间消耗。

第三，不可避免的中断时间。不可避免的中断时间是指由于施工工艺特点所引起的工作中断时间，如汽车司机等候装货的时间、安装工人等候构件起吊的时间等。

（2）非定额时间

非定额时间是指和产品生产无关，而与施工组织和技术上的缺陷有关，与工人在施工过程中的个人过失或某些偶然因素有关的时间消耗，包含多余和偶然工作时间、停工时间和违反劳动纪律的损失时间。

①多余和偶然工作时间

指在正常施工条件下不应发生的时间消耗。如重砌质量不合格的墙体及抹灰工不得不补上偶然遗留的墙洞等。

②停工时间

指工作班内停止工作造成的工时损失。停工时间按其性质，可分为施工本身造成的停工时间和非施工本身造成的停工时间两种。施工本身造成的停工时间，是由于施工组织不善、材料供应不及时、工作面准备工作做得不好、工作地点组织不良等情况引起的停工时间。非施工本身造成的停工时间，是由于水源和电源中断引起的停工时间。

③违反劳动纪律的损失时间

指在工作班内工人迟到、早退、闲谈、办私事等原因造成的工时损失。

2. 机械工作时间

机械工作时间的分类与工人工作时间的分类基本相同，也分为定额时间和非定额时间。

（1）定额时间

定额时间包括有效工作时间、不可避免的无负荷工作时间和不可避免的中断时间。

第一，有效工作时间。有效工作时间包括正常负荷下的工作时间、有根据地降低负荷下的工作时间、低负荷下的工作时间。

①正常负荷下的工作时间。正常负荷下的工作时间是指机器在与机器说明书规定的计算负荷相符的情况下进行工作的时间。

②有根据地降低负荷下的工作时间。有根据地降低负荷下的工作时间是指在个别情况下由于技术上的原因，机器在低于其计算负荷下工作的时间。例如汽车运输重量轻而体积大的货物时，不能充分利用汽车的载重吨位因而不得不降低其计算负荷。

③低负荷下的工作时间。低负荷下的工作时间是指由于工人或技术人员的过错所造成的施工机械在降低负荷的情况下工作的时间，例如工人装车的砂石数量不足引起的汽车在降低负荷的情况下工作所延续的时间。

第二，不可避免的无负荷工作时间。指由施工过程的特点和机械结构的特点造成的机械无负荷工作时间。例如筑路机在工作区末端调头等。

第三，不可避免的中断时间。指与工艺过程的特点、机械使用中的保养、工人休息等有关的中断时间。如汽车装卸货物的停车时间，给机械加油的时间，工人休息时的停机时间。

（2）非定额时间

第一，机械多余的工作时间。指机械完成任务时无须包括的工作占用时间。例如砂浆搅拌机搅拌时多运转的时间和工人没有及时供料而使机械空运转的延续时间。

第二，机械停工时间。指由于施工组织不好及由于气候条件影响所引起的停工时间。例如未及时给机械加水和加油而引起的停工时间。

第三，违反劳动纪律的停工时间。指由于工人迟到、早退等原因引起的机械停工时间。

（四）劳动定额的编制方法

劳动定额是根据国家的经济政策、劳动制度和有关技术文件及资料制定的。制定劳动定额，常用的方法有四种：技术测定法、统计分析法、比较类推法及经验估计法。

1. 技术测定法

技术测定法是根据生产技术和施工组织条件，对施工过程中各工序，采用测时法、写实记录法、工作日写实法和简易测定法，测出各工序的工时消耗等资料，再对所获得的资料进行科学的分析，制定出劳动定额的方法。

（1）测时法

测时法主要适用于测定那些定时重复的循环工作的工时消耗，是精确度比较高的一种计时观察法。有选择法和接续法两种。

（2）写实记录法

写实记录法是一种研究各种性质的工作时间消耗的方法。采用这种方法，可以获得分析工作时间消耗的全部资料。

写实记录法的观察对象，可以是一个工人，也可以是一个工人小组。写实记录法按记录时间的方法不同分为数示法、图示法以及混合法三种。

数示法写实记录，是三种写实记录法中精确度较高的一种，可以同时对两个工人进行观察，观察的工时消耗，记录在专门的数示法写实记录表中。数示法用来对整个工作班或半个工作班进行长时间观察，因此能反映工人或机器工作日全部情况。

图示法写实记录，可同时对三个以内的工人进行观察，观察资料记入图示法写实记录表中。

混合法写实记录，可以同时对 3 个以上工人进行观察，记录观察资料的表格仍采用图示法写实记录表。填写表格时，各组成部分延续时间用图示法填写，完成了每一组成部分的工人人数，就用数字填写在该组成部分时间线段的上面。

（3）工作日写实法

工作日写实法是研究整个工作班内的各种工时消耗，包括基本工作时间、准备与结束工作时间、不可避免的中断时间以及损失时间等的一种测定方法。

这种方法既可以用来观察、分析定额时间消耗的合理利用情况，又可以研究、分析工时损失的原因，与测时法、写实记录法比较，具有技术简便、费力不多、应用面广和资料全面的优点。在我国是一种采用较广的编制定额的方法。

工作日写实法，利用写实记录表记录观察资料，记录方法也同图示法或混合法。记录时间时不需要将有效工作时间分为各个组成部分，只需划分适合于技术水平和不适合于技术水平两类。但是工时消耗还需按性质分类记录。

2. 统计分析法

统计分析法是把过去施工生产中的同类工程或同类产品的工时消耗的统计资料，与当前生产技术和施工组织条件的变化因素结合起来，进行统计分析的方法。这种方法简单易行，适用于施工条件正常、产品稳定、工序重复量大和统计工作制度健全的施工过程。但是，过去的记录，只是实耗工时，不反映生产组织和技术的状况。因此，在这样条件下求出的定额水平，只是已达到的劳动生产率水平，但不是平均水平。实际工作中，必须分析研究各种变化因素，使定额能真实地反映施工生产平均水平。

3. 比较类推法

对于同类型产品规格多，工序重复、工作量小的施工过程，常用比较类推法。采用此法制定定额是以同类型工序和同类型产品的实耗工时为标准，类推出相似项目定额水平的方法，此法必须掌握类似的程度和各种影响因素的异同程度。

4. 经验估计法

根据定额专业人员、经验丰富的工人和施工技术人员的实际工作经验，参考有关定额资料，对施工管理组织和现场技术条件进行调查、讨论及分析制定定额的方法，叫做经验估计法，经验估计法通常作为一次性定额使用。

三、材料消耗定额

（一）材料消耗定额的概念

材料消耗定额是指在合理和节约使用材料的条件下，生产质量合格的单位产品所必须消耗的一定品种、规格的材料、半成品、构配件及周转性材料的摊销等的数量标准。

（二）材料消耗定额的组成

材料消耗定额由两大部分所组成：一部分是直接用于建筑安装工程的材料，称为“材料净用量”；另一部分则是操作过程中不可避免产生的废料和施工现场因运输、装卸中不可避免出现的一些损耗，称为“材料损耗量”。

现场施工中，各种建筑材料的消耗，主要取决于材料的消耗定额。用科学的方法正确地规定材料净用量指标以及材料的损耗率，对降低工程成本和节约投资，具有十分重要的意义。

（三）材料消耗定额的编制方法

1. 主要材料消耗定额的编制方法

主要材料消耗定额的编制方法有四种：观测法、试验法、统计法以及计算法。

（1）观测法

观测法是在现场对施工过程观察，记录产品的完成数量、材料的消耗数量以及作业方法等具体情况，通过分析与计算，来确定材料消耗指标的方法。

此法通常用于制定材料的损耗量。通过现场观测，获得必要的现场资料，才能测定出哪些材料是施工过程中不可避免的损耗，应该计入定额内；哪些材料是施工过程中可以避免的损耗，不应计入定额内。在现场观测中，同时测出合理的材料损耗量，就可据此制定出相应的材料消耗定额。

（2）试验法

试验法是在试验室里，用专门的设备和仪器，来进行模拟试验，测定材料消耗量的一种方法。如混凝土、砂浆、钢筋等，适于试验室条件下进行试验。

试验法的优点是能在材料用于施工前就测定出了材料的用量和性能，如混凝土、钢筋的强度、硬度，砂、石料粒径的级配和混合比等，缺点是由于脱离施工现场，实际施工中某些对材料消耗量影响的因素难以估计。

（3）统计法

统计法是以长期现场积累的分部分项工程的拨付材料数量、完成产品数量及完工后剩余材料数量的统计资料为基础，经过分析、计算得出单位产品材料消耗量的方法。统计法准确程度较差，应结合实际施工过程，经过分析研究后，确定材料消耗指标。

（4）计算法

有些建筑材料，可以根据施工图中所标明的材料及构造，结合理论公式计算消耗量。例如，砌砖工程中砖和砂浆的消耗量可按下式计算

$$A=\frac{2K}{\text{墙厚}\times(\text{砖长}+\text{灰缝})\times(\text{砖厚}+\text{灰缝})}$$

式中 A——砖的净用量；

B——砂浆的净用量；

K——墙厚砖数（0.5，1，1.5，2，…）。

【例 4-1】用标准砖砌筑一砖墙体，求每 $1m^3$ 砖砌体所用砖和砂浆的消耗量。已知砖的损耗率为 1%，砂浆的损耗率为 1%，灰缝宽 0.01m.

解：

$$\text{砖的净重量}=\frac{2\times1}{0.24\times(0.24+0.01)\times(0.053+0.01)}=529.10\text{块}$$

$$\text{砂浆的净用量}=1-529.10\times0.24\times0.115\times0.053=0.226\text{m}^3$$

$$\text{砖的消耗量}=529.10\times(1+1\%)=534.39\text{（块），取535块}$$

$$\text{砂浆的消耗量}=0.226\times(1+1\%)=0.228\text{m}^3$$

2. 周转性材料消耗量的确定

周转性材料是指在施工过程中多次使用、周转的工具性材料，如挡土板、脚手架等。这类材料在施工中不是一次消耗完，而是多次使用、逐渐消耗，并在使用过程中不断补充。周转性材料用摊销量表示。

下面介绍模板摊销量的计算。

（1）现浇结构模板摊销量的计算

现浇结构模板摊销量按下式计算：

$$\text{摊销量}=\text{周转使用量}-\text{回收量}$$

$$\text{其中，周转使用量}=\frac{\text{一次使用量}\times[(\text{周转次数}-1)]}{\text{周转次数}}\times\text{损耗率}$$

$$=\text{一次使用量}\times\frac{1+(\text{周转次数}-1)\text{损耗率}}{\text{周转次数}}$$

$$\text{回收量}=\frac{\text{一次使用量}-\text{一次使用量}\times\text{损耗率}}{\text{周转次数}}$$

$$=\text{一次使用量}\times\frac{1-\text{损耗率}}{\text{周转次数}}$$

一次使用量是指材料在不重复使用的条件下的一次使用量。周转次数是指新的周转材料从第一次使用（假定不补充新料）起，到材料不能再使用止的使用次数。

【例 4-2】某现浇钢筋混凝土独立基础，每 1m^3 独立基础的模板接触面积为 2.1m^2。根据计算，每 1m^2 模板接触面积需用枋板材 0.083m^3，模板周转次数为 6 次，每次周转损耗率为 16.6%，试计算钢筋混凝土独立基础的模板周转使用量、回收量和定额摊销量。

解：

$$周转使用量=\frac{0.083\times2.1+0.083\times2.1\times(6-1)\times16.6\%}{6}=\frac{0.319}{6}=0.053m^3$$

$$回收量=\frac{0.083\times2.1+0.083\times2.1\times(6-1)\times16.6\%}{6}=\frac{0.145}{6}=0.024m^3$$

$$模板摊销量=0.052-0.024=0.029m^3$$

即现场浇灌每 $1m^3$ 钢筋混凝土独立基础需摊销模板 $0.029m^3$。

（2）预制构件模板摊销量的计算

预制构件模板，因为损耗很少，可以不考虑每次周转的补损率，按多次使用平均分摊的办法计算。可按下式计算：

$$摊销量=一次使用量$$

第三节　建筑装饰工程预算定额

一、预算定额概述

（一）预算定额的概念

预算定额是指在正常的施工条件下，完成一定计量单位的分项工程或结构构件的人工、材料和机械台班消耗的数量标准。在工程预算定额中，除了规定上述各项资源和资金消耗的数量标准外，也规定了它应完成的工程内容和相应的质量标准及安全要求等内容。

预算定额是工程建设中一项重要的技术经济文件，它的各项指标，反映了在完成单位分项工程消耗的活劳动和物化劳动的数量限度，这种限度最终决定着单项工程和单位工程的成本和造价。

（二）预算定额的作用

1. 预算定额是编制施工图预算，确定和控制建筑安装工程造价的基础

施工图预算是施工图设计文件之一，是控制和确定建筑安装工程造价的必要手段。编制施工图预算，除设计文件决定的建设工程功能、规模、尺寸及文字说明是计算分部分项工程量和结构构件数量的依据外，预算定额是确定一定计量单位工程分项人工、材料、机械消耗量的依据，也是计算分项工程单价的基础。因此预算定额对建筑安装工程

直接费影响很大。依据预算定额编制施工图预算，对确定建筑安装工程费用会起到很大的作用。

2. 预算定额是对设计方案进行技术经济比较、技术经济分析的依据

设计方案在设计工作中居于中心地位。设计方案的选择要满足功能,符合设计规范。既要技术先进又要经济合理。根据预算定额对方案进行技术经济分析和比较，是选择经济合理设计方案的重要方法。对设计方案进行比较，主要是通过定额对不同方案所需人工、材料和机械台班消耗量，材料重量和材料资源等进行比较。这种比较可以判明不同方案对工程造价的影响；材料重量对荷载及基础工程量和材料运输量的影响，因此而产生的对工程造价的影响。

3. 预算定额是施工企业进行经济活动分析的依据

实行经济核算的根本目的，是用经济的方法促使企业在保证质量和工期的条件下，用较少的劳动消耗取得大量的经济效果。在目前预算定额仍决定着企业的收入，企业必须以预算定额作为评价企业工作的重要标准。企业可根据预算定额，对施工中的劳动、材料、机械的消耗情况进行具体的分析，以便找出低工效、高消耗的薄弱环节及其原因，为实现经济效益的增长由粗放型向集约型转变,提供对比数据,促进企业提高在市场上竞争的能力。

4. 预算定额是编制标底、投标报价的基础

在深化改革中，在市场经济体制下预算定额作为编制标底的依据和施工企业报价的基础性的作用仍将存在，这是因为它本身的科学性和权威性决定的。

5. 预算定额是编制概算定额和概算指标的基础

概算定额和概算指标是在预算定额基础上经综合扩大编制的，也需要利用预算定额作为编制依据，这样做不但可以节省编制工作中大量的人力、物力和时间，收到事半功倍的效果，还可以使概算定额和概算指标在水平上与预算定额一致，来避免造成执行中的不一致。

（三）建筑装饰工程预算定额的组成内容

建筑装饰工程预算定额是在实际应用过程中发挥作用的。要正确应用预算定额，必须全面了解预算定额的组成。

为了快速、准确地确定各分项工程（或配件）的人工、材料和机械台班等消耗指标及金额标准,需要将建筑装饰工程预算定额按一定的顺序,分章、节、项及子目汇编成册。

建筑装饰工程预算定额总的内容，由定额目录、总说明（项）工程说明及其相应的

工程量计算规则和方法、分项工程定额项目表和有关的附录（附）等组成。

1. 定额总说明

建筑装饰工程预算定额总说明，主要概述了建筑装饰工程预算定额的适用范围、指导思想及编制目的和作用；预算定额的编制原则，主要根据上级下达的有关定额修编文件精神；使用本定额必须遵守的规则及本定额的适用范围；定额所采用的材料规格、材质标准、允许换算的原则；定额在编制过程中已经考虑的因素及未包含的内容；各分项工程定额的共性问题和有关统一规定及使用方法。

2. 分部工程及其使用说明

分部工程在建筑装饰工程预算定额中，称为“章”。它是将单位工程中性质相近、材料大致相同的施工对象结合在一起。目前，各专业部或省、市、自治区的现行建筑装饰工程预算定额，是根据本地区（本系统）建筑装饰行业的实际情况，将装饰单位工程按其性质不同、部位不同、工种不同和使用材料不同等因素，划分成若干分部工程（章）。例如，某部现行全国室内装饰工程预算划分为 21 个分部工程（章），即脚手架工程、天棚工程、木作工程、油漆工程、墙与柱面工程、楼地面工程、楼梯扶手工程、卫生器具工程、铝合金门窗工程、管道工程、栓类阀门工程、供暖器具工程、防锈工程、保温工程、电气工程、室内弱电工程、室内通信工程、音响及灯管工程、制冷和空调及通风工程、园林装饰与古典建筑装饰工程。

分部工程说明是预算定额的重要组成内容，它详细地介绍了该分部工程所包含的定额项目和子目数量、分部工程各项定额项目工程量计算方法、分部工程内综合的内容及允许换算和不得换算的界限及特殊规定以及适用本分部工程允许增减系数范围的规定。

3. 定额项目表

分项工程（或配件、设备）在建筑装饰工程预算定额中，称为“节”。它是将分部工程又按装饰工程性质、工程内容、施工方法和使用材料不同等因素，划分成若干分部工程。例如，某省现行建筑装饰工程预算定额中的铝合金分部工程，划分作铝合金门、铝合金窗、铝合金门窗安装、铝合金间壁墙、玻璃幕墙和铝合金卷帘门窗制作安装等七个分项工程。分项工程在定额中的编号，采用括号汉字小写号码（一），（二），（三）…顺序排列和采用阿拉伯数字 1，2，3…顺序排列。

分项工程（节）以下，又按建筑装饰工程构造、使用材料和施工方法不同等因素，划分成若干项目。如上例中的铝合金窗（白色）分项工程，划分为单扇平开窗、双向平开窗、双扇推拉窗、三扇推拉窗、四扇推拉窗、固定窗及橱窗七个项目。

项目以下，还可以按建筑构造、材料种类和规格及连接不同，再细划分为若干子项目。例如，上例中的铝合金橱窗项目，划分为单面玻璃、双面玻璃等四个子项目。子项目在预算定额中的编号，也用阿拉伯数字 1，2，3…顺序排列。

定额项目表，就是以分部工程归类，又以不同内容划分的若干分项工程子项目排列的定额项目表，它主要由分节说明（工程内容）、子项目栏和附注等内容组成。

定额项目表的分节说明（工程内容）列于表的左上方，它着重说明定额项目包括的主要工序。例如，铝合金窗（白色）分项工程项目表左上方列有的分节说明，包括型材矫正、放样下料、切割断料、铝孔组装、半成品运输、现场搬运、安装框扇、校正、安装玻璃及配件、周边塞口及清扫等工序。

定额项目表的右上方，列有定额建筑装饰产品的计量单位。例如，铝合金窗（白色）定额项目表的右上方计量单位为 $100m^2$ 框外围面积。

定额项目表的各栏，是分项工程（或配件、设备）的子项目排列。在子项目栏内，列有完成定额单位产品所必需的人工（按技工、普通工分列）、材料（按主要材料或成品半成品、辅助材料和次要材料顺序分裂）和机械台班（按机械类别、型号和台班数量分列）的“三量”消耗指标。

定额项目表的下方，一般列有辅助内容，有些辅助内容带有补充定额性质，以便进一步说明各子项目的适用范围或有出入时如何进行换算调整。

4. 定额附录

建筑装饰工程预算定额的附录，各地区编入的内容不尽相同，一般包括装饰工程材料预算价格参考表、施工机械台班费用参考表、装饰定额配合比表、某些建筑装饰材料用料参考表和工程量计算表以及简图等。上述附录资料，能作为定额换算和制定补充定额的基本依据以及施工企业编制作业计划和备料的参考资料。

二、建筑装饰工程预算定额的编制

（一）建筑装饰工程预算定额的编制依据

第一，现行的设计规范、施工质量验收规范、质量评定标准及安全技术操作规程等。

第二，现行的全国统一劳动定额、材料消耗定额、机械台班定额和现行的预算定额。

第三，通用的标准图集和定型设计图样及有代表性的设计图样。

第四，新技术、新结构、新材料及先进施工经验等资料。

第五，有关技术测定和统计资料。

第六，地区现行的人工工资标准、材料预算价格及机械台班价格。

（二）建筑装饰工程预算定额的编制原则

为保证预算定额的质量，充分发挥预算定额的作用，使之在实际使用中简便、合理、有效，在编制工作中应遵循以下原则：

1. 按社会平均水平确定预算定额的原则

预算定额是确定和控制建筑安装工程造价的主要依据。它必须遵照价值规律的客观要求，即按生产过程中所消耗的社会必要劳动时间确定定额水平。即按照“在现有的社会正常的生产条件下，在社会平均的劳动熟练程度和劳动强度下制造某种使用价值所需要的劳动时间”来确定定额水平。因此预算定额的平均水平，是在正常的施工条件、合理的施工组织和工艺条件、平均劳动熟练程度和劳动强度下，完成单位分项工程所需的劳动时间。

预算定额的水平以施工定额水平为基础。二者有着密切的联系，但是预算定额绝不是简单地套用施工定额的水平。首先，这里要考虑预算定额中包含了更多的可变因素，需要保留合理的幅度差。如人工幅度差、机械幅度差、材料的超运距、辅助用工及材料堆放、运输、操作损耗和由细到粗综合后的量差等。其次，预算定额是平均水平，施工定额是平均先进水平。所以两者相比预算定额水平要相对低一些。

2. 简明适用原则

编制预算定额贯彻简明适用原则是对执行定额的可操作性便于掌握而言的。为此，编制预算定额时，对于那些主要的、常用的、价值量大的项目，分项工程划分宜细。次要的、不常用的、价值量相对较小的项目则可以放粗一些。同时要注意合理确定预算定额的计量单位，简化工程量的计算，尽可能得避免同一种材料用不同的计量单位，以及尽量少留活口减少换算工作量。

3. 坚持统一性和差别性相结合原则

所谓统一性，就是从培育全国统一市场规范计价行为出发，计价定额的制定规划和组织实施由国务院建设行政主管部门归口，并负责全国统一定额制定或修订，颁发有关工程造价管理的规章制度办法等。所谓差别性，就是在统一性基础上，各部门和省、自治区、直辖市主管部门可以在自己的管辖范围内，根据本部门和地区的具体情况，制定部门和地区性定额、补充性制度和管理办法，来适应我国幅员辽阔、地区间部门间发展不平衡和差异大的实际情况。

（三）建筑装饰工程预算定额的编制程序

1. 制定预算定额的编制方案

包括建立编制定额的机构；确定编制进度；确定编制定额的指导思想、编制原则；明确定额的作用；确定定额的适用范围和内容等。

2. 划分定额项目，确定工程的工作内容

预算定额项目的划分是以施工定额为基础，进一步考虑其综合性。应做到项目齐全、粗细适度、简明适用；在划分定额项目的同时，要将各个工程项目的工作内容范围予以确定。

3. 确定各个定额项目的消耗指标

定额项目各项消耗指标的确定，应在选择计量单位、确定施工方法、计算工程量及含量测算的基础上进行。

（1）选择定额项目的计量单位

预算定额项目的计量单位应使用方便，有利于简化工程量的计算，并与工程项目内容相适应，能反映分项工程最终产品形态和实物量，计量单位一般应根据结构构件或分项工程形体特征及变化规律来确定。

（2）确定施工方法

施工方法是确定建筑工程预算定额项目的各专业工种和相应的用工数量，各种材料、成品或半成品的用量，施工机械类型及其台班用量，以及定额基价的主要依据。不同的施工方法，会直接影响预算定额中的工日、材料、机械台班的消耗指标，在编制预算定额时，必须以本地区的施工（生产）技术组织条件、施工验收规范、安全技术操作规程以及已经成熟和推广的新工艺、新结构、新材料和新的操作法等为依据，合理确定施工方法，让其正确反映当前社会生产力的水平。

（3）计算工程量及含量测算

计算定额项目工程量，就是根据确定的分项工程（或配件、设备）及其所含子项目，结合选定的典型设计图样或资料，典型施工组织设计和已经确定的定额项目计量单位，按照工程量计算规则进行计算。

（4）确定预算定额人工、材料、机械台班消耗量指标

确定分项工程或结构构件的定额消耗指标，包括确定劳动力、材料及机械台班的消耗量指标。

4. 编制预算定额项目表

将计算确定出的各项目的消耗量指标填入已设计好的预算定额项目空白表中。

5. 编制定额说明

定额文字说明，即对建筑装饰工程预算定额的工程特征，包括工程内容、施工方法、计量单位和具体要求等，加以简要说明和补充。

6. 修改定稿，颁发执行

初稿编出后，应通过用新编定额初稿与现行的和历史上相应定额进行对比的方法，对新定额进行水平测算。然后根据测算的结果，分析影响新编定额水平提高或降低的原因，从而对初稿做合理的修订。

在测算和修改的基础上，组织有关部门进行讨论、征求意见，最后修订定稿，连同编制说明书呈报主管部门审批。

（四）建筑装饰工程预算定额的编制步骤

建筑装饰预算定额的编制步骤，大致可分为三个阶段，即准备阶段（包括收集资料）、编制定额阶段和审报定稿阶段。但是各阶段工作有时互相交叉，有些工作会多次反复。

第一，建立编制预算定额的组织机构，确定编制预算定额的指导思想和编制原则。

第二，审定编制预算定额的细则，搜集编制预算定额的各种依据和有关技术资料。

第三，审查、熟悉和修改搜集来的资料，按确定的定额项目和有关的技术资料分别计算工程量。

第四，规定人工幅度差、机械幅度差、材料损耗率、材料超运距以及其他工料费的计算求取标准，并分别计算出一定计量单位分项工程或者结构构件的人工、材料和施工机械台班消耗量标准。

第五，根据上述计算的人工、材料和施工机械台班消耗量标准、材料预算价格、机械台班使用费，计算预算定额基价，即完成一定量单位分项工程或结构构件所消耗的人工费、材料费和机械费。

第六，编制定额项目表。

（五）建筑装饰装修工程预算定额的编制方法

1. 确定定额项目名称及工程内容

建筑装饰工程预算定额项目名称，即分部分项工程（或配件、设备）项目及其所含子项目的名称。定额项目及其工程内容，一般根据编制建筑装饰工程预算定额的有关基础资料，参照施工定额分项工程项目综合确定，并能反映当前建筑装饰业的实际水平和具有广泛的代表性。

2. 确定施工方法

施工方法是确定建筑装饰工程预算定额项目的各专业工种和相应的用工数量，各种材料、成品或者半成品的用量，施工机械类型及其台班数量以及定额基价的主要依据。

3. 确定定额项目计量单位

（1）确定的原则

定额计量单位的确定，应与定额项目相适应。首先，它应当确切地反映分项工程（或配件、设备）等最终产品的实物消耗，保证建筑装饰工程预算的准确性。其次，要有利于减少定额项目、简化工程量计算和定额换算工作，保证预算定额的实用性。

定额计量单位的选择，主要根据分项工程（或配件、设备）的形体特征及变化规律来确定，一般按表4–1进行确定。

表4–1　选择定额计费单位的原则表

序号	形体特征及变化规律	定额计量单位	举例
1	长、宽、高都发生变化	m^3	土方、砖石、硬质瓦块等
2	厚度一定，面积变化	m^2	铝合金墙面、木地板、铝合金门窗等
3	截面积形状大小固定，只有长度变化	延长米	楼梯扶手、装饰线、避雷网安装等
4	体积（面积）相同，重量和价格差异大	t或kg	金属构件制作、安装工程等
5	形状不规律难以度量	套、个、台等	制冷通风工程、栓类阀门工程等

（2）表示方法

定额计量单位，均按公制执行，一般规定，见表4–2。

表4–2　选择定额计量单位的方法表

<table>
<tr><th colspan="2">项目</th><th>单位</th><th>小数位数</th></tr>
<tr><td colspan="2">人工</td><td>工日</td><td>保留两位小数</td></tr>
<tr><td rowspan="6">主要材料及成品半成品</td><td>木材</td><td>m^3</td><td>保留三位小数</td></tr>
<tr><td>钢筋及钢材</td><td>t</td><td>保留三位小数</td></tr>
<tr><td>铝合金型材</td><td>kg</td><td>保留两位小数</td></tr>
<tr><td>通风设备、电气设备</td><td>台</td><td>保留两位小数</td></tr>
<tr><td>水泥</td><td>kg</td><td>零（取整数）</td></tr>
<tr><td>其他材料</td><td>以具体情况而定</td><td>保留两位小数</td></tr>
<tr><td colspan="2">机械</td><td>台班</td><td>保留三位小数</td></tr>
<tr><td colspan="2">定额基价</td><td>元</td><td>保留两位小数</td></tr>
</table>

（3）定额项目单位

定额项目单位，一般按表 4–3 取定。

表4–3　定额计量单位公制表示法

计量单位名称	定额计量单位	计量单位名称	定额计量单位
长度	mm、cm、m	体积	m^3
面积	mm^2、cm^2、m^2	重量	kg、t

（4）计量工程量

计算工程量的目的，是为了通过分别计算出典型设计图纸或资料所包括的施工过程的工程量，使之在编制建筑装饰工程预算定额时，可能利用施工定额的人工、材料及施工机械台班的消耗指标。

计算定额项目工程量，就是根据确定的分项工程（或配件、设备）及其所含子项目，结合选定的典型设计图纸或资料、典型施工组织设计，按工程量计算规则进行计算，一般采用工程量计算表格进行计算。

在工程量计算表中，需要填写的内容主要包括下列四项：

第一，选择的典型图纸或资料的来源和名称。

第二，典型工程的性质。

第三，工程量计算表的编制说明。

第四，选择的图例和计算公式等。

最后，根据建筑装饰工程预算定额单位，将已计算出的自然数工程量，折算成定额单位工程量。例如，铝合金门窗、带轻钢龙骨天棚和镁铝板柱面工程等，由 m^2 折算成 $100m^2$ 等。

（5）建筑装饰工程

预算定额人工、材料和机械台班消耗量指标的确定。确定分项工程或结构构件的定额消耗指标，包括确定劳动力、材料和机械台班的消耗量指标。

（6）编制定额项目表。

第一，人工消耗定额。人工消耗定额，一般按综合列出总工日数，并在它的下面分别按技工和普通工列出工日数。

第二，材料消耗定额。材料消耗定额，一般要列出材料（或配件、设备）的名称和消耗量；对于一些用量很少的次要材料，能合并成一项，按“其他材料费”直接以金额“元”列入定额项目表，但占材料总价值的比重，不能超过 2%～3%。

第三，机械台班消耗定额。一般按机械类型、机械性能列出各种主要机械名称，其消耗定额以“台班”表示；对于一些次要机械，可合并成一项，按“其他机械费”直接以金额“元”列入定额项目表。

第四，定额基价。一般直接在定额表中列出，其中人工费、材料费及机械费应分别列出。

（7）编制定额说明

定额文字说明，即对建筑装饰工程预算定额的工程特征，包括工程内容、施工方法、计量单位以及具体要求等加以简要说明。

（六）建筑装饰装修工程预算定额的消耗指标的确定

1. 人工工日消耗量的确定

预算定额的人工消耗指标，是指完成规定计量单位内合格产品，所需要消耗的工日总数，它由基本用工、超运距用工、辅助用工及人工幅度差组成，即：

人工工日消耗量＝基本用工量＋超运距用工量＋辅助用工量＋人工幅度差

（1）基本用工

基本用工是指完成合格产品所必须消耗的技术工种用工，按技术工种相应劳动定额计算，以不同工种列出定额工日。

基本用工＝Σ（工序工程量×相应时间定额）

（2）超运距用工

超运距用工是指预算定额中规定的材料、半成品取定的运输距离超过劳动定额规定的运输距离需增加的工日数量。

超运距用工＝Σ（超运距材料数量×相应时间定额）

其中，超运距＝预算定额规定的运距－劳动定额规定的运距

（3）辅助用工

辅助用工量是指劳动定额中未包括而在预算定额内必须考虑的工时，例如材料在现场加工所用的工时量等。

辅助用工＝Σ（材料加工数量×相应时间定额）

（4）人工幅度差

人工幅度差是指在劳动定额中未包括而在正常施工情况下不可避免的各种工时损

失，内容包括：

第一，各工种间的工序搭接及交叉作业互相配合所发生的停歇用工。

第二，施工机械在单位工程之间转移及临时水电线路移动所造成的停工。

第三，质量检查和隐蔽工程验收工作的影响。

第四，班组操作地点转移用工。

第五，工序交接时对前一工序不可避免的修整用工。

第六，施工中不能避免的其他零星用工。

人工幅度差计算公式如下：

人工幅度差 =(基本用工量 + 超运距用工量 + 辅助用工量)× 人工幅度差系数式中，人工幅度差系数根据经验选取，一般土建工程取 10%，设备安装工程取 12%。

（5）人工工日消耗量

人工工日消耗量按下式计算：

人工工日消耗量 =（基本用工量 + 超运距用工量 + 辅助用工量）×（1+ 人工幅度差系数）

2. 材料消耗量的确定

（1）材料消耗指标的组成

预算定额内的材料，按其使用性质、用途和用量大小划分为四类即：

第一，主要材料。指直接构成工程实体的材料。

第二，辅助材料。指直接构成工程实体，但使用量较小的一些材料。

第三，周转性材料。周转性材料又称工具性材料，指施工中多次使用但并不构成工程实体的材料，如模板和脚手架等。

第四，次要材料。指用量小、价值不大、不便计算的零星用材料，可用估算法进行计算，以“其他材料费”用“元”表示。

（2）材料消耗指标的确定方法

建筑工程预算定额中的主要材料、成品或半成品的消耗量，应以施工定额的材料消耗定额为基础，计算出材料的净用量、损耗量和材料的总消耗量，并结合测定的资料，综合确定出材料消耗指标。

3. 机械台班消耗量的确定

预算定额机械台班消耗指标，应根据全国统一劳动定额中的机械台班产量编制。分为以下两种情况：

第一，以手工操作为主的工人班组所配备的施工机械，如砂浆、混凝土搅拌机，垂直运输用塔式起重机，为小组配用，应以小组产量计算机械台班，计算公式为：

分项定额机械台班消耗量=预算定额项目计量单位值/小组总产量

其中,小组总产量=小组总人数 × ∑(分项计算取定的比重 × 劳动定额每工综合产量)

【例 4-3】砌一砖厚内墙，定额单位 10 m^3，其中：单面清水墙占 20%，双面混水墙占 80%，瓦工小组成员 22 人，定额项目配备砂浆搅拌机一台，2～6t 塔式起重机一台，分别确定砂浆搅拌机和塔式起重机的台班用量。

已知：单面清水墙每工综合产量定额 1.04 m^3,双面混水墙每工综合产量定额 1.24m^3。

解：

$$小组总产量=22\times(0.2\times1.04+0.8\times1.24)=26.4m^3$$

$$砂浆搅拌机消耗量=\frac{10}{26.4}=0.379台班$$

$$塔式起重机消耗量=\frac{10}{26.4}=0.379台班$$

第二，机械化施工过程，如机械化土石方工程、机械化打桩工程、机械化运输和吊装工程所用的大型机械及其他专用机械，应在劳动定额中的台班定额的基础上另加机械幅度差。计算公式为：

分项定额机械台班消耗量=预算定额项目计量单位值/小组总产量×(1+机械幅度差系数)

机械幅度差是指在劳动定额（机械台班量）中未曾包括的，而机械在合理的施工组织条件下所必需的停歇时间，在编制预算定额时应予以考虑。其内容包括：

第一，施工机械转移工作面及配套机械互相影响损失的时间。

第二，在正常的施工情况下，机械施工中不可避免的工序间歇。

第三，检查工程质量影响机械操作的时间。

第四，临时水、电线路在施工中移动位置所发生的机械停歇时间。

第五，工程结尾时，工作量不饱满所损失的时间。

三、建筑装饰装修工程预算定额的使用

建筑装饰工程预算定额是确定装饰工程预算造价，办理工程价款，处理承发包工程

经济关系的主要依据之一。定额应用的正确与否，直接影响建筑装饰工程造价，因此，预算工作人员必须熟练而准确地使用预算定额。

（一）套用定额时应注意的几个问题

第一，查阅定额前，应首先认真阅读定额总说明、分部工程说明和有关附注内容；要熟悉和掌握定额的适用范围，定额已经考虑和未考虑的因素以及有关规定。

第二，要明确定额的用语和符号的含义。例如，定额中凡注有“××以内”、“××以下”者均包括本身在内，而“××以外”、“××以上”者均不包括本身；凡带有“( )”的均未计算价格，发生时可按地区材料预算价格，列入定额单价中。

第三，要正确地理解和熟记装饰面积计算规则和各个分部工程量计算规则中所指出的计算方法，以便在熟悉施工图纸的基础上，可以够迅速准确地计算各分项工程（或配件、设备）的工程量。

第四，要了解和记忆常用分项工程定额所包括的工作内容，人工、材料、施工机械台班消耗数量和计算单位，以及有关附注的规定，做到正确地套用定额项目。

第五，要明确定额换算范围，正确地应用定额附录资料，熟练进行定额项目的换算和调整。

（二）预算定新的直接套用

当施工图的设计要求与预算定额的项目内容一致或不一致但又不允许换算时，可直接套用预算定额。

在编制建筑装饰装修工程施工图预算的过程中，大多数项目可以直接套用预算定额。套用时应注意以下几点：

第一，根据施工图、设计说明和做法要求，选择定额项目。

第二，从工程内容、技术特征和施工方法上仔细核对，准确地确定相对应的定额项目。

第三，分项工程的名称和计量单位要与预算定额相一致。

（三）预算定额的换算

当设计要求与定额项目的工程内容、材料规格、施工方法等条件不完全相符，不能直接套用定额时，可根据定额中的有关说明等规定，在定额规定范围内加以调整换算后套用，一般定额换算主要表现在以下几方面：

1. 工程量换算法

工程量的换算，是依据建筑装饰工程预算定额中的规定，将施工图纸设计的工程项目工程量，乘以定额规定的调整系数。换算后的工程量，一般可按下式进行计算：

换算后的工程量=按施工图纸计算的工程量×定额规定的调整系数

2. 系数增减换算法

由于施工图纸设计的工程项目内容与定额规定的相应内容不完全相符，定额规定在其允许范围内，采用增减系数调整定额基价或其中的人工费和机械使用费等。

系数增减换算法的方法步骤如下：

第一，根据施工图纸设计的工程项目内容，从定额手册目录中，查出工程项目所在定额中的页数及其部位，并判断是否需要增减系数，调查定额项目。

第二，如需调整，从定额项目表中查出调整前定额基价和定额人工费（或机械使用费等），并从定额总说明、分部工程说明或者附注内容中查出相应调整系数。

第三，计算调整后的定额基价，一般按下式进行计算：

调整后定额基价=调整前定额基价±［定额人工费（或机械费）×相应调整系数］

第四，写出调整后定额编号，即换。

计算调整后的预算价值，一般可按下式进行计算：

调整后预算价值=工程项目工程量×调整定额基价

3. 材料价格换算法

当建筑装饰材料的“主材”和“五材”的市场价格，与相应定额预算价格不同而引起定额基价的变化时，必须进行换算。

材料价格换算法的方法步骤如下：

第一，根据施工图纸设计的工程项目内容，从定额手册目录中查出工程项目所在定额的页数及其部位，并且判断是否需要定额换算。

第二，如需换算，就从定额项目表中查出工程项目相应的换算前定额基价、材料预算价格和定额消耗量。

第三，从建筑装饰材料市场价格信息资料中，查出相应的材料市场价格。

第四，计算换算后定额基价，一般可以用下式进行计算：

换算后定额基价=换算前定额基价 ±［换算材料定额消耗量 ×（换算材料市场价格－换算材料预算价格）］

第五，写出换算后的定额编号，即（△—△）换。

第六，计算换算后预算价值，一般可用下式进行计算：

换算后预算价格=工程项目工程量×相应的换算后定额基价

4. 材料用量换算法

当施工图纸设计的工程项目的主材用量，与定额规定的主材消耗量不同而引起定额基价的变化时，必须进行定额换算，其换算方法步骤如下：

第一，根据施工图纸设计的工程项目内容，从定额手册目录中，查出工程项目所指定额手册中的页数及部位，并判断是否需要进行定额换算。

第二，从定额项目表中，查出换算前的定额基价、定额主材消耗量和相应的主材预算价格。

第三，计算工程项目主材的实际用量和定额单位实际消耗量，一般能够按下式进行计算：

主材实际用量=主材设计净用量×（1+损耗率）

定额单位主材实际消耗量=（主材实际用量/工程项目工程量）×工程项目定额计量单位

第四，计算换算后的定额基价，一般可按下式进行计算：

换算后的定额基价=换算前的定额基价 ±（定额单位主材实际消耗量－定额单位主材定额消耗量）× 相应主材预算价格

第五，写出换算后的定额编号，即换。

第六，计算换算后的预算价值。

5. 材料种类换算法

当施工图纸设计的工程项目所采用的材料种类，与定额规定的材料种类不同而引起定额基价的变化时，定额规定必须进行换算，其换算的方法和步骤如下：

第一，据施工图纸设计的工程项目内容，从定额手册目录中，查出工程项目所指定额手册中的页数及其他部位，并判断是否需要进行定额换算。

第二，如需换算，从定额项目表中查出换算前定额基价和换出材料定额消耗量及相应的定额预算价格。

第三，计算换入材料定额计量单位消耗量，并查出相应的市场价格。

第四，计算定额计量单位换入（出）材料费，通常可按下式进行计算：

换入材料费=换入材料市场价格×相应材料定额单位消耗量

换出材料费=换出材料预算价格×相应材料定额单位消耗量

第五，计算换算后的定额基价，一般可按下式进行计算：

换算后定额基价=换算前定额基价±（换入材料费–换出材料费）

第六，写出换算后的定额编号，即（△—△）换。

第七，计算换算后的预算价值。

6. 材料规格换算法

当施工图纸设计的工程项目的主材规格与定额规定的主材规格不同而引起定额基价的变化时，定额规定必须进行换算。与此同时，应进行差价调整，其换算与调整的方法和步骤如下：

第一，根据施工图纸设计的工程项目内容，从定额手册目录中，查出工程项目所在的定额页数及其部位，并判断是否需要进行定额换算。

第二，如需换算，从定额项目表中，查出换算前定额基价、需要换算的主材定额消耗量及相应的预算价格。

第三，根据施工图纸设计的工程项目内容，计算应换算的主材实际用量和定额单位实际消耗量，一般有下列两种方法：

①虽然主材不同，但两者的消耗量不变。此时，必须按定额规定的消耗量执行。

②因规格改变，引起主材实际用量发生变化，此时，要计算设计规格的主材实际用量和定额单位实际消耗量。

第四，从建筑装饰材料市场价格信息资料中，查出施工图纸采用的主材相应的市场价格。

第五，计算定额计量单位两种不同规格主材费的差价，一般可按下式进行计算：

差价=定额计量单位图纸规格主材费–定额计量单位定额规格主材费

其中，定额计量单位图纸规格主材费＝定额计量单位图纸主材实际消耗量×相应主材市场价格

定额计量定额规格主材费＝定额规格主材消耗量×相应的主材定额预算定额

第六，计算换算后的定额基价，通常可按下式进行计算：

换算后定额基价＝换算前定额基价±差价

第七，写出换算后的定额编号，即（△—△）$_{换}$。

第八，计算换算后的预算价值。

7. 砂浆配合比换算法

当装饰砂浆配合比不同，而引起相应定额基价变化时，定额规定必须进行换算，其换算的方法步骤如下：

第一，根据施工图纸设计的工程项目内容，从定额手册目录中，查出工程项目所在的定额手册中的页数及其部位，并判断施工图纸设计的装饰砂浆的配合比，与定额规定的砂浆配合比是否一致，若不一致，则应按定额规定的换算范围进行换算。

第二，从定额手册附录的“装饰定额配合比表”中，查出工程项目与其相应的定额规定不相一致，需要进行换算两种不同配合比砂浆每 $1m^3$ 的预算价格，并计算两者的差价。

第三，定额项目表中，查出工程项目换算前的定额基价和相应的装饰砂浆的定额消耗量。

第四，计算换算后的定额基价，通常可按下式进行计算：

换算后定额基价 = 换算前定额基价 ±（应换算砂浆量定额消耗量 × 两种不同配合比砂浆预算价格）

第五，写出换算后的定额编号，即（△—△）$_{换}$。

第六，计算换算后的预算价值。

【例 4-4】某工程浇筑 C40 普通混凝土墙 $500m^3$，问其换算后的定额基价和定额直接费各为多少？

已知某地区 C35 墙体的基价为 286.60 元 /m^3，相应的混凝土用量为 $0.988m^3$，C35、C40 混凝土材料的单价分别为 227.72 元 /m^3 和 235.39 元 /m^3。

解：

（1）C40 混凝土墙的基价 =286.60+0.988 × 235.39−0.988 × 227.72

=286.60+0.988 ×（235.39−227.72）

=294.18 元

（2）定额直接费 =294.18 元 × 500=147090 元

当工程项目在定额中缺项，又不属于调整换算范围之内，没有定额可套用时，可编制补充定额，经批准备案，一次性使用。

四、建筑装饰装修工程单位估价表及单位估价汇总表

（一）建筑装饰装修工程单位估价表的概念

建筑装饰装修工程单位估价表（以下简称“单位估价表”），是指以全国统一建筑装饰工程预算定额或各省、市及自治区建筑装饰工程预算定额规定的人工、材料和机械台

班数量，按一个城市或地区的工人工资标准、材料以及机械台班预算价格，计算出的以货币形式表现的建筑装饰工程的各分项工程的定额单位预算价值表。

单位估价表经当地主管部门审查批准后就成为法定单价。凡在规定城市或地区范围内施工的单位都必须认真执行，不得随意修改补充。如遇特殊情况，甲、乙双方需制定补充单位估价表时，必须经过当地主管部门批准执行。

（二）建筑装饰装修工程单位估价表的作用

第一，单位估价表是确定建筑装饰工程预算造价的基本依据。单位估价表的每个分项工程单位预算价值，分别乘以相应分项工程量，就是每个分项工程直接费，把每个分项工程直接费汇总再加上其他直接费，即为单位工程直接费。在此基础上，就可以计算间接直接费、计划利润及税金，最后汇总求出工程预算造价。

第二，单位估价表是进行建筑装饰工程拨款、贷款、工程结算及竣工结算及统计投资完成额的主要依据。

第三，单位估价表是建筑装饰施工企业进行建筑装饰工程成本分析及经济核算的主要依据。

第四，单位估价表是设计部门进行建筑装饰设计方案经济比较，选定合理设计方案的基础资料。

第五，单位估价表是编制建筑装饰工程投资估算指标及概算定额的依据。

（三）建筑装饰装修工程单位估价表的内容

单位估价表主要是由表头和表身组成。

1. 表头

表头包括分项工程项目名称、预算定额编号、工作内容和定额计量单位。

2. 表身

表身包括完成某项分项工程的建筑装饰工程预算定额规定的人工、材料和机械的名称、单位及定额消耗量；与人工、材料和机械相应的日工资标准、材料和机械台班的预算价格。

（四）建筑装饰装修工程单位估价表的编制

1. 单位估价表的编制依据

第一，现行的预算定额。

第二，地区现行的预算工资标准。

第三，地区各种材料的预算价格。

第四，地区现行的施工机械台班费用定额。

2. 单位估价表的编制方法

第一，按有关规定认真填写好分项工程项目名称、预算定额编号、工作内容和定额计量单位等单位估价表的表头内容。

第二，根据建筑工程装饰工程预算定额计算人工费、材料费、机械使用费和预算单价。

第三，编写文字说明。

3. 单位估价表编制的工作阶段

第一，选定建筑装饰工程预算定额项目。

第二，抄录定额人工、材料、机械消耗数量。

第三，选择与填写单价。

第四，计算、填写、复核工作。

4. 单位估价表编制的审定

对编制的单位估价表的初稿，进行全面审核、修改和定稿，上报主管部门批准、颁发、使用。

5. 单位估价汇总表

在估价表编制完成以后，应编制单位估价汇总表。单位估价汇总表，是指把单位估价表中分项工程的主要货币指标（基价、人工费、材料费、机械费）及主要工料消耗指标，汇总在统一格式的简明表格内。单位估价汇总表的特点是：所占篇幅少，查找方便，简化了建筑装饰工程预算编制工作。单位估价汇总表的内容，主要包括单位估价表的定额编号、项目名称、计量单位，以及预算单价和其中的人工费、材料费、机械费和综合费等。

在编制单位估价汇总表时，要注意计量单位的换算，若单位估价表是按预算定额编制的，其计量单位多数是 $100m^2$、10 套等等。但是，实际编制建筑装饰工程预算时的计量单位，多数是采用 m^2、套等等。因此为了便于套用单位估价汇总表的预算单价，一般都是在编制单位估价汇总表时，将单位估价表的加量单位（$100m^2$、100 延长米、10 个、10 套等）折算成个位单位（m^2、m、个、套或组等）。

（五）补充单位估价表

随着建筑装饰工程专业的发展和新技术、新结构、新工艺、新材料的不断涌现，以及高级装饰的产生，现行的建筑装饰工程预算定额或单位估价表，已经难以满足工程项目的需要，在编制预算时，会经常出现缺项。这时就必须编制补充单位估价表。补充单位估价表的作用、编制原则和依据、内容及表达形式等，都与单位估价表相同。

1. 补充单位估价表编制与使用前应明确的问题

第一，补充单位估价表的工程项目划分，应按预算定额（或单位估价表）的分部工程归类，其计量单位、编制内容和工作内容等，也应与预算定额（或单位估价表）相一致。

第二，由建设单位、施工企业双方编制好补充单位估价表后，必须报当地建委审批后方可作为编制该建筑装饰工程施工图预算的依据。

第三，补充单位估价表只适用于同一建设单位的各项建筑装饰工程，即为"一次性使用"定额。

第四，如果同一设计标准的建筑装饰工程编制施工图预算时使用该补充单位估价表，其人工、材料和机械台班数量不变，但其预算单价必须按所在地区的有关规定进行调查。

2. 补充单位估价表的编制步骤

（1）准备工作阶段

由建设单位、施工企业共同组织临时编制小组，搜集编制补充单位估价表的基础材料，拟定编制方案。

（2）编制工作阶段

第一，根据施工图纸的工程内容和有关编制单位估价表的规定，确定工程项目名称、补充定额编号、工作内容和计量单位，并且填写补充在单位估价表各栏内。

第二，根据施工图纸、施工定额和现场测定资料等，计算完成定额计量单位的各工程项目相应的人工、材料、施工机械台班的消耗指标。

第三，根据人工、材料、机械台班消耗指标与当地的人工工资标准、材料预算价格、机械台班价格，计算人工费、材料费和施工机械使用费，将上面人工费、材料费和施工机械使用费相加所得之和，就是该补充单位估价表项目的预算单价。

第四，编写文字说明。

（3）审批工作阶段

补充单位估价表经审批后，上报主管部门批准后方可执行。

3. 补充单位估价表基本消耗指标的确定

（1）人工消耗指标

补充单位估价表的人工消耗指标，是指完成某一分项工程项目的各种用工量的总和。它是由基本用工量、材料超运距用工量、辅助用工量和人工幅度差等组成，通常可按下列公式计算：

人工消耗指标=（基本用工量+超运距用工量+辅助用工量）×（1+人工幅度系数）

其中，基本用工量 = ∑（工序用工量 × 相应时间定额）

超运距用工量 = ∑（超运距材料量 × 相应时间定额）

辅助用工量 = ∑（加工材料数量 × 相应时间定额）

人工幅度差 =（基本用工量 + 超运距用工量 + 辅助用工量）× 人工幅度系数

（2）材料消耗指标

补充单位估价表中的材料消耗量，一般是以施工定额的材料消耗定额为计算基础。如果某些材料，如成品或半成品和配件等没有材料消耗定额时，则应根据施工图纸通过分析计算，分别以直接性消耗材料和周转性消耗材料，求出材料消耗指标。

第一，直接性消耗材料。直接性消耗材料是指直接构成建筑装饰工程实体的消耗材料。它是由材料设计净用量和损耗量组成的。其计算公式如下：

材料总消耗量=材料净用量×（1+损耗率）

式中，材料净用量是指在正常的施工条件、节约与合理地使用材料的前提下，完成单位合格产品所必须消耗的材料净用量，一般可按材料消耗净定额或者采用观察法、实验法和计算法确定。损耗率是通过材料损耗量计算的。材料损耗量是指在建筑装饰工程施工过程中，各种材料不可避免地出现的一些工艺损耗以及材料在运输、贮存和操作的过程中产生的损耗和废料。材料消耗量一般可根据材料损耗定额或者采用观察法、实验法和计算法确定：材料损耗率 = 损耗量 / 净用量 ×100%

第二，周转性消耗材料。周转性消耗材料是指在建筑装饰工程施工中，除了直接消耗在构成工程实体上的各种材料外，还要用一部分反复周转的工具性材料，周转性消耗材料以摊销量表示。其计算公式如下：

摊销量=周转使用量-回收量

周转使用量=一次使用量×［1+（周转次数-1）×补损率］+周转次数

回收量=一次使用量×（1-补损率）4-周转次数

式中，一次使用量指周转性材料一次使用的基本数量；周转次数指周转性材料可以重复使用的次数。

（3）机械台班消耗指标

机械台班消耗指标是指在合理的劳动组织和合理使用机械正常施工的条件下，由熟练的工人操作，完成补充单位估价表计量单位的合格产品所需消耗的机械台班数量。它一般是以正常使用机械规格综合选型，以 8h 作业为台班计算单位，结合了施工定额或指定资料计算的产量定额。

第四节　建筑装饰工程概算定额

一、概算定额概述

（一）概算定额的概念

建筑工程概算定额也称为扩大结构定额。它规定了完成一定计量单位的扩大结构构件或扩大分项工程的人工、材料和机械台班的数量标准。

概算定额是在预算定额的基础上，综合预算定额的分项工程内容后编制而成的。

（二）概算定额的作用

第一，概算定额是初步设计阶段编制建设项目概算的依据。

第二，概算定额是设计方案比较的依据。

第三，概算定额是编制主要材料需要量的计算基础。

第四，概算定额是编制概算指标的依据。

（三）概算定额的编制原则

1. 遵循扩大、综合和简化计算的原则

这主要是相对预算定额而言。概算定额在以主体结构分部为主，综合有关项目的同时，对综合的内容、工程量计算及不同项目的换算等问题力求简化。

2. 符合简明、适用和准确的原则

概算定额的项目划分、排列、定额内容、表现形式以及编制深度，要简明、适用以及准确。应计算简单，项目齐全，不漏项，达到规定精确度的控制幅度内，保证定额的质量和概算质量，并满足编制概算指标的要求。在确定定额编号时，要考虑运用统筹法和电子计算机编制概算的要求，以简化概算的编制工作，提高工作效率。

3. 坚持不留或少留活口的原则

为了稳定统一概算定额的水平，考核和简化工程量计算，概算定额的编制，要尽量不留活口。如对砂浆、混凝土标号，钢筋和铁件用量等，可根据工程结构的不同部位，先经过测算和统计，然后综合取定较为合理的数值。

（四）概算定额的编制依据

由于概算定额的适用范围不同，其编制依据也略有区别。通常有以下几种：

第一，现行的设计标准及规范、施工质量验收规范。

第二，现行的建筑安装工程预算定额和施工定额。

第三，经过批准的标准设计和有代表性的设计图纸。

第四，人工工资标准、材料预算价格和机械台班费用。

第五，现行的概算定额。

第六，有关的工程概算、施工图预算、工程结算及工程决算等资料。

第七，有关政策性文件。

（五）概算定额的编制步骤

概算定额的编制一般分为三个阶段，即准备阶段、编制阶段和审查报批阶段。

1. 准备阶段

主要是确定编制机构和人员组成，进行调查研究，了解现行概算定额执行情况与存在问题、编制范围，在此基础上制定概算定额的编制细则和概算定额项目划分。

2. 编制阶段

根据已制定的编制细则、定额项目划分和工程量计算规则，调查研究，对收集到的设计图纸、资料进行细致的测算和分析，编出概算定额初稿。并将概算定额的分项定额总水平与预算水平相比控制在允许的幅度之内，以保证二者在水平上的一致性。如果概算定额与预算定额水平差距较大时，则需对概算定额水平进行必要的调整。

3. 审查报批阶段

在征求意见修改之后形成报批稿，经批准后交付印刷。

（六）概算定额的组成

概算定额一般包括目录、总说明、建筑面积计算规则、分部工程说明、定额项目表和有关附录或附件等。

在总说明中主要阐明编制依据、适用范围、定额的作用及有关统一规定等。

在分部工程说明中，主要阐明有关工程量计算规则及分部工程的有关规定。

在概算定额表中，分节定额的表头部分列有本节定额的工作内容及计量单位，表格中列有定额项目的人工、材料和机械台班消耗量指标，以及按地区预算价格计算的定额基价，概算定额表的形式各地区有所不同。

二、建筑装饰装修工程概算定额

（一）建筑装饰装修工程概算定额的概念

建筑装饰装修工程概算定额，是指完成单位分部工程（或扩大构件）所消耗的人工、材料、机械台班的标准数量及综合价格。

建筑装饰装修工程概算定额是初步设计阶段编制设计概算的基础。概算项目的划分与初步设计的深度相一致，一半是以分部工程为对象。概算定额是在预算定额的基础上，按常用主体结构工程列项，以主要工程内容为主，适当合并相关预算定额的分项内容，进行综合扩大，较之预算定额具有更为综合扩大的性质，因此又称为“扩大结构定额”。

（二）建筑装饰装修工程概算定额的特征

建筑装饰装修工程概算定额的主要特征是：

第一，以分部工程和扩大构件为计价项目。

第二，按组成的各分项工程含量，运用现行预算定额（或单位估价表）扩大综合核定其指标。

第三，口径统一，不留活口，计价项目较少，故而工程量计算及套价比较简单。

第四，概算定额作为编制概算的基础，所以法律效力不强。

（三）建筑装饰装修工程概算定额的作用

第一，建筑装饰工程概算定额是初步设计阶段编制工程概算、技术设计阶段编制修正概算的主要依据。初步设计、技术设计是采用三阶段设计的第一阶段和第二阶段。根据国家有关规定，按设计的不同阶段对拟建工程进行估价，编制工程概算和修正概算。这样，就需要与设计深度相适应的计价定额，概算定额正是适应了这种设计深度而编制的。

第二，建筑装饰工程概算定额是编制主要材料消耗量的计算依据。保证材料供应是建筑装饰工程施工的先决条件，根据概算定额的材料消耗指标，计算工程用料数量比较准确，并可以在施工图设计之前提出计划。

第三，建筑装饰工程概算定额是设计方案进行经济比较的依据。设计方案比较，主要是指建筑装饰设计方案的经济比较，其目的是选择出经济合理的建筑装饰设计方案，在满足功能和技术性能要求的条件下，达到降低造价和人工、材料消耗，概算定额按扩大建筑结构构件或扩大综合内容划分定额项目，可以为建筑装饰设计方案的比较提供方便条件。

第四，建筑装饰工程概算定额是编制概算指标的依据。

第五，建筑装饰工程概算定额是招投标工程编制招标标底、投标报价的依据。

（四）建筑装饰工程概算定额的编制依据

第一，现行的有关设计标准、设计规范、通用图集、标准定型图集、施工验收规范以及典型工程设计图等资料。

第二，现行的预算定额、施工定额。

第三，原有的概算定额。

第四，现行的定额工资标准、材料预算价格和机械台班单价等。

第五，有关施工图预算和工程结算等资料。

（五）建筑装饰工程概算定额项目的划分

概算定额项目划分要贯彻简明适用的原则。在保证一定准确性的前提下，概算定额项目应在预算定额项目的基础上，进行适当的综合扩大。其定额项目划分的粗细程度，应适应应在预算定额项目的基础上，进行适当的综合扩大。其定额项目划分的粗细程度，应适应应初步设计的深度。总而言之，应使概算定额项目简明易懂、项目齐全、计算简单及准确可靠。

（六）建筑装饰工程概算定额的内容

建筑装饰工程概算定额的内容一般由总说明、各章分部说明、概算项目表以及附录组成。

第一，总说明。总说明主要是介绍概算定额的作用、编制依据、编制原则、适用范围以及有关规定等内容。

第二，各章分部说明。各章分部说明主要是对本章定额运用、界限划分、工程量计算规则、调整换算规定等内容进行说明。

第三，概算项目表。概算项目表是以表格形式来表示项目划分、定额编号、计量单位、概算基价及工料指标等内容的。项目表是概算定额手册的主要部分，它反映了一定计量单位扩大结构或扩大分项工程的概算单价以及主要材料消耗的标准。

第四，附录。附录一般列在概算定额手册的后面，通常包括材料的配比、预算价格等资料。

三、概算指标

（一）概算指标的概念

概算指标是在概算定额的基础上综合、扩大，介于概算定额和投资估算指标之间的各种定额。它是以每 $100m^2$ 建筑面积或 $1000m^3$ 建筑体积为计算单位，构筑物以“座”

为计算单位，安装工程以成套设备装置的“台”或“组”为计算单位，规定所需人工、材料、机械消耗及资金数量的定额指标。

（二）概算指标的作用

概算指标和概算定额、预算定额一样，都是与各设计阶段相适应的多次性估价的产物。它主要用于初步设计阶段，其作用是：

第一，概算指标是编制初步设计概算，确定工程概算造价的依据。

第二，概算指标是设计单位进行设计方案的技术经济分析，衡量设计水平，考核投资效果的标准。

第三，概算指标是建设单位编制基本建设计划，申请投资拨款和主要材料计划的依据。

第四，概算指标是编制投资估算指标的依据。

（三）概算指标的内容

概算指标是比概算定额综合性更强的一种指标。其内容主要包含五个部分：

第一，说明。它主要从总体上说明概算指标的应用、编制依据、适用范围和使用方法等。

第二，示意图。说明工程的结构形式，工业项目还标示出吊车及起重能力等。

第三，结构特征。主要对工程的结构形式、层高、层数以及建筑面积等做进一步说明，见表 4–4。

表4–4　结构特征

结构类别	内浇外砌	层数	六	层高	2.8m	檐高	17.7m	建筑面积	4206 m^2

第四，经济指标。说明项目每 100m^2 建筑面积、1000m^3 建筑体积或每座的造价指标及其中土建、水暖和电照等单位工程的相应造价。

表4–5　经济指标

项目		合计	其中				
			直接费	间接费	利润	其他	税金
单方造价		37745	21860	5576	1893	7323	1093
其中	土建	32424	18778	4790	1626	6291	939
	水暖	3182	1843	470	160	617	92
	电照	2136	1239	316	107	415	62

（四）概算指标的编制

1. 编制依据

第一，现行的标准设计、各类工程的典型设计和有代表性的标准设计图纸。

第二，国家颁发的建筑设计规范、施工质量验收规范和有关规定。

第三，现行预算定额、概算定额、补充定额和有关费用定额。

第四，地区工资标准、材料预算价格及机械台班预算价格。

第五，国家颁发的工程造价指标和地区造价指标。

第六，典型工程的概算、预算、结算和决算资料。

第七，国家和地区现行的工程建设政策、法令和规章等。

2. 编制步骤

编制概算指标，一般分三个阶段：

（1）准备工作阶段

本阶段主要是汇集图纸资料，拟定编制项目，起草编制方案、编制细则和制定计算方法，并对一些技术性和方向性的问题进行学习和讨论。

（2）编制工作阶段

这个阶段是优选图纸，根据选出的图纸和现行预算定额，计算工程量，编制预算书，求出单位面积或体积的预算造价，确定人工、主要材料以及机械的消耗指标，填写概算指标表格。

（3）复核送审阶段

将人工、主要材料和机械消耗指标算出后，需要进行审核，以防发生错误。并对同类性质和结构的指标水平进行比较，必要时加以调整，之后定稿送主管部门，审批后颁发执行。

第五章　建筑装饰工程工程量清单计价模式

第一节　建筑面积计算规范

一、建筑面积计算规范概述

建筑面积是指建筑物根据有关规则计算的各层水平面积之和，是以平方米反映房屋建筑规模的实物量指标，它广泛应用于基本建设计划、统计、设计、施工及工程概预算等各个方面。在建筑工程造价管理方面起着非常重要的作用，是建筑房屋计价的主要指标之一。

我国的《建筑面积计算规则》最初是在 20 世纪 70 年代制订的，之后根据需要进行了多次修订。1982 年国家经委基本建设办公室（82）经基设字 58 号印发了《建筑面积计算规则》，对 20 世纪 70 年代制订的《建筑面积计算规则》进行了修订。1995 年建设部发布《全国统一建筑工程预算工程量计算规则》（土建工程），其中含“建筑面积计算规则”，是对 1982 年的《建筑面积计算规则》进行的修订。2005 年建设部以国家标准发布了《建筑工程建筑面积计算规范》。鉴于建筑发展中出现的新结构、新材料、新技术、新的施工方法，为了解决建筑技术的发展产生的面积计算问题，本着不重算和不漏算的原则，对建筑面积的计算范围和计算方法进行了修改统一和完善，住建部于 2013 年 12 月 19 日以国家标准的形式发布了《建筑工程建筑面积计算规范》，本规范于 2014 年 7 月 1 日正式实施。

新版《建筑工程建筑面积计算规范》（以下简称面积规范）包括了总则、术语、计算建筑面积的规定三个部分及规范条文说明。

面积规范第一部分总则，阐述了规范制定目的和建筑面积计算应遵循的有关原则。

《建筑工程建筑面积计算规范》的适用范围是新建、扩建、改建的工业与民用建筑工程建设全过程的建筑面积的计算，包括工业厂房、仓库、公共建筑及居住建筑，农业生产使用的房屋、粮种仓库和地铁车站等的建筑面积的计算。

面积规范第二部分举例 30 条术语，对建筑面积计算规定中涉及的建筑物有关部位的名词作了解释或定义。

面积规范第三部分共 27 条，是建筑工程建筑面积计算的具体规则，包括建筑面积计算范围、计算方法和不计算面积的范围。

规范条文说明对计算规定中的具体内容、方法做了细部界定和解释，以便可以准确地应用。

二、建筑面积计算规则

（一）应计算建筑面积的范围

建筑面积计算规定中将结构层高 2.2 m 作为全计或半计面积的划分界限，结构层高在 2.2 m 及以上者计算全部面积，结构层高不足 2.2 m 者计 1/2 面积，这一划分界限贯穿于整个建筑面积计算规定之中。

结构层高是指楼面或地面结构层上表面至上部结构层上表面之间的垂直距离。建筑物最底层的层高，有基础底板的按基础底板上表面结构至上层楼面的结构标高之间的垂直距离；没有基础底板指地面标高至上层楼面结构标高之间的垂直距离，最上一层的层高是楼面结构标高至屋面板板面结构标高之间的垂直距离，遇有以屋面板找坡的屋面，层高指楼面结构标高至屋面板最低处板面结构标高之间的垂直距离。

上述基础底板是指底板作为地面结构基层的，例如基础底板埋入土中的，应按地面面层标高计算层高。

1. 单层和多层建筑面积的计算

（1）单层建筑物

第一，单层建筑物的建筑面积应按其外墙勒脚以上结构外围水平面积计算。结构层高在 2.20 m 及以上者应计算全面积；结构层高不足 2.20 m 者应计算 1/2 面积。

外墙勒脚是指建筑物的外墙与室外地面或散水接触部位墙体的加厚部分（如图 5–1）。

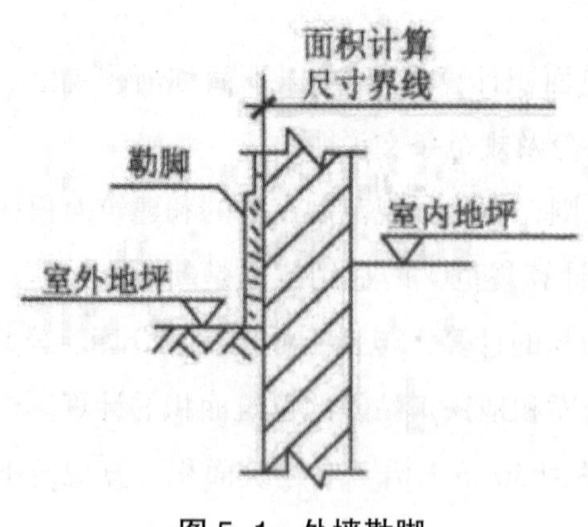

图 5–1　外墙勒脚

第二，单层建筑物的结构层高指室内地面标高至屋面板板面结构标高之间的垂直距离。遇有以屋面板找坡的平屋顶单层建筑物，它的高度指室内地面标高至屋面板最低处板面结构标高之间的垂直距离。

第三，利用坡屋顶内空间时，顶板下表面至楼面的结构净高超过 2.10 m 的部位应计算全面积；结构净高在 1.20 m 至 2.10 m 的部位应计算 1/2 面积；结构净高不足 1.20 m 的部位不应计算面积。

结构净高指楼面或地面结构层上表面至上部结构层下表面之间的垂直距离。

第四，单层建筑物内设有局部楼层的，如图 5–2 所示。局部楼层的二层及以上楼层，仍按楼层的结构层高划分，有围护结构的应按其围护结构外围水平面积计算，无围护结构的应按其结构底板水平面积计算，并且结构层高在 2.2 m 及以上者计算全部面积，结构层高在 2.2 m 以下的，应计算 1/2 面积。

围护结构是指围合建筑空间四周的墙体、门、窗等。

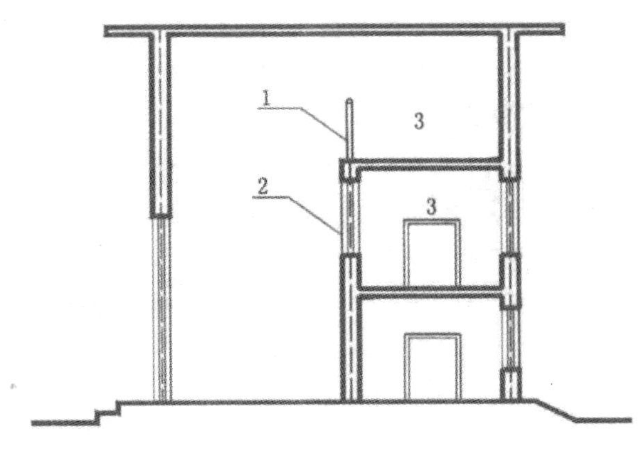

图 5–2　建筑物内的局部楼层

（2）多层建筑物

第一，多层建筑物的建筑面积应按不同的结构层高划分界限分别计算。多层建筑物首层应按其外墙勒脚以上结构外围水平面积计算；而二层以上楼层应按其外墙结构外围水平面积计算。

第二，对于形成建筑空间的坡屋顶及场馆看台下，当结构净高 22.10 m 的部位应计算全面积；结构净高在 1.20 m 至 2.10 m 的部位应计算 1/2 面积，结构净高在 1.20 m 以下的部位不应计算面积。如图 5–3 所示，图中第（1）部分结构净高＜ I.2 m，不算面积；第（2），（4）部分 1.2m ≤结构净高≤ 2.1 m，计算 1/2 面积；第（3）部分结构净高＞ 2.1 m，应计算全部面积。

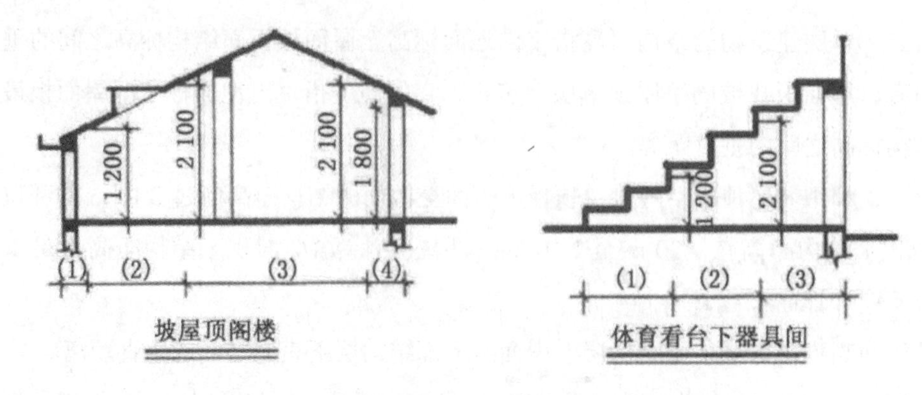

图 5-3　坡屋顶及看台下建筑空间的计算界限线

结构净高指楼面或地面结构层上表面至上部结构层下表面之间垂直的距离。

（3）地下建筑、架空层

第一，地下室、半地下室。室内地平面低于室外地平面的高度超过室内净高的 1/2 者为地下室；室内地平面低于室外地平面的高度超过室内净高的 1/3，且不超过 1/2 者为半地下室（如图 5-4）。

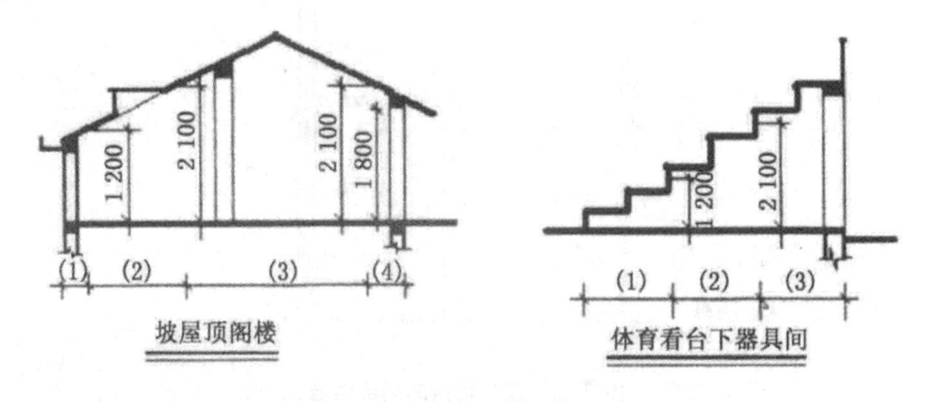

图 5-4　地下室、半地下室示意图（H 为地下室净高）

地下室：h1＞H/2；半地下室：H/3≤h2≤H/2

地下室、半地下室仍按结构层高划分，按外墙结构（不包括外墙防潮层及其保护墙）外围水平面积计算。有顶盖的采光井应按一层计算面积，并且结构净高在 2.10 m 及以上的部位应计算全面积；结构净高在 2.10 m 以下的，应计算 1/2 面积；地下室有顶盖的出入口坡道应按其外墙结构外围水平面积的 1/2 计算。顶盖不分材料种类（如钢筋混凝土盖、彩钢板顶盖、阳光板顶盖等）（图 5-5）。

第二，架空层是指仅有结构支撑而无外围护结构的开敞空间层，如图 5-6。建筑物架空层及坡地建筑物吊脚架空层，应按其顶板水平投影计算建筑面积，结构层高在 2.20 m 及以上的，应计算全面积；结构层高在 2.20 m 以下的，应计算 1/2 面积。

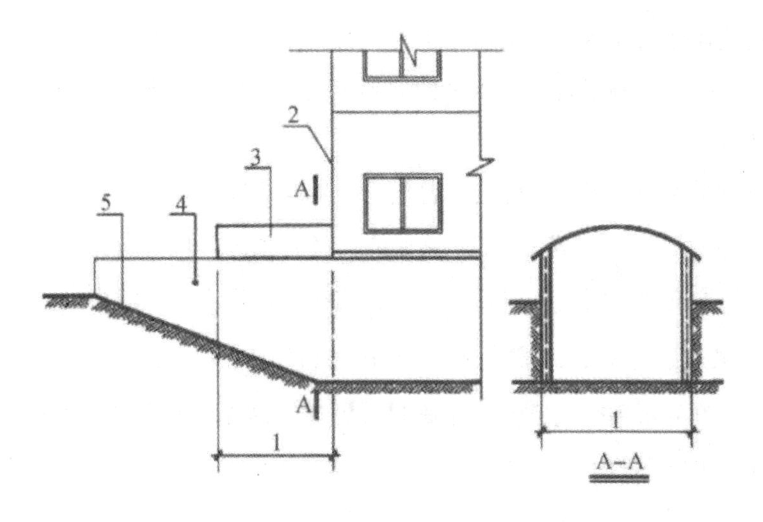

图 5–5　地下室出入口

1—计算1/2投影面积部位；2—主体建筑；3—出入口顶盖；4—封闭出入口侧墙；5—出入口坡道

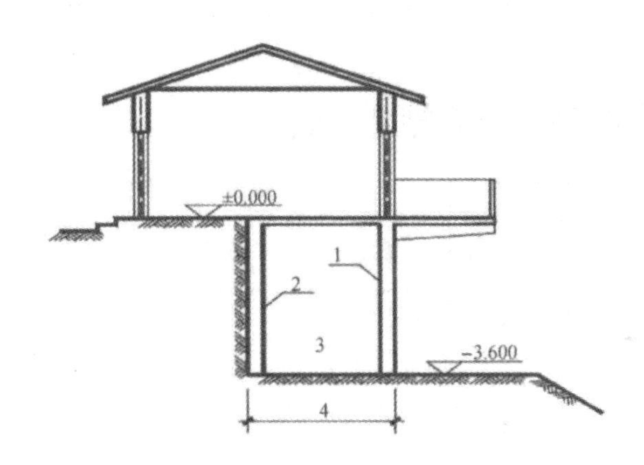

图 5–6　建筑物吊脚架空层

1—柱；2—墙；3—吊脚架空层；4—计算建筑面积部位

（4）门厅、大厅

建筑物的门厅、大厅应按一层计算建筑面积，门厅和大厅内设置的走廊应按走廊结构底板水平投影面积计算建筑面积。走廊有几层就算几层面积。结构层高在 2.20 m 及以上的，应计算全面积；结构层高在 2.20 m 以下，应计算 1/2 面积。

（5）其他

第一，高低联跨的建筑物，应该以高跨结构外边线为界分别计算建筑面积；其高低跨内部连通时，其变形缝应计算在低跨面积内。

第二，以幕墙作为围护结构的建筑物，应按幕墙外边线计算建筑面积。本条幕墙是指直接作为外墙起围护作用的幕墙。

第三，建筑物外墙外侧有保温隔热层的，要按保温隔热层外边线计算建筑面积。

第四，设有围护结构不垂直于水平面而超出底板外沿的建筑物，应按其底板面的外围水平面积计算。

第五，建筑物内的变形缝，应按其自然层合并在建筑物面积内计算。

变形缝是伸缩缝（温度缝）、沉降缝和抗震缝的总称。规范所指建筑物内的变形缝是与建筑物相连通的变形缝，即暴露在建筑物内在建筑物内可以看得见的变形缝。

2. 走廊、挑廊、檐廊、架空走廊、门斗、落地橱窗

走廊是建筑物的水平交通空间；挑廊是挑出建筑物外墙的水平交通空间；檐廊是设置在建筑物底层出檐下的水平交通空间。

架空走廊是指建筑物与建筑物之间，在二层及二层以上专门为水平交通设置的走廊。有围护结构的架空走廊（见图 5-7）。无围护结构的架空走廊见图 5-8。

门斗是指建筑物入口处两道门之间的空间主要起分隔、挡风和御寒等作用的建筑过渡空间，如图 5-9。

落地橱窗是指突出外墙面根基落地的橱窗。

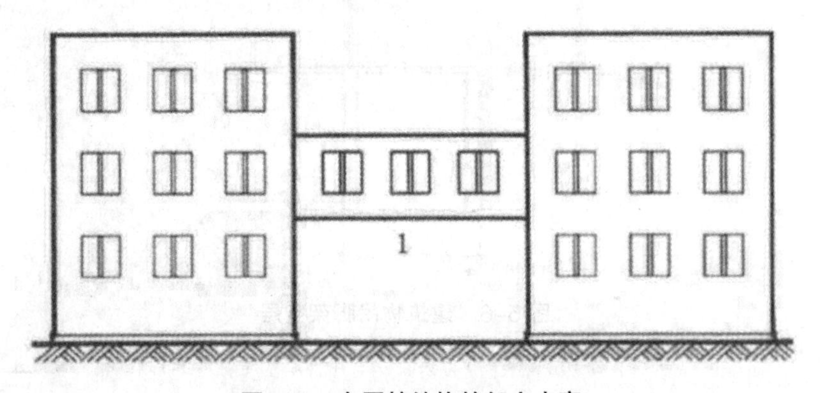

图 5-7　有围护结构的架空走廊

1—架空走廊

图 5-8　无围护结构的架空走廊

1—栏杆；2—架空走廊

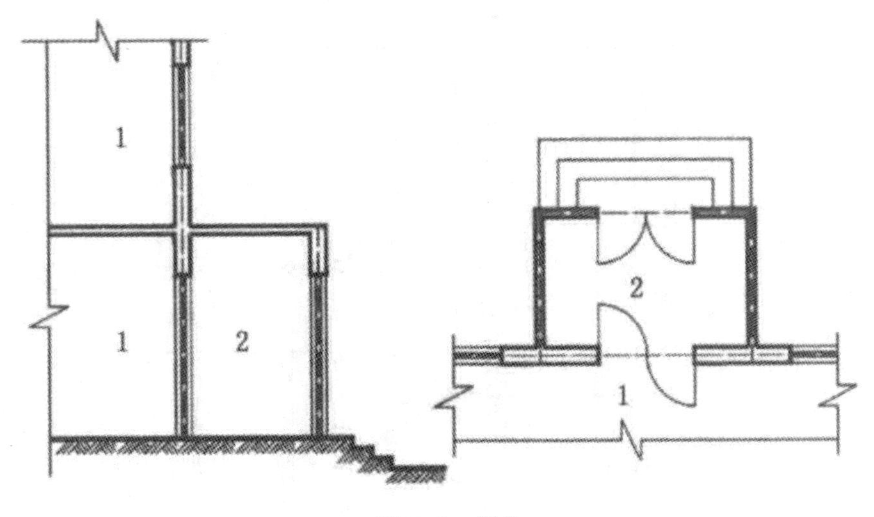

图 5-9 门斗

1—室内；2—门斗

（1）架空走廊

第一，有顶盖和围护设施的架空走廊，应按其围护结构外围水平面积计算全面积。

第二，无围护结构、有围护设施的架空走廊，应按其结构底板水平投影的面积计算 1/2 面积。

（2）走廊、挑廊、檐廊、门斗、落地橱窗

第一，有围护设施的室外走廊（挑廊），应按其结构底板水平投影面积计算 1/2 面积。

第二，有围护设施（或柱）的檐廊，应按其围护设施（或柱）外围水平面积计算 1/2 面积。

第三，落地橱窗、门斗应按其围护结构外围水平面积计算建筑面积，并且结构层高在 2.20 m 及以上的，应计算全面积；结构层高在 2.20 m 以下的，应计算 1/2 面积。

3. 楼梯、井道、采光井、建筑物顶部范围的建筑面积

（1）楼梯、井道

第一，建筑物内的室内楼梯、电梯井、提物井、管道井、通风排气竖井、垃圾道应按所依附的建筑物的自然层计算，并入建筑物面积内，自然层是指按楼板、地板结构分层的楼层。

第二，如遇跃层建筑，其共用的室内楼梯应按自然层计算面积；上下两错层户室共用的室内楼梯，应选上一层的自然层计算面积，如图 5-10。

第三，有顶盖的采光井应按一层计算面积，且结构净高在 2.10 m 及以上的，应计算全面积；结构净高在 2.10 m 以下的，应计算 1/2 面积。有顶盖的采光井包括建筑物中的采光井和地下室采光井。如图 5-11。

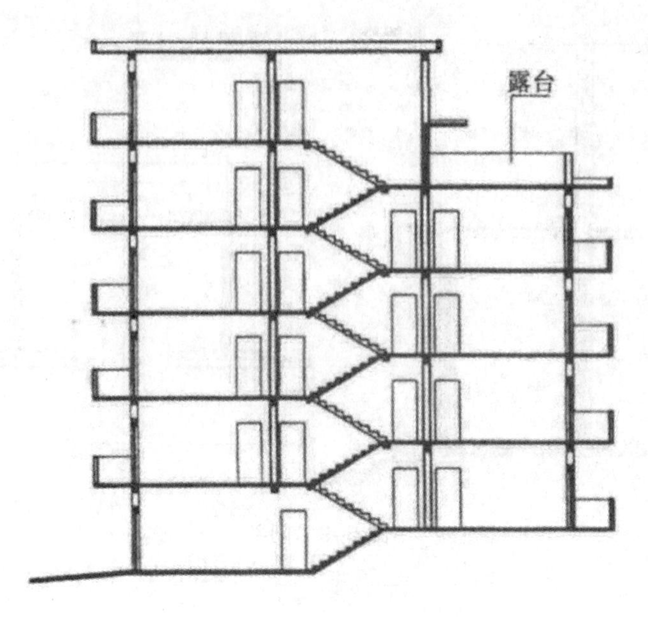

图 5–10　户室错层剖面示意图

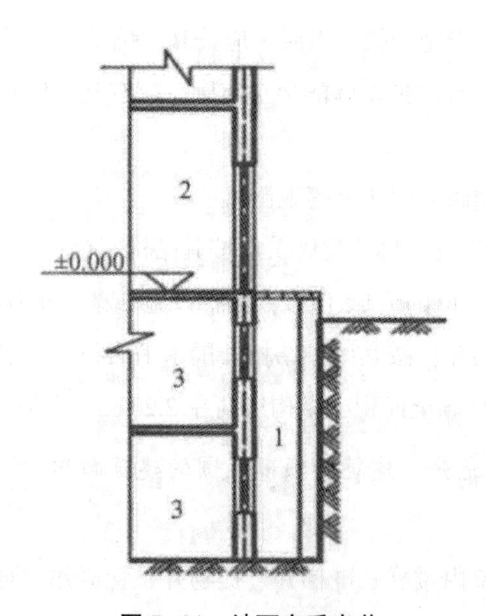

图 5–11　地下室采光井

1—采光井；2—室内；3—地下室

第四，室外楼梯应并入所依附建筑物自然层，并且应按其水平投影面积的 1/2 计算建筑面积。

自然层层数为室外楼梯所依附的楼层数，即梯段部分投影到建筑物范围的层数。利用室外楼梯下部的建筑空间不得重复计算建筑面积；可利用地势砌筑的为室外踏步，不计算建筑面积。

（2）建筑物顶部

建筑物顶部有围护结构的楼梯间、水箱间和电梯机房等，结构层高在 2.20 m 及以上的应计算全面积；结构层高在 2.20 m 以下的，应计算 1/2 面积。

如遇建筑物屋顶的楼梯间是坡屋顶，应该按坡屋顶的相关条文计算面积。

4. 雨篷、门廊、阳台、凸窗、车（货）棚、站台等

（1）雨篷

雨篷是指建筑物出入口上方、凸出墙面、为遮挡雨水而单独设立的建筑部件。雨篷划分为有柱雨篷（包括独立柱雨篷、多柱雨篷、柱墙混合支撑雨篷、墙支撑雨篷）和无柱雨篷（悬挑雨篷）。如凸出建筑物，且不单独设立顶盖，利用上层结构板（如楼板、阳台底板）进行遮挡，则不视为雨篷，不计算建筑面积。对于无柱雨篷，如顶盖高度达到或超过两个楼层时，也不视为雨篷，不计算建筑面积。

有柱雨篷应按其结构板水平投影面积的 1/2 计算建筑面积；无柱雨篷的结构外边线至外墙结构外边线的宽度在 2.10 m 及以上的，应按雨篷结构板的水平投影面积的 1/2 计算建筑面积。

（2）门廊

门廊指建筑物入口前有顶棚的半围合空间。位于建筑物的出入口，无门、三面或二面有墙，上部有板（或借用上部楼板）围护的部位。门廊应按其顶板的水平投影面积的 1/2 计算建筑面积。

（3）阳台

附设于建筑物外墙，设有栏杆或栏板，可供人活动的室外空间。在主体结构内的阳台，应按其结构外围水平面积计算全面积；在主体结构外的阳台，应按其结构底板水平投影面积计算 1/2 面积。阳台不论其形式如何，都以建筑物主体结构为界分别计算建筑面积。

（4）凸窗

凸窗（飘窗）是指凸出建筑物外墙面的窗户。需注意的是凸窗既作为窗，就有别于楼（地）板的延伸，也就不能把楼（地）板延伸出去的窗称为凸窗。凸窗的窗台应只是墙面的一部分且距（楼）地面应有一定的高度。

窗台与室内楼地面高差在 0.45 m 以下且结构净高在 2.10 m 及以上的凸窗，应按其围护结构外围水平面积的 1/2 计算。

（5）车（货）棚、站台等

有顶盖无围护结构的车棚、货棚、站台、加油站、收费站等，应根据其顶盖水平投影面积的 1/2 计算建筑面积。

在车棚、货棚、站台、加油站和收费站内设有有围护结构的管理室、休息室等，另按相关条款计算面积。

5. 场馆看台、舞台灯光控制室

第一,对于场馆看台下的建筑空间,结构净高在 2.10 m 及以上的部位应计算全面积；结构净高在 1.20 m 及以上至 2.10 m 以下的部位应计算 1/2 面积；结构净高在 1.20 m 以下的部位不应计算建筑面积。室内单独设置的有围护设施的悬挑看台，应按看台结构底板水平投影面积计算建筑面积。有顶盖无围护结构的场馆看台应按其顶盖水平投影面积的 1/2 计算面积。本条所称的“场馆”为专业术语,是指各种“场”类建筑,例如体育场、足球场、网球场、带看台的风雨操场等。

第二，有围护结构的舞台灯光控制室，应按其围护结构外围水平面积计算。结构层高在 2.20 m 及以上的，应计算全面积；结构层高在 2.20 m 以下的，应计算 1/2 面积。

6. 立体库房

对于立体书库、立体仓库、立体车库，有围护结构的，应按其围护结构外围水平面积计算建筑面积；无围护结构、有围护设施的，应按其结构底板水平投影面积计算建筑面积。无结构层的应按一层计算，有结构层的应按其结构层面积分别计算。结构层高在 2.20 m 及以上的，应计算全面积；结构层高在 2.20 m 以下的，应计算 1/2 面积。

本条主要规定了图书馆中的立体书库、仓储中心的立体仓库、大型停车场的立体车库等建筑的建筑面积计算规定。起局部分隔、存储等作用的书架层、货架层或者可升降的立体钢结构停车层均不属于结构层，所以该部分分层不计算建筑面积。

（二）不计算建筑面积的范围

①与建筑物内不相连通的建筑部件：指的是依附于建筑物外墙外不与户室开门连通，起装饰作用的敞开式挑台（廊）、平台，以及不与阳台相通的空调室外机搁板（箱）等设备平台部件。②骑楼、过街楼底层的开放公共空间和建筑物通道；骑楼见图 5–12，过街楼见图 5–13。③舞台及后台悬挂幕布和布景的天桥和挑台等。指的是影剧院的舞台及为舞台服务的可供上人维修、悬挂幕布、布置灯光及布景等搭设的天桥和挑台等构件设施。④露台、露天游泳池、花架、屋顶的水箱及装饰性结构构件。⑤建筑物内的操作平台、上料平台、安装箱和罐体的平台：建筑物内不构成结构层的操作平台、上料平台（包括：工业厂房、搅拌站和料仓等建筑中的设备操作控制平台、上料平台等），其主要作用为室内构筑物或设备服务的独立上人设施，所以不计算建筑面积。⑥勒脚、附墙柱（非结构性装饰柱）、垛、台阶、墙面抹灰、装饰面、镶贴块料面层、装饰性幕墙，

主体结构外的空调室外机搁板（箱）、构件、配件，挑出宽度在 2.10 m 以下的没有柱雨篷和顶盖高度达到或超过两个楼层的无柱雨篷。⑦窗台与室内地面高差在 0.45 m 以下且结构净高在 2.10 m 以下的凸(飘)窗，窗台与室内地面高差在 0.45 m 及以上的凸(飘)窗。⑧室外爬梯、室外专用消防钢楼梯：室外钢楼梯需要区分具体用途，如专用于消防楼梯，则不计算建筑面积，若是建筑物唯一通道，兼用于消防，则需要按本规范的室外楼梯相应条款的规定计算建筑面积。⑨无围护结构的观光电梯。⑩建筑物以外的地下人防通道，独立的烟囱、烟道、地沟、油（水）罐、气柜、水塔、贮油（水）池、贮仓和栈桥等构筑物。

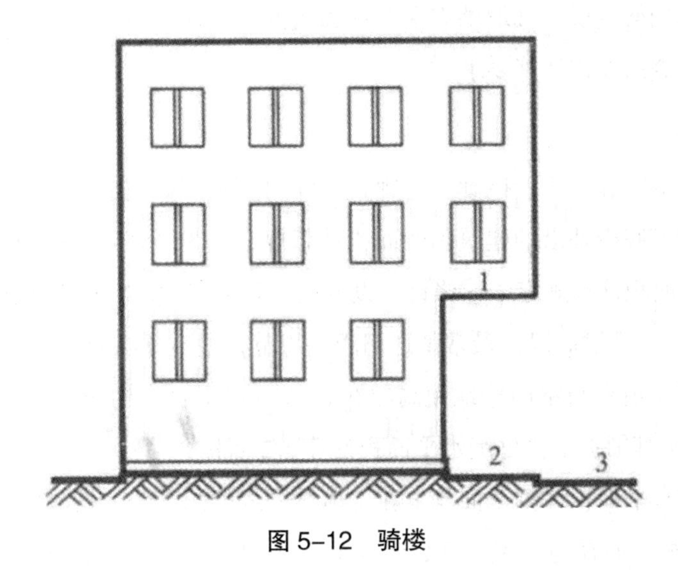

图 5-12　骑楼

1—骑楼；2—人行道；3—街道

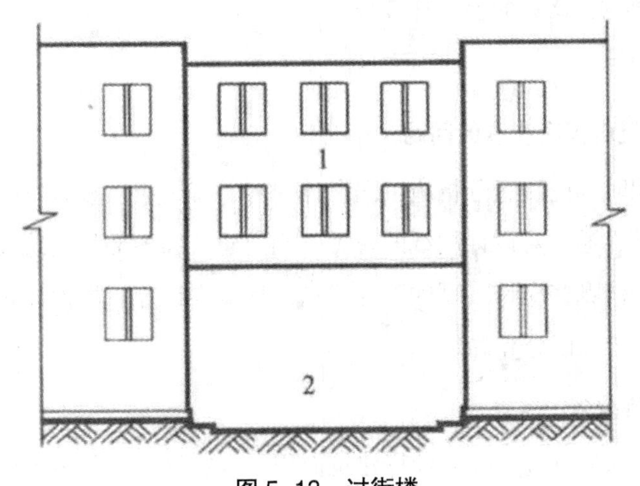

图 5-13　过街楼

1—过街楼；2—建筑物通道

三、建筑面积计算规范的应用

（一）新版面积规范主要修订的内容

1. 新增内容

①增加建筑物架空层的面积计算规定；②增加无围护结构有围护设施的面积计算规定；③增加凸（飘）窗的建筑面积计算规定；④增加门廊的面积计算规定；⑤增加有顶盖的采光井面积计算规定。

2. 取消内容

①取消深基础架空层；②取消有永久性顶盖的面积计算规定；③取消原室外楼梯强调的有永久性顶盖的面积计算要求。

3. 修订内容

①修订落地橱窗、门斗、挑廊、走廊、檐廊的面积计算规定；②修订围护结构不垂直于水平面而超出底板外沿的建筑物的面积计算规定；③修订阳台的面积计算规定；④修订外保温层的面积计算规定；⑤修订了设备层、管道层的面积计算规定。

值得注意的是，开发商以往最常赠送旧版《规范》中不算面积的飘窗，在新《规范》中有了明确要求：窗台与室内楼地面高差在 0.45 m 以下且结构净高在 2.10 m 及以上的凸（飘）窗，应按其围护结构外围水平面积计算 1/2 面积。另外，在主体结构内的阳台，应按其结构外围水平面积计算全面积；在主体结构外的阳台，应按其结构底板水平投影面积计算 1/2 面积。而在地下室方面，新《规范》中：地下室、半地下室应按其结构外围水平面积计算，结构层高在 2.20 m 及以上的，应计算全面积；结构层高在 2.20m 以下的，应计算 1/2 面积，修订的面积计算规定有近 26 条，极大的细化和改变了此前旧《规范》中的建筑面积计算。

（二）计算建筑面积应注意的问题

计算建筑面积时，应注意分析施工图设计内容，特别应注意有不同层数、各层平面布置不一致的建筑。通过对设计图纸的熟悉，确定建筑物各部位建筑面积计算的范围和计算方法，注意分清哪些应计、哪些不计或哪些按减半计算。根据建筑面积计算规范，可按以下不同情况予以区分和确定。

1. 按工程性质确定

房屋建筑工程除另有规定外应计算建筑面积；构筑物及公共市政使用空间不计算建筑面积（如：烟囱、水塔、贮仓、栈桥、地下人防通道、地铁隧道以及建筑物通道等）。

2. 按建筑物结构层高（单层建筑物高度）确定

结构层高在 2.2 m 及以上的按全面积计算，不足 2.2 m 的按 1/2 面积计算（如：单层、多层建筑物、地下室、半地下室、有围护结构的屋顶楼梯间、水箱间和电梯机房等）。

3. 按使用空间高度确定

结构净高＞ 2.1 m 的按全面积计算，1.2 m ≤净高≤ 2.1 m 的按 1/2 面积计算，净高＜ I.2m 的不计算建筑面积（如：坡屋顶内、场馆看台下的利用空间）。

4. 按有无围护结构、有无顶盖确定

如：有顶盖和围护设施的架空走廊，应按其围护结构外围水平面积计算全面积；无围护结构、有围护设施的架空走廊，应按其结构底板水平投影面积计算 1/2 面积；有顶盖无围护结构的车棚、货棚、站台、加油站、收费站等，应按其顶盖水平投影面积的 1/2 计算建筑面积；有顶盖无围护结构的场馆看台应按其顶盖水平投影面积的 1/2 计算面积。

5. 按自然层确定

如建筑物的室内楼梯、电梯井、提物井、管道井、通风排气竖井和烟道应并入建筑物的自然层计算建筑面积；与室内相通的变形缝，应按其自然层合并在建筑物建筑面积内计算；室外楼梯并入所依附建筑物自然层，并应按其水平投影面积的 1/2 计算；建筑物的外墙外保温层，应按其保温材料的水平截面积计算，并计入自然层建筑面积。

6. 按使用功能和使用效益确定

如：在主体结构内的阳台，按其结构外围水平面积计算，在主体结构外的阳台，按其结构底板水平投影面积的 1/2 计算；伸出建筑物外宽度≥ 2.1 m 的无柱雨篷及有柱雨篷，按雨篷结构板水平投影面积的 1/2 计算；建筑物内有结构层的设备层、管道层、避难层等的楼层，结构层高在 2.20 m 以上的，应该计算全面积；结构层高在 2.20 m 以下的，应计算 1/2 面积。

（三）建筑面积的计算方法

1. 按照规范规定应该计算建筑面积的，其面积的计算一般有以下方法

（1）按围护结构外围水平面积计算

如：单层及多层房屋、室外落地橱窗、门斗、有顶盖以及围护设施的架空走廊、在主体结构内的阳台，应按其围护结构外围水平面积计算。

（2）按围护设施外围水平面积计算

有围护设施（或柱）的檐廊，应按其围护设施（或柱）外围水平面积计算 1/2 面积。

（3）按结构底板水平投影面积计算

如：单层房屋内无围护结构的局部楼层或有永久性顶盖而无围护结构的挑廊及走廊、大厅内的回廊、围护结构不垂直于水平面而向外倾斜的建筑物等。有围护设施的室外走廊（挑廊），应按其结构底板水平投影面积计算 1/2 面积；门厅、大厅内设置的走廊应按走廊结构底板水平投影面积计算建筑面积。无围护结构、有围护设施的架空走廊，应按其结构底板水平投影面积计算 1/2 面积，在主体结构外的阳台，应按其结构底板水平投影面积计算 1/2 面积。

（4）按结构顶板（或顶盖）水平投影面积计算

如：建筑物架空层及坡地建筑物吊脚架空层，应按其顶板水平投影计算建筑面积。门廊应按其顶板的水平投影面积的 1/2 计算建筑面积；有顶盖无围护结构的场馆看台应按其顶盖水平投影面积的 1/2 计算面积。有顶盖无围护结构的车棚、货棚、站台、加油站和收费站等，应按其顶盖水平投影面积的 1/2 计算建筑面积。

（5）按其他指定界线计算

如：作为外墙起围护作用的幕墙按幕墙外边线计算、外墙外侧有保温隔热层的，应该按保温隔热层外边线计算等。

2. 尺寸界线

第一，外围水平面积除另有规定以外，是指外围结构尺寸，不包括：抹灰（装饰）层、凸出墙面的墙裙和梁、柱、垛等。

第二，同一建筑物不同层高要分别计算建筑面积时，其分界处的结构应计入结构相似或层高较高的建筑物内，例如有变形缝时，变形缝的面积计入较低跨的建筑物内。

第二节　建筑装饰工程工程量清单计价

一、概述

（一）计价及计算规范构成

2013 版清单法规范共计十册，分别为《建设工程工程量清单计价规范》（以下简称《计价规范》）以及《房屋建筑与装饰工程工程量计算规范》、《仿古建筑工程工程量计算规范》、《通用安装工程工程量计算规范》、《市政工程工程量计算规范》、《园林绿化工程工程量计算规范》，《矿山工程工程量计算规范》、《构筑物工程工程量计算规范》、《城市轨道交通工程工程量计算规范》、《爆破工程工程量计算规范》（以下简称《计算规范》）等九个专业工程计算规范。

《计价规范》正文部分由总则、术语、一般规定、工程量清单编制、招标控制价、投标报价、合同价款约定、工程计量、合同价款调整、合同价款期中支付、竣工结算与支付、合同解除的价款结算与支付、合同价款争议的解决、工程造价鉴定、工程计价资料与档案、工程计价定额等章节组成；附录包含：附录A物价变化合同价款调整办法、附录B工程计价文件封面、附录C工程计价文件扉页、附录D工程计价总说明、附录E工程计价汇总表、附录F分部分项工程和措施项目计价定额、附录G其他项目计价定额、附录H规费、税金项目计价定额、附录J工程计量申请（核准）表、附录K合同价款支付申请（核准）表、附录L主要材料、工程设备一览表等组成。

各册《计算规范》正文部分均由总则、术语、工程计量及工程量清单编制等章节组成；附录则根据各专业工程特点分别设置。

《房屋建筑与装饰工程工程量计算规范》附录包括：附录A土石方工程、附录B地基处理与边坡支护工程、附录C桩基工程、附录D砌筑工程、附录E混凝土及钢筋混凝土工程、附录F金属结构工程、附录G木结构工程、附录H门窗工程、附录J屋面及防水工程、附录K保温、隔热、防腐工程、附录L楼地面装饰工程、附录M墙、柱面装饰与隔断、幕墙工程、附录N天棚工程、附录P油漆、涂料、裱糊工程、附录Q其他装饰工程、附录R拆除工程等。《计价规范》和《计算规范》是编制工程量清单的主要依据，计价定额是工程量清单计价的主要依据。

（二）规范强制性规定及共性问题说明

1. 工程量清单计价规范的强制性规定

第一，使用国有资金投资的建设工程发承包，必须采用工程量清单计价。

第二，工程量清单应采用综合单价计价。

第三，措施项目中的安全文明施工费必须按国家或省级、行业建设主管部门的规定计算，不能作为竞争性费用。

第四，规费和税金必须按国家或省级、行业建设主管部门的规定计算，不得作为竞争性费用。

第五，建设工程发承包，必须在招标文件、合同中明确计价中的风险内容及其范围，不得采用无限风险、所有风险或类似语句规定计价中的风险内容及范围。

第六，招标工程量清单必须作为招标文件的组成部分，其准确性和完整性应由招标人负责。

第七，分部分项工程项目清单必须载明项目编码、项目名称、项目特征、计量单位及工程量。

第八，分部分项工程项目清单必须根据相关工程现行国家计算规范规定的项目编码、项目名称、项目特征、计量单位和工程量计算规则进行编制。

第九，措施项目清单必须根据相关工程现行国家《计算规范》的规定编制。

第十，国有资金投资的建设工程招标，招标人必须编制招标控制价。

第十一，投标报价不得低于工程成本。

第十二，投标人必须按招标工程量清单填报价格，项目编码、项目名称、项目特征、计量单位、工程量必须与招标工程量清单一致。

第十三，工程量必须按照相关工程现行国家《计算规范》规定的工程量计算规则计算。

第十四，工程量必须以承包人完成合同工程应予计量的工程量确定。

第十五，工程完工后，发承包双方必须在合同约定时间内办理工程竣工结算。

2. 房屋与装饰工程计算规范的强制性规定

第一，房屋建筑与装饰工程计价，必须按计算规范规定的工程量计算规则进行工程计量。

第二，工程量清单应根据附录规定的项目编码、项目名称、项目特征、计量单位及工程量计算规则进行编制。

第三，工程量清单的项目编码，应采用十二位阿拉伯数字表示，一至九位应按附录的规定设置，十至十二位应根据拟建工程的工程量清单项目名称和项目特征设置，同一招标工程的项目编码不得有重码。

第四，工程量清单的项目名称应按附录的项目名称结合拟建工程的实际确定。

第五，工程量清单项目特征应按附录中规定的项目特征，结合拟建工程项目的实际予以描述。

第六，工程量清单中所列工程量应按附录中规定的工程量计算规则计算。

第七，工程量清单的计量单位应按附录中规定的计量单位确定。

第八，措施项目中列出了项目编码、项目名称、项目特征、计量单位、工程量计算规则的项目，编制工程量清单时，应该按照《计算规范》4.2 分部分项工程的规定执行。

3. 房屋与装饰工程计算规范附录共性问题的说明

第一，《计算规范》第 4.1.3 条第一款规定，编制工程量清单，出现了附录中未包括的项 B，编制人可作相应补充，具体做法如下：①补充项目的编码由本规范的代码 01 与 B 和三位阿拉伯数字组成，并应从 01B001 起顺序编制，同一招标工程的项目不得重码。②在工程量清单应附补充项 S 的项目名称、项目特征、计量单位、工程量计算规则和工作内容，并应报省工程造价管理机构备案。

第二，能计量的措施项目（即单价措施项目），也同分部分项工程一样，编制工程量清单必须列出项目编码，项目名称、项目特征、计量单位。措施项目中仅列出项目编码、项目名称，未列出项目特征、计量单位和工程量计算规则的项目，编制工程量清单时，应按《计算规范》附录 S 措施项目规定的项目编码和项目名称确定。

第三，项目特征是描述清单项目的重要内容，是投标人投标报价的重要依据，在描述工程量清单项目特征时，有关情况应按以下原则进行：①项目特征描述的内容应按附录中的规定，结合拟建工程的实际，可以满足确定综合单价的需要。②若采用标准图集或施工图纸能够全部或部分满足项目特征描述的要求。项目特征描述可直接采用详见 xx 图集或 xx 图号的方式，但应注明标注图集的编码、页号及节点大样。对不能满足项目特征描述要求的部分，仍应用文字描述。③拆除工程中对于只拆面层的项目，在项目特征中，不必描述基层（或龙骨）类型（或种类）；对于基层（或龙骨）和面层同时拆除的项目，在项目特征中必须描述（基层或龙骨）类型（或种类）。

第四，《计算规范》附录中有两个或两个以上计量单位的，应结合拟建工程项目的实际情况，确定其中一个为计量单位，在同一个建设项目（或标段、合同段）中，有多个单位工程的相同项目计量单位必须保持一致。

第五，清单工程量小数点后有效位数的统一。①以“t”为单位，保留小数点后三位数字，第四位小数四舍五入。②以“m”“m^2”“m”“kg”等为单位，保留小数点后两位数字，第三位小数四舍五入。③以“个”“件”“根”“组”“系统”等为单位，取整数。

第六，《计算规范》各项目仅列出了主要工作内容，除另有规定和说明者外，应视为已经包括完成该项目所列或未列的全部工作内容。具体应按以下三个方面规定执行：①《计算规范》对项目的工作内容进行了规定，除另有规定和说明外，应视为已经包括完成该项目的全部工作内容，未列内容或未发生，不应当另行计算。②《计算规范》附录项目工作内容列出了主要施工内容，施工过程中必然发生的机械移动、材料运输等辅助内容虽然未列出，但是应包括。③计算规范以成品考虑的项目，若采用现场制作，应包括制作的工作内容。

第七，工程量具有明显不确定性的项目应在工程量清单文件中以文字明确。编制工程量清单时，设计没有明确，其工程数量可为暂估量，结算时按现场签证数量计算。

第八，《计算规范》中的工程量计算规则与计价定额中的工程量计算规则是有区别的，是不尽相同的，招标文件中的工程量清单应按《计算规范》中的工程量计算规则计算工程量；投标人投标报价（包括综合单价分析）应按《计价规范》第 6.2 节的规定执行，当采用计价定额进行综合单价组价时，则应按照计价定额规定的工程量计算规则计算工程量。

投标报价时，应根据招标文件中的工程量清单和有关要求、施工现场实际情况及拟定的施工方案或施工组织设计，依据企业定额和市场价格信息，或者参照建设行政主管部门发布的社会平均消耗量定额进行编制。

第九，附录清单项目中的工程量是按建筑物或构筑物的实体净量计算，施工中所用的材料、成品、半成品在制作、运输、安装中等所发生的一切损耗，应包括在报价内。

第十，钢结构工程量按设计图示尺寸以质量计算，金属构件切边、切肢、不规则及多边形钢板发生的损耗在综合单价中考虑。

第十一，楼（地）面防水反边高度< 300 mm 算作地面（平面）防水。反边高度> 300 mm，自底端起按墙面（立面）防水计算，墙面、楼（地）面、屋面防水搭接及附加层用量不另行计算。

第十二，金属结构、木结构、木门窗、墙面装饰板、柱（梁）装饰、天棚装饰均取消项目中的“刷油漆”，单独执行附录 P 油漆、涂料、裱糊工程。与此同时金属结构以成品编制项目，各项目中增补了“补刷油漆”的内容。

第十三，附录 R 拆除工程项目，适用于房屋工程的维修、加固、二次装修前的拆除，不适用于房屋的整体拆除。房屋建筑工程，仿古建筑、构筑物、园林景观工程等项目拆除，可按此附录编码列项，我省修缮定额所列的拆除项目，应作为分部分项项目，按附录 R 相应项目编码列项。

第十四，建筑物超高人工和机械降效不进入综合单价，与高压水泵及上下通讯联络费用一道进入“超高施工增加”项目；但其中的垂直运输机械降效已包含在省计价定额第二十三章垂直运输机械费中，“超高施工增加”项目内并不包含该部分费用。

第十五，设计规定或施工组织设计规定的已完工的工程保护所发生的费用列入工程量清单措施项目费；分部分项项目成品保护发生的费用应包括在分部分项项目报价内。

（三）计算规范与计价定额的关系

第一，工程量清单表格应按照《计算规范》及我省规定设置，按照《计算规范》附录要求计列项目；计价定额的定额项目用于计算确定清单项目中工程内容的含量和价格。

第二，工程量清单的工程量计算规则应按照计算规范附录的规定执行；而清单项目中工程内容的工程量计算规则应按照计价定额规定执行。

第三，工程量清单的计量单位应按照计算规范附录中的计量单位选用确定；清单项目中工程内容的计量单位应按照计价定额规定的计量单位确定。

第四，工程量清单的综合单价，是由单个或多个工程内容按照计价定额规定计算出来的价格的汇总。

第五，在编制单位工程的清单项目时，一般要同时使用多本专业计算规范，但清单项目应以本专业计算规范附录为主，没有的时侯应按规范规定在相关专业附录之间相互借用。但应使用本专业计价定额相关子目进行组价。

二、工程量清单的编制

（一）工程量清单编制的规定

1. 工程量清单编制的一般规定

第一，《计价规范》第 4.1.1 条规定，招标工程量清单应由具有编制能力的招标人或者受其委托、具有相应资质的工程造价咨询人编制。

第二，《计价规范》强制性条文第 4.1.2 条规定，招标工程量清单必须作为招标文件的组成部分，其准确性和完整性应由招标人负责。

第三，《计价规范》第 4.1.3 条规定，招标工程量清单是工程量清单计价的基础，应作为编制招标控制价、投标报价、计算或调整工程量、索赔的依据之一。

第四，《计价规范》第 4.1.4 条规定，招标工程量清单应以单位（项）工程为单位编制，应由分部分项项目清单、措施项目清单、其他项目清单、规费以及税金项目清单组成。

第五，《计价规范》第 4.1.5 条和《计算规范》第 4.1.1 条同时规定了编制招标工程量清单应依据：①工程量清单计价规范和工程量计算规范；②国家或省级、行业建设主管部门颁发的计价定额（计价依据）和办法；③建设工程设计文件及相关资料；④与建设工程有关的标准、规范、技术资料；⑤拟定的招标文件；⑥施工现场情况、地勘水文资料和工程特点及常规施工方案；⑦其他相关资料。

第六，《计算规范》第 4.1.3 条规定，编制工程量清单出现附录未包括的项目，编制人应做补充，并报省级或行业工程造价管理机构备案，省级或行业工程造价管理机构应汇总报住房和城乡建设部标准定额研究所。

补充项目的编码由代码 01 与 B 和三位阿拉伯数字组成，并应从 01B001 起顺序编制，同一招标工程的项目不得重码。补充的工程量清单需附有补充项目的名称、项目特征、计量单位、工程量计算规则、工作内容，不能计量的措施项目，需附有补充项目名称、工作内容及包含范围。

2. 工程量清单编制的强制规定

《房屋建筑与装饰工程工程量清单计算规范》有以下强制性规定：第 4.2.1 条规定：分部分项工程量清单应根据附录规定的统一项目编码、项目名称、计量单位和工程量计算规则进行编制。第 4.2.2 条规定：分部分项工程量清单的项目编码，一至九位应按附录的规定设置；十至十二位应根据拟建工程的工程量清单项目名称和项目特征设置，同一招标工程的编码不得有重码。由于实际招标工程形式多样，为了便于操作，江苏省贯彻文件不强制要求同一招标工程的项目编码不得重复，但是规定了同一单位工程的项目编码不得有重码。第 4.2.3 条规定：工程量清单的项目名称应按附录的项目名称结合拟建工程的实际确定。第 4.2.4 条规定：工程量清单项目特征应按附录中规定的项目特征，结合拟建工程项目的实际予以描述。

项目特征是确定综合单价的重要依据，描述应按以下原则进行：①描述的内容应按附录中的规定，结合拟建工程实际，满足确定综合单价的需要；②描述可直接索引标准图集编号或图纸编号。但对不能满足特征描述要求时，仍应该用文字加以描述。

第 4.2.5 条规定：工程量清单中所列工程量应按附录中规定的工程量计算规则计算。第 4.2.6 条规定：工程量清单的计量单位应按附录中规定的计量单位确定。

为了操作方便，规范中部分项目列有两个或两个以上的计量单位和计算规则。在编制清单时，应结合拟建工程项目的实际情况，同一招标工程选择其中一个确定。

（二）装饰工程分部分项工程项目清单的编制

1. 楼地面装饰工程

（1）概况

整体面层及找平层、块料面层、橡塑面层、其他材料面层、踢脚线、楼梯面层、台阶装饰、零星装饰等项目。适用于楼地面、楼梯及台阶等装饰工程。

（2）有关项目的说明

第一，整体面层、块料面层中包括抹找平层，单独列的“平面砂浆找平层”项目只适用于仅做找平层的平面抹灰。

第二，楼地面工程中，防水工程项目按附录 J 屋面及防水工程相关项目编码列项。

第三，间壁墙指墙厚不大于 120 mm 的墙。

（3）有关项目特征说明

第一，楼地面装饰是指构成楼地面的找平层（在垫层、楼板上或填充层上起找平、找坡或加强作用的构造层）、结合层（面层和下层相结合的中间层）、面层（直接承受各种荷载作用的表面层）等。构成楼地面的基层、垫层、填充层和隔离层在其他章节设置。如混凝土垫层按“E.1 现浇混凝土基础中的垫层”编码列项，除了混凝土外的其他材料垫层按“D.4 垫层”编码列项。

第二，找平层是指水泥砂浆找平层，有特殊要求的可采用细石混凝土、沥青砂浆、沥青混凝土等材料铺设。

第三，结合层是指冷油、纯水泥浆、细石混凝土等面层与下层相结合的中间层。

第四，面层是指整体面层（水泥砂浆、现浇水磨石、细石混凝土、菱苦土等面层）、块料面层（石材、陶瓷地砖、橡胶、塑料、竹及木地板）等面层。

第五，面层中其他材料：①防护材料是指耐酸、耐碱、耐臭氧、耐老化、防火、防油渗等材料；②嵌条材料是用于水磨石的分格、作图案等的嵌条，如：玻璃嵌条、铜嵌条、铝合金嵌条、不锈钢嵌条等；③压线条是指地毯、橡胶板、橡胶卷材铺设压线条，如：铝合金、不锈钢、铜压线条等；④颜料是用于水磨石地面、楼梯、台阶和块料面层勾缝所需配制石子浆或砂浆内添加的颜料（耐碱的矿物颜料）；⑤防滑条是用于楼梯、台阶踏步的防滑设施，如：水泥玻璃屑、水泥钢屑、铜、铁防滑条等；⑥地毡固定配件是用于固定地毡的压棍脚和压棍；⑦酸洗、打蜡、磨光水磨石、菱苦土、陶瓷块料等，均可采用草酸清洗油渍、污渍，然后打蜡（蜡脂、松香水、鱼油、煤油等按设计要求配合）和磨光。

（4）工程量计算规则的说明

第一，单跑楼梯不论其中间是否有休息平台，其工程量与双跑楼梯同样计算。

第二，台阶面层与平台面层是同一种材料时，平台计算面层后，台阶不再计算最上一层踏步面积；如台阶计算最上一层踏步（加 30 cm），平台面层中必须扣除该面积。

第三，例如间壁墙在做地面前已完成，地面工程量也不扣除。

第四，石材楼地面和块料楼地面按设计图示尺寸以面积计算，门洞、空圈、暖气包槽、壁龛的开口部分并入相应的工程量内。

2. 墙、柱面装饰与隔断、幕墙工程

（1）概况

墙面抹灰、柱（梁）面抹灰、零星抹灰、墙面块料面层、柱（梁）面镶贴块料、镶贴零星块料、墙饰面、柱（梁）饰面、幕墙、隔断等工程。通用于一般抹灰、装饰抹灰工程。

（2）有关项目说明

①一般抹灰包括石灰砂浆、水泥砂浆、混合砂浆、聚合物水泥砂浆、膨胀珍珠岩水泥砂浆和麻刀灰、纸筋石灰及石膏灰等。②装饰抹灰包括水刷石、水磨石、斩假石（剁斧石）、干粘石、假面砖、拉条灰、拉毛灰、甩毛灰、扒拉石、喷毛灰等。③柱面抹灰项目、石材柱面项目、块料柱面项目适用于矩形柱和异形柱（包括圆形柱、半圆形柱等）。④零星抹灰和镶贴零星块料面层项目适用于不大于 0.5 m^2 的少量分散的抹灰和镶贴块料面层。⑤墙、柱（梁）面的抹灰项目，包括底层抹灰；墙、柱（梁）面的镶贴块料项目，

包括黏结层，本章列有立面砂浆找平层、柱、梁面砂浆找平及零星项目砂浆找平项目，只适用于仅做找平层的立面抹灰。

（3）有关项目特征说明

①墙体类型指砖墙、石墙、混凝土墙、砌块墙以及内墙、外墙等。②底层、面层的厚度应根据设计规定（一般采用标准设计图）确定。③勾缝类型指清水砖墙、砖柱的加浆勾缝（平缝或凹缝），石墙和石柱的勾缝（如平缝、平凹缝、平凸缝、半圆凹缝、半圆凸缝和三角凸缝等）。④块料饰面板是指石材饰面板（天然花岗石、大理石、人造花岗石、人造大理石、预制水磨石饰面板等，陶瓷面砖（内墙彩釉面瓷砖、外墙面砖、陶瓷锦砖、大型陶瓷锦面板等），玻璃面砖（玻璃锦砖、玻璃面砖等），金属饰面板（彩色涂色钢板、彩色不锈钢板、镜面不锈钢饰面板、铝合金板、复合铝板、铝塑板等），塑料饰面板（聚氯乙烯塑料饰面板、玻璃钢饰面板、塑料贴面饰面板、聚酯装饰板、复塑中密度纤维板等），木质饰面板（胶合板、硬质纤维板、细木工板、刨花板、水泥木屑板、灰板条等）。⑤安装方式可描述为砂浆或黏接剂粘贴、挂贴、干挂等，不论哪种安装方式，都要详细描述与组价相关的内容。挂贴是对大规格的石材（大理石、花岗石、青石等）使用先挂后灌浆的方式固定于墙、柱面。干挂分直接干挂法（通过不锈钢膨胀螺栓、不锈钢挂件、不锈钢连接件、不锈钢钢针等将外墙饰面板连接在外墙墙面）和间接干挂法（通过固定在墙、柱、梁上的龙骨，再通过各种挂件固定外墙饰面板）。⑥嵌缝材料指嵌缝砂浆、嵌缝油膏及密封胶封水材料等。⑦防护材料指石材等防碱背涂处理剂和面层防酸涂剂等。⑧基层材料指面层内的底板材料，如木墙裙、木护墙及木板隔墙等，在龙骨上粘贴或铺钉一层加强面层的底板。

（4）有关工程量计算说明

①墙面抹灰不扣除与构件交接处的面积，是指墙与梁的交接处所占面积，不包括墙与楼板的交接。②外墙裙抹灰面积，按其长度乘以高度计算，是指按外墙裙的长度。③柱的一般抹灰和装饰抹灰及勾缝，以柱断面周长乘以高度计算，柱断面周长是指结构断面周长。④装饰板柱（梁）面按设计图示饰面外围尺寸以面积计算，饰面外围尺寸是饰面的表面尺寸。⑤带肋全玻璃幕墙是指玻璃幕墙带玻璃肋，玻璃肋的工程量应合并在玻璃幕墙工程量内计算。

（5）有关工程内容说明

①“抹面层”是指一般抹灰的普通抹灰（一层底层和一层面层或不分层一遍成活）、中级抹灰（一层底层、一层中层和一层面层或一层底层、一层面层）、高级抹灰（一层底层、数层中层和一层面层）的面层。②“抹装饰面”是指装饰抹灰（抹底灰、涂刷107胶溶液、

刮或刷水泥浆液、抹中层及抹装饰面层）的面层。

3. 天棚工程

（1）概况

天棚抹灰、天棚吊顶、采光天棚、天棚其他装饰，适用于天棚装饰工程。

（2）有关项目的说明

①天棚的检查孔、天棚内的检修走道等应包括在报价内。②天棚吊顶的平面、跌级、锯齿形、阶梯形、吊挂式、藻井式以及矩形、弧形、拱形等应在清单项目特征中进行描述。③天棚设置保温、隔热、吸声层时，按其他章节相关项目编码列项。④天棚装饰刷油漆、涂料以及裱糊，按油漆、涂料、裱糊章节相应项目编码列项。

（3）有关项目特征的说明

①“天棚抹灰”中的基层类型是指混凝土现浇板、预制混凝土板、木板条等。②龙骨中距，指相邻龙骨中线之间的距离。③基层材料，指底板或面层背后的加强材料。④天棚面层适用于：石膏板（包括装饰石膏板、纸面石膏板、吸声穿孔石膏板、嵌装式装饰石膏等）、埃特板、装饰吸声罩面板（包括矿棉装饰吸声板、贴塑矿（岩）棉吸声板、膨胀珍珠岩装饰吸声制品、玻璃棉装饰吸声板等）、塑料装饰罩面板（钙塑泡沫装饰吸声板、聚苯乙烯泡沫塑料装饰吸声板、聚氯乙烯塑料天花板等）、纤维水泥加压板（包括轻质硅酸钙吊顶板等）、金属装饰板（包括铝合金罩面板、金属微孔吸声板、铝合金单体构件等）、木质饰板（胶合板、薄板、板条、水泥木丝板、刨花板等）、玻璃饰面（包括镜面玻璃、镭射玻璃等）。⑤格栅吊顶面层适用于木格栅、金属格栅、塑料格栅等。⑥吊筒吊顶适用于木（竹）质吊筒、金属吊筒、塑料吊筒以及圆形、矩形、扁钟形吊筒等。⑦送风口、回风口适用于金属、塑料及木质风口。

（4）有关工程量计算的说明

①天棚抹灰与天棚吊顶工程量计算规则有所不同：天棚抹灰不扣除柱、垛所占面积；天棚吊顶不扣除柱垛所占面积，但应扣除单个大于 0.3 m^2 独立柱所占面积。柱垛是指与墙体相连的柱突出墙体部分。②天棚吊顶应扣除与天棚吊顶相连的窗帘盒所占的面积。③格栅吊顶、吊筒吊顶、藤条造型悬挂吊顶、织物软吊顶及装饰网架吊顶均按设计图示尺寸以水平投影面积来计算。

4. 门窗工程

（1）概况

木门，金属门，金属卷帘（闸）门，厂房库大门、特种门，其他门，木窗，金属窗，门窗套，窗台板，窗帘、窗帘盒、轨，都适用于门窗工程。

（2）有关项目的说明

①木质门应区分镶板木门、企口木板门、实木装饰门、胶合板门、夹板装饰门、木纱门、全玻门（带木质扇框）、木质半玻门（带木质扇框）等项目，分别编码列项。②金属门应区分金属平开门、金属推拉门、金属地弹门、全玻门（带金属扇框）、金属半玻门（带扇框）等项目，分别编码列项。③特种门应区分冷藏门、冷冻间门、保温门、变电室门、隔音门、防射线门、人防门、金库门等项目，分别编码列项。④木质窗应区分木百叶窗、木组合窗、木天窗、木固定窗、木装饰空花窗等项目，分别编码列项。⑤金属窗应区分金属组合窗、防盗窗等项目，分别编码列项。⑥木门五金应包括：折页、插销、门碰珠、弓背拉手、搭机、木螺丝、弹簧折页（自动门）、管子拉手（自由门、地弹门）、地弹簧（地弹门）、角铁、门轧头（地弹门、自由门）等。⑦铝合金门五金包括：地弹簧、门锁、拉手、门插、门铰及螺丝等。⑧金属门五金包括L型执手插锁（双舌）、执手锁（单舌）、门轨头、地锁、防盗门机、门眼（猫眼）、门碰珠、电子锁（磁卡锁）、闭门器、装饰拉手等。⑨木窗五金包括：折页、插销、风钩、木螺丝、滑轮滑轨（推拉窗）等。⑩金属窗五金包括：折页、螺丝、执手、卡锁、铰拉、风撑、滑轮、滑轨、拉把、拉手、角码、牛角制等。⑪因窗工作内容均包括了五金安装，金属窗里不再单列“特殊五金”项目。⑫单独制作安装木门框按木门框项目编码列项。⑬木门窗套适用于单独门窗套的制作和安装。⑭门窗框与洞口之间缝隙的填塞，应包括在报价内。

（3）有关项目特征的说明

①以樘计量，项目特征必须描述洞口尺寸；以平方米计量，项目特征可不描述洞口尺寸。②门窗工程项目特征根据施工图“门窗表”表现形式和内容，均增补门代号及洞口尺寸，同时取消与此重复的内容，例如：类型、品种及规格等。③木门窗、金属门窗取消油漆品种、刷漆遍数，单独执行油漆章节。

（4）有关工程量计算说明

①门窗工程以“樘”, m^2 计量。②门窗套以“樘”,“m^2”,“m”计量：以“樘”计量，按设计图示数量计算；以“m^2”计量，按设计图示尺寸以展开面积计算；以“m”计量，按设计图示中心以延长米计算。③窗台板以“m^2”计量，按设计图示尺寸以展开面积计算。④窗帘以“m”、“m^2”计量，以“m”计量，按其设计图示尺寸以成活后长度计算；以“m^2”计量，按图示尺寸以成活后展开面积计算。

（5）有关工程内容的说明

①门窗工程（除个别门窗外）均以成品木门窗考虑，在工作内容栏中取消“制作”

的工作内容。②防护材料分防火、防腐、防虫、防潮、耐磨及耐老化等材料，应根据清单项目要求计价。

5. 油漆、涂料、裱糊工程

（1）概况

门油漆，窗油漆，木扶手及其他板条、线条油漆，木材面油漆，金属面油漆，抹灰面油漆，喷刷涂料，裱糊等；适用于门窗油漆、金属、抹灰面油漆工程。

（2）有关项目的说明

①有关项目中已包括油漆、涂料的不再单独按列项。②连窗门可按门油漆项目编码列项。③木扶手区分带托板与不带托板分别编码（第五级编码）列项。④列有木扶手和木栏杆的油漆项目，若是木栏杆带扶手，木扶手不应单独列项，应包含在木栏杆油漆中。⑤抹灰面油漆和刷涂料中包括刮腻子，但又单独列有满刮腻子项目，此项目只适用于仅做满刮腻子的项目，不得将抹灰面油漆和刷涂料中刮腻子单独分出执行满刮腻子项目。

（3）有关工程特征的说明

①木门油漆应区分木大门、单层木门、双层（一玻一纱）木门、双层（单裁口）木门、全玻自由门、半玻自由门、装饰门及有框门或无框门等项目，分别编码列项。②金属门油漆应区分平开门、推拉门及钢制防火门等项目，分别编码列项。③木窗油漆应区分单层木窗、双层（一玻一纱）木窗、双层框扇（单裁口）木窗、双层框三层（二玻一纱）木窗、单层组合窗、双层组合窗、木百叶窗、木推拉窗等项目，分别编码列项。④金属窗油漆应区分平开窗、推拉窗、固定窗、组合窗、金属隔栅窗等项目，分别编码列项。⑤腻子种类分石膏油腻子（熟桐油、石膏粉、适量色粉）、胶腻子（大白、色粉、羧甲基纤维素）、漆片腻子（漆片、酒精、石膏粉、适量色粉）及油腻子（矾石粉、桐油、脂肪酸、松香）等。

（4）有关工程量计算的说明

①楼梯木扶手工程量按中心线斜长计算，弯头长度应计算在扶手长度内。②搏风板工程量按中心线斜长计算，有大刀头的每个大刀头增加长度 50 cm。搏风板是悬山或歇山屋顶山墙处沿屋顶斜坡钉在桁头之板，大刀头是搏风板头的一种，形似大刀。③木护墙、木墙裙油漆按垂直投影面积计算。④窗台板、筒子板、盖板、门窗套、踢脚线油漆按水平或者垂直投影面积（门窗套的贴脸板和筒子板垂直投影面积合并）计算。⑤清水板条天棚、檐口油漆、木方格吊顶天棚油漆以水平投影面积计算，不扣除空洞面积。⑥暖气罩油漆，垂直面按垂直投影面积计算，突出墙面的水平面按水平投影面积计算，不扣除空洞面积。⑦工程量以面积计算的油漆、涂料项目，线角、线条及压条等不展开。

（5）有关工程内容的说明

①抹灰面的油漆、涂料，应注意基层的类型，如：一般抹灰墙柱面与拉条灰、拉毛灰、甩毛灰等油漆、涂料的耗工量与材料消耗量的不同。②墙纸和织锦缎的裱糊，应注意设计要求对花还是不对花。

6. 其他装饰工程

（1）概况

柜类、货架、压条、装饰线、扶手、栏杆、栏板装饰、暖气罩、浴厕配件、雨篷、旗杆、招牌、灯箱、美术字等项目。适用于装饰物件的制作和安装工程。

（2）有关项目的说明

①厨房壁柜和厨房吊柜以嵌入墙内为壁柜，以支架固定在墙上的为吊柜。②压条、装饰线项目已包括在门扇、墙柱面、天棚等项目内的，不再单独列项。③洗漱台项目适用于石质（天然石材、人造石材等）、玻璃等。④旗杆的砌砖或混凝土台座，台座的饰面可按相关附录章节另行编码列项也可纳入旗杆价内。⑤美术字不分字体，按大小规格分类。⑥柜类、货架、浴厕配件、雨篷、招牌、灯箱、美术字等单件项目，包括了刷油漆，主要考虑整体性。不得单独将油漆分离，单列油漆清单项目；其他项目没有包括刷油漆，可单独按附录 P 相应项目编码列项。⑦凡栏杆、栏板含扶手的项目，不得单独将扶手进行编码列项。

（3）有关项目特征的说明

①台柜的规格以能分离的成品单体长、宽、高来表示，如：一个组合书柜分上下两部分，下部为独立的矮柜，上部为敞开式的书柜，可以上、下两部分标注尺寸。②镜面玻璃和灯箱等的基层材料是指玻璃背后的衬垫材料，如：胶合板、油毡等。③装饰线和美术字的基层类型是指装饰线、美术字依托体的材料，如砖墙、木墙、石墙、混凝土墙、墙面抹灰、钢支架等。④旗杆高度指旗杆台座上表面至杆顶的尺寸（包括球珠）。⑤美术字的字体规格以字的外接矩形长、宽和字的厚度表示，固定方式指粘贴、焊接以及铁钉、螺栓、铆钉固定等方式。

（4）有关工程量计算的说明

①柜类、货架以“个”或“m”或“cm”计算。②洗漱台放置洗面盆的地方必须挖洞，根据洗漱台摆放的位置有些还需选形，产生挖弯、削角，为此洗漱台的工程量按外接矩形计算。挡板指镜面玻璃下边沿至洗漱台面和侧墙与台面接触部位的竖挡板（一般挡板与台面使用同种材料品种，不同材料品种应另行计算）。吊沿指台面外边沿下方的竖挡板。挡板和吊沿均将面积并入台面面积内计算。

（三）装饰工程措施项目清单的编制

《计价规范》强制性条文第 4.3.1 条规定，措施项目清单必须根据相关工程现行国家工程量计算规范的规定编制。

《计价规范》第 4.3.2 条规定，措施项目清单应根据拟建工程的实际情况列项。

措施项目是指为完成工程项目施工，发生于该工程施工准备和施工过程中技术、生活、安全、环保等方面的项目。措施项目清单的编制需考虑多种因素，除工程本身的因素外，还涉及水文、气象、环境及安全等因素。由于影响措施项目设置的因素太多，工程量计算规范不可能将施工中可能出现的措施项目一一列出。在编制措施项目清单时，因工程情况不同，出现工程量计算规范附录中未列的措施项目，可根据工程具体情况对措施项目清单作补充。

工程量计算规范措施项目一共有 7 节 52 个项目。内容包括：脚手架工程、混凝土模板及支架（撑）、垂直运输、超高施工增加、大型机械设备进出场及安拆、施工排水降水、安全文明施工及其他措施项目。同时，工程量计算规范将措施项目划分为两类：一类是可以计算工程量的项目，如脚手架、降水工程等，就以“量”计价，更有利于措施费的确定和调整，称为“单价措施项目”。单价措施项目清单及计价定额是与分部分项工程项目清单及计价定额合二为一的，计价规范附录 F.1 列出了“分部分项工程和单价措施项目清单与计价定额”；另一类是不能计算工程量的项目，例如安全文明措施、临时设施等，就以“项”计价，称作“总价措施项目”。

对此，计价规范附录 F.4 列出了“总价措施项目清单与计价定额”。

1. 脚手架工程

（1）概况

脚手架工程分为综合脚手架和单项脚手架两类。其中单项脚手架包括：外脚手架、里脚手架、悬空脚手架、挑脚手架、满堂脚手架、整体提升架、外装饰吊篮等 7 个项目。

（2）脚手架主要工程量计算规则及使用注意要点

①“综合脚手架”系指整个房屋建筑结构及装饰施工常用的各种脚手架的总体。规范规定其适用于能够按“建筑面积计算规则”计算建筑面积的建筑工程脚手架，不适用于房屋加层、构筑物及附属工程脚手架，工程量是按建筑面积计算。应注意：使用综合脚手架时，不得再列出外脚手架、里脚手架等单项脚手架。特征描述要明确建筑结构形式和檐口高度。②“外脚手架”系指沿建筑物外墙外围搭设的脚手架。常用于外墙砌筑、外装饰等项目的施工。工程量是按服务对象的垂直投影面积计算。③“里脚手架”系指沿室内墙边等搭设的脚手架。常用于内墙砌筑、室内装饰等项目的施工。工程量计算同

外脚手架。④“悬空脚手架”多用于脚手板下需要留有空间的平顶抹灰、勾缝、刷浆等施工所搭设，工程量是按搭设的水平投影面积计算，不扣除垛、柱所占面积。⑤“挑脚手架”主要用于采用里脚手架砌外墙的外墙面局部装饰（檐口、腰线、花饰等）施工所搭设。工程量按搭设长度乘以搭设层数以延长米计算。⑥“满堂脚手架”系指在工作面范围内满设的脚手架，多用于室内净空较高的天棚抹灰、吊顶等施工所搭设。工程量是按搭设的水平投影面积计算。⑦“整体提升架”多用于高层建筑外墙施工。工程量按所服务对象的垂直投影面积计算。应该注意：整体提升架已包括 2 m 高的防护架体设施。⑧“外装饰吊篮”用于外装饰，工程量按所服务对象的垂直投影面积计算。

（3）共性问题的说明

①同一建筑物有不同檐高时，按建筑物竖向切面分别按不同檐高编列清单项目。②脚手架材质可以不描述，但应注明由投标人根据实际情况按照《建筑施工扣件式钢管脚手架安全技术规程》、《建筑施工附着升降脚手架管理暂行规定》等规范自行确定。

2. 垂直运输

垂直运输指施工工程在合理工期内所需的垂直运输机械。工程量计算规则设置了两种，一种是按建筑面积计算；另一种是按施工工期日历天数计算，我省贯彻文件明确施工工期日历天为定额工期。应注意：项目特征要求描述的建筑物檐口高度是指设计室外地坪至檐口滴水的高度（平屋面系指屋面板板底高度），突出主体建筑物屋顶的电梯机房、楼梯出口间、水箱间、瞭望塔、排烟机房等不计入檐口高度。另外，同一建筑物有不同檐高时，按建筑物的不同檐高做纵向分割，分别计算建筑面积，并以不同檐高分别编码列项。

3. 超高施工增加

单层建筑物檐口高度超过 20 m，多层建筑物超过 6 层时，可按超高部分的建筑面积计算超高施工增加。应注意：计算层数时，地下室不计入层数。另外，同一建筑物有不同檐高时，可按不同高度的建筑面积分别计算建筑面积，以不同檐高分别编码列项。

4. 大型机械设备进出场及安拆

大型机械设备进出场及安拆是指各类大型施工机械设备在进入工地和退出工地时所发生的运输费和安装拆卸费用等，工程量是按使用机械设备的数量计算，应注意：项目特征应注明机械设备名称和规格型号。

5. 安全文明施工及其他措施项目

安全文明施工及其他措施项目为总价措施项目，由于影响措施项目设置的因素太多，“总价措施项目清单与计价定额”中不能一一列出，江苏省费用定额中对措施项目进行了补充和完善，供招标人列项和投标人报价参考用，费用定额中对于房屋建筑与装饰工程的总价措施项目及内容如下：

（1）通用的总价措施项目

第一，安全文明施工：为满足施工安全、文明施工以及环境保护、职工健康生活所需要的各项费用。本项为不可竞争费用。①环境保护包含范围：现场施工机械设备降低噪音、防扰民措施费用；水泥和其他易飞扬细颗粒建筑材料密闭存放或采取覆盖措施等费用；工程防扬尘洒水费用；土石方、建渣外运车辆冲洗、防洒漏等费用；现场污染源的控制、生活垃圾清理外运、场地排水排污措施的费用；其他环境保护措施费用。②文明施工包含范围：“五牌一图”的费用；现场围挡的墙面美化（包括内外粉刷、刷白、标语等）、压顶装饰费用；现场厕所便槽刷白、贴面砖，水泥砂浆地面或地砖费用，建筑物内临时便溺设施费用；其他施工现场临时设施的装饰装修、美化措施费用；现场生活卫生设施费用；符合卫生要求的饮水设备、淋浴及消毒等设施费用；生活用洁净燃料费用；防煤气中毒、蚊虫叮咬等措施费用；施工现场操作场地的硬化费用；现场绿化费用、治安综合治理费用；现场配备医药保健器材、物品费用和急救人员培训费用；用于现场工人的防暑降温费、电风扇、空调等设备及用电费用；其他文明施工措施费用。③安全施工包含范围：安全资料、特殊作业专项方案的编制，安全施工标志的购置及安全宣传的费用；“三宝”（安全帽、安全带、安全网）、“四口”（楼梯口、电梯井口、通道口、预留洞口），“五临边”（阳台围边、楼板围边、屋面围边、槽坑围边、卸料平台两侧），水平防护架、垂直防护架、外架封闭等防护的费用；施工安全用电的费用，包括配电箱三级配电、两级保护装置要求、外电防护措施；起重机和塔吊等起重设备（含井架、门架）及外用电梯的安全防护措施（含警示标志）费用及卸料平台的临边防护、层间安全门、防护棚等设施费用；建筑工地起重机械的检验检测费用；施工机具防护棚及其围栏的安全保护设施费用；施工安全防护通道的费用；工人的安全防护用品、用具购置费用；消防设施与消防器材的配置费用；电气保护、安全照明设施费；其他安全防护措施费用。

第二，夜间施工：规范、规程要求正常作业而发生的夜班补助、夜间施工降效、夜间照明设施的安拆、摊销、照明用电以及夜间施工现场交通标志、安全标牌、警示灯安拆等费用。

第三，二次搬运：由于施工场地限制而发生的材料、成品、半成品等一次运输不能到达堆放地点，必须进行的二次或多次搬运费用。

第四，冬雨季施工：在冬雨季施工期间所增加的费用。包括冬季作业、临时取暖、建筑物门窗洞口封闭及防雨措施、排水、工效降低、防冻等费用，不包括设计要求混凝土内添加防冻剂的费用。

第五，地上、地下设施、建筑物的临时保护设施：在工程施工过程中，对已建成的地上、地下设施和建筑物进行的遮盖、封闭、隔离等必要保护措施，在园林绿化工程中，还包括对已有植物的保护。

第六，已完工程及设备保护费：对已完工程及设备采取的覆盖、包裹、封闭、隔离等必要保护措施所发生的费用。

第七，临时设施费：施工企业为进行工程施工所必需的生活和生产用的临时建筑物、构筑物和其他临时设施的搭设、使用、拆除等费用。①临时设施包括：临时宿舍、文化福利及公用事业房屋与构筑物、仓库、办公室、加工场等。②建筑与装饰工程在规定范围内（建筑物沿边起 50 米以内，多幢建筑两幢间隔 50 米内）的围墙、临时道路、水电、管线和轨道垫层等。建设单位同意在施工就近地点临时修建混凝土构件预制场所发生的费用，应该向建设单位结算。

第八，赶工措施费：施工合同约定工期比定额工期提前，施工企业为缩短工期所发生的费用。如施工过程中，发包人要求实际工期比合同工期提前时，由发承包双方另行约定。

第九，工程按质论价：施工合同约定质量标准超过国家规定，施工企业完成工程质量达到经有关部门鉴定或评定为优质工程所必须增加的施工成本费。

第十，特殊条件下施工增加费：地下不明障碍物、铁路、航空及航运等交通干扰而发生的施工降效费用。

（2）装饰工程专业措施项目

总价措施项目中，除通用措施项目外，建筑与装饰工程专业措施项目如下：

第一，非夜间施工照明：为保证工程施工正常进行，在如地下室等特殊施工部位施工时所采用的照明设备的安拆、维护、摊销以及照明用电等费用。

第二，住宅工程分户验收：按《住宅工程质量分户验收规程》的要求对住宅工程工程质量进行专门验收（包括蓄水、门窗淋水等）发生的费用。室内空气污染测试不包含在住宅工程分户验收费中，由建设单位委托检测机构完成并承担费用。

三、装饰工程工程量清单计价

（一）一般规定和要求

计价规范第 1.0.3 条规定：建设工程发承包及实施阶段的工程造价应由分部分项工

程费、措施项目费、其他项目费、规费及税金组成。第 3.1.4 条规定：工程量清单应采用综合单价计价。第 5.2.2 条规定：综合单价中应包括招标文件中划分的应由投标人承担的风险范围及其费用。招标文件中没有明确的，如是工程造价咨询人编制，应提请招标人明确；如是招标人编制，应予明确。第 5.2.3 条规定：分部分项工程和措施项目中的单价项目，应根据拟定的招标文件和招标工程量清单项目中的特征描述及有关要求确定综合单价计算。第 5.2.4 条规定：措施项目中的总价项目金额应根据招标文件及施工组织设计或施工方案按规范第 3.1.4 条和第 3.1.5 条的规定确定。第 5.2.5 条规定：其他项目应按下列规定计价：(1) 暂列金额应按招标工程量清单中列出的金额填写；(2) 暂估价中的材料和工程设备单价应按招标工程量清单中列出的单价计入综合单价；(3) 暂估价中的专业工程金额应按招标工程量清单中列出的金额填写；(4) 计日工应按招标工程量清单中列出的项目根据工程特点和有关计价依据确定综合单价计算；(5) 总承包服务费应根据招标工程量清单列出的内容和要求确定。

（二）装饰工程分部分项工程量清单计价

1. 楼地面装饰工程清单计价要点

第一，整体面层：计算规范的计算规则是"不扣除间壁墙及不大于 $0.3\,m^2$ 柱、垛、附墙烟囱及孔洞所占面积"。计价定额则为"不扣除柱、垛、间壁墙、附墙烟囱及面积在 $0.3\,m^2$ 以内的孔洞所占面积"。注意二者的区别。第二，踢脚线：计算规范的计算规则是"以平方米计量，按设计图示长度乘高度以面积计算"或"以米计量，按延长米计算"，而计价定额中是"水泥砂浆、水磨石踢脚线按延长米计算，其洞口、门口长度不予扣除，但洞口、门口、垛、附墙烟囱等侧壁也不增加；块料面层踢脚线按图示尺寸以实贴延长米计算，门洞扣除，侧壁另加"。计价定额中不论是整体还是块料面层楼梯均包括踢脚线在内，但计算规范未明确，在实际操作中为便于计算，可参照计价定额把楼梯踢脚线合并在楼梯内计价，但在楼梯清单的项目特征一栏应把踢脚线描述在内，在计价时不要漏掉。第三，楼梯：计算规范中无论是块料面层还是整体面层，均按水平投影面积计算，包括 500 mm 以内的楼梯井宽度；计价定额中整体面层与块料面层楼梯的计算规则是不一样的，整体面层按楼梯水平投影面积计算，但块料面层按实铺面积计算。虽然计价定额中整体面层也是按楼梯水平投影面积计算，与规范仍有区别：①楼梯井范围不同，规范是 500 mm 为控制指标，定额以 200 mm 为界限；②楼梯与楼地面相连时规范规定只算至楼梯梁内侧边缘，定额规定应算至楼梯梁外侧面。第四，台阶：计算规范中无论是块料面层还是整体面层，均按水平投影面积计算；计价定额中整体面层按水平投影面积计算，块料面层按展开（包括两侧）实铺面积计算。同时要注意：台阶面层与平台面层使用同一种材料时，平台计算面层后，台阶不再计算最上一层踏步面积，但应将最后一步台阶的踢脚板面层考虑在报价内。

2. 墙、柱面装饰与隔断、幕墙工程清单计价要点

第一，外墙面抹灰计算规范与计价定额的计算规则有明显区别：规范中明确了门窗洞口和孔洞的侧壁及顶面不增加面积（外墙长 × 外墙高－门窗洞口－外墙裙和单个大于 0.3 m^2 孔洞 + 附墙柱、梁、垛、烟囱侧面积），而计价定额规定：门窗洞口、空圈的侧壁、顶面及垛应按结构展开面积并入墙面抹灰中计算。因此在计算清单工程量及定额工程量时应注意区分。第二，关于阳台、雨篷的抹灰：在计算规范中无一般阳台、雨篷抹灰列项，可参照计价定额中有关阳台、雨篷粉刷的计算规则，以水平投影面积计算，并以补充清单编码的形式列入 M.1 墙面抹灰中，并且在项目特征一栏详细描述该粉刷部位的砂浆厚度（包括打底、面层）及相应的砂浆配合比。第三，装饰板墙面：计算规范中集该项目的龙骨、基层、面层于一体，采用一个计算规则，而计价定额中不同的施工工序甚至同一施工工序但做法不同其计算规则都不一样。在进行清单计价时，要根据清单的项目特征，罗列完整全面的定额子目，并根据不同子目各自的计算规则调整相应工程量，最后才能得出该清单项目的综合价格。第四，柱（梁）面装饰：计算规范中不分矩形柱、圆柱均为一个项目，其柱帽、柱墩并入柱饰面工程量内；计价定额分矩形柱、圆柱分别设子目，柱帽、柱墩也单独设子目，工程量也单独计算。

3. 天棚工程清单计价要点

第一，楼梯天棚的抹灰：规范计算规则规定："板式楼梯底面抹灰按斜面积计算，锯齿形楼梯底板抹灰按展开面积计算。"即按实际粉刷面积计算。计价定额计算规则规定："底板为斜板的混凝土楼梯、螺旋楼梯，按照水平投影面积（包括休息平台）乘以系数 1.18，底板为锯齿形时（包括预制踏步板），按其水平投影面积乘以系数 1.5 计算。"第二，天棚吊顶：同样，计算规范中也是集该项目的吊筋、龙骨、基层及面层于一体，采用一个计算规则，计价定额中分别设置不同子目且计算规则都不一样。

4. 门窗工程清单计价要点

第一，门窗（除个别门窗外）工程均按成品编制项目，若成品中已包含油漆，不再单独计算油漆，不含油漆应按附录 P 油漆、涂料、裱糊工程相应项目编码列项。第二，"钢木大门"的钢骨架制作安装包括在报价内。第三，门窗套、筒子板、窗台板等，计算规范是在门窗工程中设立项目编码，计价定额把它们归为零星项目在第十八章中设置。

5. 油漆、涂料、裱糊工程清单计价要点

第一，在计算规范中门窗油漆是以“樘”或“m^2”为计量单位，金属面油漆以“t”或“m^2”为计量单位，其余项目油漆基本按该项目的图示尺寸以长度或者面积计算工程量；而在计价定额中很多项目工程量需根据相应项目的油漆系数表乘折算系数后才能套用定额子目。第二，有线角、线条、压条的油漆、涂料面的工料消耗应包括在报价内。第三，空花格、栏杆刷涂料计算规范的计算规则是“按设计图示尺寸以单面外围面积计算”，应注意其展开面积工料消耗应包括在报价内。

6. 其他装饰工程清单计价要点

第一，台柜项目，应按设计图纸或说明，包括台柜、台面材料（石材、皮草、金属、实木等）、内隔板材料、连接件、配件等，都应包括在报价内。第二，扶手、栏杆：楼梯扶手、栏杆计算规范的计算规则是：“按设计图示以扶手中心线长度（包括弯头长度）计算。”即按实际展开长度计算，计价定额则规定：“楼梯踏步部分的栏杆与扶手应按水平投影长度乘以系数 1.18 计算”，注意区分。第三，洗漱台现场制作，切割、磨边等人工、机械的费用应包括在报价内。第四，招牌、灯箱：计算规范中招牌是“按设计图示尺寸以正立面边框外围面积计算”，而灯箱是“以设计图示数量计算”，计价定额基层、面层分别计算；钢骨架基层制作、安装套用相应子目，按照吨“t”计量；面层油漆按展开面积计算。

（三）装饰工程措施项目清单计价

《计价规范》第 5.2.3 条规定：措施项目中的单价项目，应根据拟定的招标文件和招标工程量清单项目中的特征描述及有关要求确定综合单价计算。第 5.2.4 条规定：措施项目中的总价项目应根据拟定的招标文件和施工方案按本规范第 3.1.4、3.1.5 条的规定计价。

（四）其他项目清单计价

计价规范第 4.4.1 条规定：其他项目清单应按照下列内容列项：暂列金额；暂估价，包括材料暂估单价、工程设备暂估单价、专业工程暂估价；计日工；总承包服务费。

1. 暂列金额

招标人在工程量清单中暂定并包括在合同价款中的一笔款项。用于施工合同签订时尚未确定或者不可预见的所需材料、设备及服务的采购，施工中可能发生的工程变更、合同约定调整因素出现时的工程价款调整以及发生的索赔、现场签证确认等的费用。

暂列金额由招标人根据工程特点、工期长短，按有关计价规定进行估算确定，一般可以分部分项工程费的 10%～15% 为参考。

2. 暂估价

招标人在工程量清单中提供的用于支付必然发生但暂时不能确定价格的材料、工程设备的单价以及专业工程的金额。

第一，暂估材料单价由招标人提供，材料单价组成中应包括场外运输与采购保管费。投标人根据该单价计算相应分部分项工程和措施项目的综合单价，并在材料暂估价格表中列出暂估材料的数量、单价、合价及汇总价格，该汇总价格不计入其他项目工程费合计中。

第二，专业工程的暂估价应是综合暂估价，包括除规费和税金以外的管理费、利润等。

第三，计日工。在施工过程中，承包人完成发包人提出的合同范围以外的零星项目或工作，按合同中约定的综合单价计价。

第四，总承包服务费。总承包人为配合协调发包人进行的专业工程发包，对发包人自行采购的材料、工程设备等进行保管以及施工现场管理、协调、配合、竣工资料汇总整理等服务所需的费用。总包服务范围由建设单位在招标文件中明示，并发承包双方在施工合同中约定。①招标人仅要求对分包的专业工程进行总承包管理和协调时，按分包的专业工程估算造价的 1% 计算；②招标人要求对分包的专业工程进行总承包管理和协调并同时要求提供配合服务时，根据招标文件中列出的配合服务内容和提出的要求按分包的专业工程估算造价的 2%～3% 计算。

（五）规费、税金的计算

1. 规费

规费应按照有关文件的规定计算，作为不可竞争费、不得让利，也不得任意调整计算标准。

第一，工程排污费：按工程所在地环境保护等部门规定的标准缴纳，按实计取列入。

第二，社会保险费及住房公积金按 14 版江苏费用定额规定执行。

2. 税金

税金是指国家税法规定的应计入建筑安装工程造价内的营业税、城市维护建设税、教育费附加以及地方教育附加。

第一，营业税：指的是以产品销售或劳务取得的营业额为对象的税种。

第二，城市建设维护税：是为了加强城市公共事业和公共设施的维护建设而开征的税，它以附加形式依附于营业税。

第三，教育费附加及地方教育附加：是为发展地方教育事业，扩大了教育经费来源而征收的税种，它以营业税的税额为计征基数。

税金按各市规定的税率计算，计算基础为不含税工程造价。

第六章　建筑装饰工程清单项目工程量计算

第一节　建筑装饰工程量计算概述

一、工程量的概念及正确计算工程量的意义

工程量是指按照事先约定的工程量计算规则计算出来的、以物理计量单位或自然计量单位表示的分部分项工程的数量。物理计量单位多采用长度（m）、面积（m^2）、体积（m^3）、重量（t或kg）；自然计量单位多采用个、只、套、台及座等。

工程量与实物量不同，其区别在于：工程量是按照工程量计算规则依据施工图纸计算所得的工程数量；而实物量是实际完成的工程数量。

工程量是确定工程造价的基础和重要组成部分，工程量的准确程度直接影响工程造价的准确程度。所以说，工程量的计量对工程造价的准确度起着决定性的作用。

正确计算工程量，其意义主要表现在以下几个方面：

第一，工程计价以工程量为基本依据，因此工程量计算的准确与否，直接影响工程造价的准确性，以及工程建设的投资控制。

第二，工程量是施工企业编制施工作业计划，合理安排施工进度，组织现场劳动力、材料以及机械的重要依据。

第三，工程量是施工企业编制工程形象进度统计报表，并向工程建设投资方结算工程价款的重要依据。

二、工程量计算的一般原则和方法

在工程预算造价工作中，工程量计算是编制预算造价的原始数据，繁杂且量大，工程量计算的精度和快慢都直接影响着预算造价的编制质量与速度。

（一）计算工程量的依据

计算工程量的依据有：

第一，经审定的施工图纸及图纸会审记录和设计说明。

第二，建筑装饰工程预算定额。

第三，图纸中引用的标准图集。

第四，施工组织设计及施工现场情况。

第五，工程造价工作手册。

（二）工程量计算的原则

为了准确计算工程量，防止错算、漏算及重复计算，通常要遵循以下原则：

1. 列项要正确

计算工程量时，按施工图列出的分项工程必须与预算定额（建设工程工程量清单计价规范）中相应分项工程一致。因此在计算工程量时，除了熟悉施工图纸及工程量计算规则外，还应掌握预算定额或工程量清单计价规范中每个分项工程的工作内容和范围，避免重复列项或漏项。

2. 工程量计算规则要一致，避免错算

计算工程量，必须与本地区现行预算定额工程量计算规则相一致。只有计算规则一致，才能保证工程量计算的准确。

3. 计量单位要一致

计算工程量时，所列出的各分项工程的计量单位，必须和所使用的预算定额中相应项目的计量单位相一致。

4. 工程量计算要准确，精度要统一

在计算工程量时，对各分项工程计算尺寸的取定要准确。计算底稿要整洁，数字要清楚，工程量计算精度要统一。工程量的计算结果，除钢材（以“t”为计量单位）、木材（以“m^3”为计量单位）按定额单位取小数点后三位外，其余项目一般取小数点后二位，建筑面积以“m^2”为单位，一般取整数。

5. 计算图纸要会审，避免根本错误

计算前要熟悉图纸和设计说明，检查图纸有无错误，所标尺寸在平面、立面、剖面和详图中是否吻合；图纸中要求的做法，图纸中的门窗统计表、构件统计表和钢筋表中的型号、数量和重量，是否与图纸相符；构件的标号及加工方法，材料的规格型号及强度等都应注意。如有疑难和矛盾问题，须及时通过图纸会审、设计答疑解决，以避免工程量计算依据的根本错误。

（三）工程量计算方法

1. 计算工程量的一般顺序

计算顺序是一个重要问题。一幢建筑物的工程项目很多，若不按一定的顺序进行，极易漏算或重复计算。

第一，按顺时针（或逆时针）方向计算工程量，即从平面图的一个角开始，按顺时针（或逆时针）方向逐项计算，环绕一周后又回到开始点为止，如图 6–1 所示。此种方法适用于计算外墙、外墙装修、楼地面、天棚等的工程量，但是在计算基础和墙体时，要先外墙后内墙，分别计算。

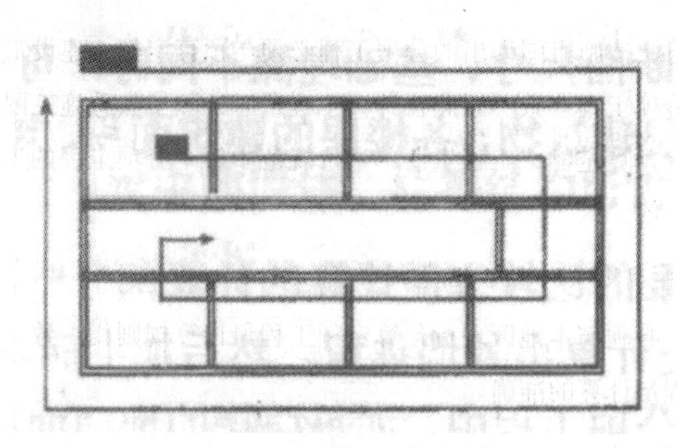

图 6–1　按顺时针方向计算

第二，按先横后竖、先上后下、先左后右的顺序计算。此种方法适用于计算内墙、内墙基础、内墙挖槽、内墙装饰及门窗过梁等的工程量。

第三，按结构构件编号顺序计算工程量。这种方法适用于计算门窗、钢筋混凝土构件及打桩等的工程量。如图 6–2 所示。

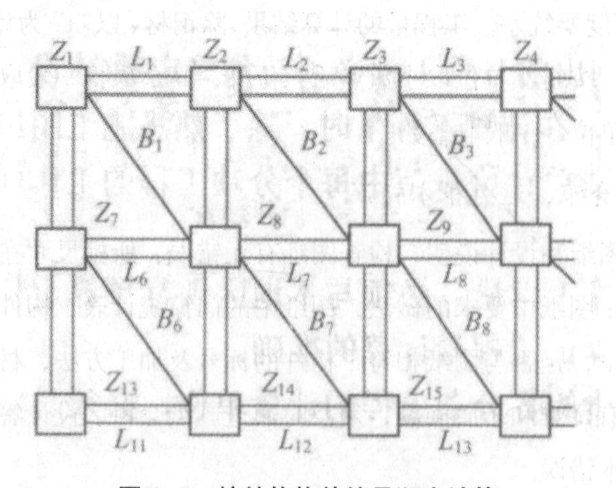

图 6–2　按结构构件编号顺序计算

第四，按轴线编号顺序计算工程量。这种方法适用于计算内外墙挖基槽、内外墙基础、内外墙砌体、内外墙装饰等工程。如图 6-3 所示。

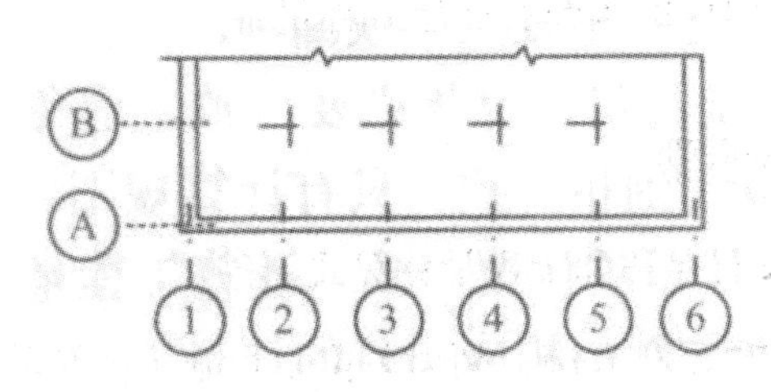

图 6-3　按轴线编号顺序计算

工程造价人员也可以按照自己的习惯选择计算的方法。

2. 应用统筹法计算工程量

在一个单位工程分解的若干个分项工程中，这些分项工程既有各自的特点，又含内在的联系。应用统筹法计算工程量，就是根据统筹学原理，在进行工程量计算时找出各分项工程自身的特点及其内在联系，运用统筹法合理安排工程量计算顺序，以达到简化计算，提高工作效率的目的。

这一方法的计算步骤如下：

第一，基数计算。基数是工程量计算中反复多次运用的数据，提前把这些数据算出来，供各分项工程的工程量计算时查用。这些数据是“四线、三面、一册”：即外墙外边线长度 L 外；外墙中心线长度 L 中；内墙净长线 L 内；建筑基础平面图中内墙基础或垫层净长度 L 净。“三面”是指建筑施工图上所表示的底层建筑面积，用 S 底来表示；建筑平面图中房心净面积 S 房；建筑平面图中墙身和柱等结构面积 S 结；“一册”指的是工程量计算手册。

第二，按一定的计算顺序计算项目，主要是做到尽可能使前面项目的计算结果能运用于后面计算中，来减少重复计算。

第三，联系实际，灵活机动。由于工程设计很不一致，对于那些不能用“线”和“面”基数计算的不规则的、较复杂的项目工程量的计算问题，要结合实际，灵活运用下列方法加以解决：

①分段计算法：如基础断面尺寸、基础埋深不同时，可采取分段法计算工程量。

②分层计算法：如遇多层建筑物，各楼层的建筑面积、墙厚及砂浆强度等级等不同的时候，可用分层计算法。

③补加计算法：先把主要的比较方便计算的计算部分一次算出，然后再加上多出的部分。如带有墙垛的外墙，可先计算出外墙体积，然后加上砖垛体积。

④补减计算法：在一个分项工程中，如每层楼的地面面积相同，地面构造除一层门厅为水磨石面层外，其余均为水泥砂浆地面，可以先按每层都是水泥砂浆地面计算各楼层的工程量，然后再减去门厅的水磨石面层工程量。

三、工程量计算的步骤

（一）列出分项工程项目名称和工程量计算式

首先按照一定的计算顺序和方法，列出单位工程施工图预算的分项工程项目名称；其次按照工程量计算规则和计算单位（m、kg 等）列出工程量计算式，并注明数据来源。工程量计算式可以只列出一个算式，也可以分别列算式，但都应当注明中间结果，以便后面使用。工程量计算通常采用计算表格形式，在工程量计算表格中列出计算式，以便审核。

（二）进行工程量计算

工程量计算式列出后，对所取数据复核，确认无误后再逐式计算。按前面所述的精度要求保留小数点的位数。

（三）调整计量单位

通常计算的工程量都是以“m”、“m^2”、“m^3”等为计量单位，但在预算定额中计量单位往往是“100 m”、“$100m^3$”、“$100m^2$”等。因此还需把计算的工程量按预算定额中相应项目规定的计量单位进行调整，使计算工程量的计量单位与预算定额相应项目的计量单位一致，以便套用预算定额。

（四）自我检查复核

工程量计算完毕后，必须进行自我复核，检查其项目、算式、数据以及小数点等有无错误和遗漏，来避免预算审查时返工重算。

第二节　建筑装饰工程工程量计算规则

建筑装饰工程工程量计算要严格按照《建设工程工程量清单计价规范》和《房屋建筑与装饰工程计量规范》的规定，以及地区现行的建筑装饰工程工程量计算规则进行。

一、楼地面工程

楼地面是房屋建筑底层地坪与楼层地坪的总称，主要由面层、技术构造层、垫层及基层构成。

楼地面工程（附录 K，项目编码 :0111）分为楼地面抹灰、楼地面镶贴、橡塑面层、其他材料面层、踢脚线、楼梯面层、台阶面层装饰和零星装饰项目。

（一）楼地面抹灰（项目编码：011101）

楼地面抹灰包括水泥砂浆楼地面（011101001），现浇水磨石楼地面（011101002），细石混凝土楼地面（011101003），菱苦土楼地面（011101004）、自流坪楼地面（011101005）以及平面砂浆找平层（011101006）6 个清单项目。

楼地面抹灰的工程量清单项目设置及工程量计算规则见表 6–1。

表6–1　楼地面抹灰（编码：011101）

项目编码	项目名称	项目特征	计量单位	工程量计算规则	工程内容
011101001	水泥砂浆楼地面	1.垫层材料种类、厚度 2.找平层厚度、砂浆配合比 3.素水泥浆遍数 4.面层厚度、砂浆配合比 5.面层做法要求	m^2	按设计图示尺寸以面积计算。扣除凸出地面构筑物、设备基础、室内管道、地沟等所占面积，不扣除间壁墙及≤$0.3m^2$柱、垛、附墙烟囱及孔洞所占面积。门洞、空圈、暖气包槽以及壁龛的开口部分不增加面积	1.基层清理 2.垫层铺设 3.抹找平层 4.抹面层 5.材料运输
011101002	现浇水磨石楼地面	1.垫层材料种类、厚度 2.找平层厚度、砂浆配合比 3.面层厚度、水泥石子浆配合比 4.条材料种类、规格 5.石子种类、规格、颜色 6.颜料种类、颜色 7.图案要求 8.磨光、酸洗及打蜡要求			1.基层清理 2.垫层铺设 3.抹找平层 4.面层铺设 5.嵌缝条安装 6.磨光、酸洗打蜡 7.材料运输
011101003	细石混凝土楼地面	1.垫层材料种类、厚度 2.找平层厚度、砂浆配合比 3.面层厚度、混凝土强度等级			1.基层清理 2.垫层铺设 3.抹找平层 4.面层铺设 5.材料运输

表6-1（续）

项目编码	项目名称	项目特征	计量单位	工程量计算规则	工程内容
011101004	菱苦土楼地面	1.垫层材料种类、厚度 2.找平层厚度、砂浆配合比 3.面层厚度 4.打蜡要求	m²	按设计图示尺寸以面积计算。扣除凸出地面构筑物、设备基础、室内管道、地沟等所占面积，不扣除间壁墙及<0.3 m²柱、垛、附墙烟囱及孔洞所占面积。门洞、空圈、暖气包槽、壁龛的开口部分不增加面积	1.基层清理 2.垫层铺设 3.抹找平层 4.面层铺设 5.打蜡 6.材料运输
011101005	自流坪楼地面	1.垫层材料种类、厚度 2.找平层厚度、砂浆配合比			1.基层处理 2.抹找平层 3.涂界面剂 4.涂刷中层漆 5.打磨、吸尘 6.馒自流平面漆（浆） 7.拌合自流平浆料 8.铺面层
011101006	平面砂浆找平层	1.找平层砂浆配合比、厚度 2.界面剂材料种类 3.中层漆材料种类、厚度 4.面漆材料种类、厚度 5.面层材料种类		按设计图示尺寸以面积计算	1.基层清理 2.垫层铺设 3.抹找平层 4.材料运输

注：①水泥砂浆面层处理是拉毛还是提浆压光应在面层做法要求当中描述；
②平面砂浆找平层只适用于仅做找平层的平面抹灰；
③间壁墙指墙厚≤120mm的墙。

【例 6–1】图 6–4 所示为某建筑平面图，地面工程做法为：20 mm 厚 1 : 2 水泥砂浆抹面压实抹光（面层）；刷素水泥浆结合层一道（结合层）；60 mm 厚 C20 细石混凝土找坡层，最薄处 30 mm 厚；聚氨酯涂膜防水层厚 1.5 mm ~ 1.8 mm 防水层周边卷起 150 mm；40 mm 厚 C20 细石混凝土随打随抹平；150 mm 厚 3 : 7 灰土垫层；素土夯实，试编制水泥砂浆地面工程量清单。

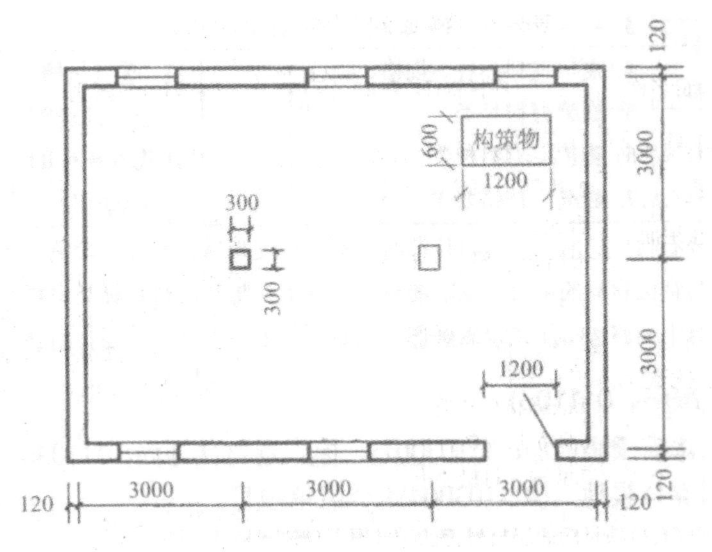

图 6-4 建筑物平面示意图

【解】(1)计算水泥砂浆地面工程量

$$S=\left[(3\times3-0.12\times2)\times(3\times2-0.12\times2)-1.2\times0.6\right]=49.74\left(m^2\right)$$

(2)编制工程量清单

水泥砂浆地面工程量清单见表 6-2。

表6-2 分部分项工程量清单

序号	项目编码	项目名称	计量单位	工程数量
1	011101001001	水泥砂浆楼地面 20 mm厚1：2水泥砂浆抹面压实抹光（面层）刷水泥浆结合层一道（结合层） 60 mm厚C20细石混凝土找坡层，最薄处30 mm厚聚氨酯涂膜防水层厚1.5～1.8，防水层周边卷150 mm 40 mm厚C20细石混凝土随打随抹平 150 mm厚3:7灰土垫层	m^2	49.74

（二）楼地面镶贴（项目编码：011102）

楼地面镶贴包括石材楼地面（011102001）、碎石材楼地面（011102002）以及块料楼地面（011102003）3 个清单项目。

楼地面镶贴的工程量清单项目设置以及工程量计算规则见表 6-3。

表6-3　楼地面镶贴（编码：011102）

项目编码	项目名称	项目特征	计量单位	工程量计算规则	工程内容
011102001	石材楼地面	1.垫层材料种类、厚度 2.找平层厚度、砂浆配合比 3.结合层厚度、砂浆配合比 4.面层材料品种、规格、颜色 5.嵌缝材料种类 6.防护层材料种类 7.酸洗、打蜡要求	m^2	按设计图示尺寸以面积计算，门洞、空圈、暖气包槽、壁龛的开口部分并入相应的工程量内	1.基层清理、铺设垫层、抹找平层 2.面层铺设、磨边 3.嵌缝 4.刷防护材料 5.酸洗、打蜡 6.材料运输
011102002	碎石材楼地面				
011102003	块料楼地面				

注：①在描述碎石材项目的面层材料特征时可不用描述规格、品牌、颜色；

②石材、块料与粘接材料的结合面刷防渗材料的种类在防护层材料种类中描述；

③上表工作内容中的磨边指施工现场磨边，后述章节工作内容中涉及磨边含义同此条。

（三）橡塑面层（编码：011103）

橡塑面层包括橡胶板楼地面（011103001）、橡胶卷材楼地面（011103002）、塑料板楼地面（011103003）及塑料卷材楼地面（011103004）4个清单项目。

橡塑面层的工程量清单项目设置及工程量计算规则见表6-4。

表6-4　橡塑面层（编码：011103）

项目编码	项目名称	项目特征	计量单位	工程量计算规则	工程内容
011103001	橡胶板楼地面	1.粘结层厚度、材料种类 2.面层材料品种、规格、颜色 3.压线条种类	m^2	按设计图示尺寸以面积计算。门洞、空圈、暖气包槽、壁龛的开口部分并入相应的工程量内	1.基层清理 2.面层铺贴 3.压缝条装钉 4.材料运输
011103002	橡胶卷材楼地面				
011103003	塑料板楼地面				
011103004	塑料卷材 楼地面				

（四）其他材料面层（编码：011104）

其他材料面层包括楼地面地毯（011104001），竹木地板（011104002）＞金属复合地板（011104003）及防静电活动地板（011104004）4个清单项目。

其他材料面层工程量清单项目设置及工程量计算规则见表6-5。

表6-5 其他材料面层（编码：011104）

项目编码	项目名称	项目特征	计量单位	工程量计算规则	工程内容
011104001	楼地面地毯	面层材料品种、规格、颜色 防护材料种类 粘结材料种类 压线条种类	m^2	按设计图示尺寸以面积计算。门洞、空圈、暖气包槽、壁龛的开口部分并入相应的工程量内	1.基层清理 2.铺贴面层 3.刷防护材料 4.装钉压条 5.材料运输
011104002	竹木地板	龙骨材料种类、规格、铺设间距 基层材料种类、规格 面层材料品种、规格、颜色 防护材料种类			1.基层清理 2.龙骨铺设 3.基层铺设 4.面层铺贴 5.刷防护材料 6.材料运输
011104003	金属复合地板	龙骨材料种类、规格、铺设间距 基层材料种类、规格 面层材料品种、规格、颜色 防护材料种类			1.基层清理 2.龙骨铺设 3.基层铺设 4.面层铺贴 5.刷防护材料 6.材料运输
011104004	防静电活动地板	支架高度、材料种类 面层材料品种、规格、颜色 防护材料种类			1.基层清理 2.固定支架安装 3.活动面层安装 4.刷防护材料 5.材料运输

（五）踢脚线（编码：011105）

踢脚线包括水泥砂浆踢脚线（011105001）、石材踢脚线（011105002）、块料踢脚线（011105003）、塑料板踢脚线（011105004）、木质踢脚线（011105005）、金属踢脚线（011105006）、防静电踢脚线（011105007）7 个清单项目。

踢脚线工程量清单项目设置及工程量计算规则见表 6–6。

表6-6 踢脚线（编码：011105）

<table>
<tr><th>项目编码</th><th>项目名称</th><th>项目特征</th><th>计量单位</th><th>工程量计算规则</th><th>工程内容</th></tr>
<tr><td>011105001</td><td>水泥砂浆踢脚线</td><td>1.踢脚线高度
2.底层厚度、砂浆配合比
3.面层厚度、砂浆配合比</td><td rowspan="7">m²</td><td rowspan="7">1.按设计图示长度乘高度以面积计算
2.按延长米计算</td><td>1.基层清理
2.底层和面层抹灰
3.材料运输</td></tr>
<tr><td>011105002</td><td>石材踢脚线</td><td>1.踢脚线高度
2.粘贴层厚度、材料种类
3.面层材料品种、规格、颜色
4.防护材料种类</td><td rowspan="2">1.基层清理
2.底层抹灰
3.面层铺贴、磨边
4.擦缝
5.磨光、酸洗、打蜡
6.刷防护材料
7.材料运输</td></tr>
<tr><td>011105003</td><td>块料踢脚线</td><td>1.踢脚线高度
2.粘结层厚度、材料种类
3.面层材料
4.种类、规格、颜色</td></tr>
<tr><td>011105004</td><td>塑料板踢脚线</td><td>1.踢脚线高度
2.基层材料种类、规格
3.面层材料品种、规格、颜色</td><td rowspan="4">1.基层清理
2.基层铺贴
3.面层铺贴
4.材料运输</td></tr>
<tr><td>011105005</td><td>木质踢脚线</td><td rowspan="3">1.踢脚线高度
2.底层厚度、砂浆配合比
3.面层厚度、砂浆配合比</td></tr>
<tr><td>011105006</td><td>金属踢脚线</td></tr>
<tr><td>011105007</td><td>防静电踢脚线</td></tr>
</table>

注：石材、块料与粘接材料的结合面刷防渗材料的种类在防护层材料种类中描述。

（六）楼梯面层（编码：011106）

楼梯面层装饰包括石材楼梯面层（011106001）、块料楼梯面层（011106002）、拼碎块料面层（011106003）、水泥砂浆楼梯面层（011106004）、现浇水磨石楼梯面层（011106005）、地毯楼梯面层（011106006）、木板楼梯面层（011106007）、橡胶板楼梯面层（011106008）、塑料板楼梯面层（011106009）9个清单项目。

楼梯装饰工程量清单项目设置及工程量计算规则见表6-7。

表6-7　楼梯面层（编码：011106）

<table>
<tr><th>项目编码</th><th>项目名称</th><th>项目特征</th><th>计量单位</th><th>工程量计算规则</th><th>工程内容</th></tr>
<tr><td>011106001</td><td>石材楼梯面层</td><td rowspan="3">1.找平层厚度、砂浆配合比
2.贴结层厚度、材料种类
3.面层材料品种、规格、颜色
4.防滑条材料种类、规格
5.勾缝材料种类
6.防护层材料种类
7.酸洗、打蜡要求</td><td rowspan="10">m^2</td><td rowspan="10">按设计图示尺寸以楼梯（包括踏步、休息平台及≤500mm的楼梯井）水平投影面积计算。楼梯与楼地面相连时，算至梯口梁</td><td rowspan="3">1.基层清理
2.抹找平层
3.面层铺贴、磨边
4.贴嵌防滑条
5.勾缝
6.刷防护材料
7.酸洗、打蜡
8.材料运输</td></tr>
<tr><td>011106002</td><td>块料楼梯面层</td></tr>
<tr><td>011106003</td><td>拼碎块料面层</td></tr>
<tr><td>011106004</td><td>水泥砂浆楼梯面层</td><td>1.找平层厚度、砂浆配合比
2.面层厚度、砂浆配合比
3.防滑条材料种类、规格</td><td>1.基层清理
2.抹找平层
3.抹面层
4.抹防滑条
5.材料运输</td></tr>
<tr><td>011106005</td><td>现浇水磨石楼梯面层</td><td>1.找平层厚度、砂浆配合比
2.面层厚度、水泥石子浆配合比
3.防滑条材料种类、规格
4.石子种类、规格、颜色
5.颜料种类、颜色
6.磨光、酸洗打蜡要求</td><td>1.基层清理
2.抹找平层
3.抹面层
4.贴嵌防滑条
5.磨光、酸洗、打蜡
6.材料运输</td></tr>
<tr><td>011106006</td><td>地毯楼梯面层</td><td>1.基层种类
2.面层材料品种、规格、颜色
3.防护材料种类
4.粘结材料种类
5.固定配件
6.材料种类、规格</td><td>1.基层清理
2.铺贴面层
3.固定配件安装
4.刷防护材料
5.材料运输</td></tr>
<tr><td>011106007</td><td>木板楼梯面层</td><td>1.基层材料种类、规格
2.面层材料品种、规格、颜色
3.粘结材料种类
4.防护材料种类</td><td>1.基层清理
2.铺贴面层
3.固定配件安装
4.刷防护材料
5.材料运输</td></tr>
<tr><td>011106008</td><td>橡胶板楼梯面层</td><td rowspan="2">1.粘结层厚度、材料种类
2.面层材料品种、规格、颜色
3.压线条种类</td><td rowspan="2">1.基层清理
2.面层铺贴
3.压缝条装钉
4.材料运输</td></tr>
<tr><td>011106009</td><td>塑料板楼梯面层</td></tr>
</table>

注：①在描述碎石材项目的面层材料特征时可不用描述规格、品牌及颜色；

②石材、块料与粘接材料的结合面刷防渗材料的种类在防护层材料种类中描述。

（七）台阶装饰（编码：011107）

台阶装饰项目包括石材台阶面（011107001）、块料台阶面（011107002）、拼碎块料台阶面（011107003）、水泥砂浆台阶面（011107004）、现浇水磨石台阶面（011107005）以及剁假石台阶面（011107006）6 个清单项目。

台阶装饰工程量清单项目设置及工程量计算规则见表 6–8。

表6–8　台阶面层（编码：011107）

项目编码	项目名称	项目特征	计量单位	工程量计算规则	工程内容
011107001	石材台阶面	找平层厚度、砂浆配合比 粘结层材料种类 面层材料品种、规格、颜色 勾缝材料种类 防滑条材料种类、规格 防护材料种类	m^2	按设计图小尺寸以台阶(包括最上层踏步边沿加300 mm)水平投影面积计算	1.基层清理 2.抹找平层 3.面层铺贴 4.贴嵌防滑条 5.勾缝 6.刷防护材料 7.材料运输
011107002	块料台阶面				
011107003	拼碎块料台阶面				
011107004	水泥砂浆台阶面	垫层材料种类、厚度 找平层厚度、砂浆配合比 面层厚度、砂浆配合比 防滑条材料种类			1.基层清理 2.铺设垫层 3.抹找平层 4.抹面层 5.抹防滑条 6.材料运输
011107005	现浇水磨石台阶面	垫层材料种类、厚度 找平层厚度、砂浆配合比 面层厚度、水泥石子浆配合比 防滑条材料种类、规格 石子种类、规格、颜色 颜料种类、颜色 磨光、酸洗、打蜡要求			1.清理基层 2.铺设垫层 3.抹找平层 4.抹面层 5.贴嵌防滑条 6.打磨、酸洗、打蜡 7.材料运输
011107006	剁假石台阶面	垫层材料种类、厚度 找平层厚度、砂浆配合比 面层厚度、砂浆配合比 剁假石要求			1.清理基层 2.铺设垫层 3.抹找平层 4.抹面层 5.剁假石 6.材料运输

注：①在描述碎石材项目的面层材料特征时可不用描述规格、品牌和颜色；

②石材、块料与粘接材料的结合面刷防渗材料的种类在防护层材料种类中描述。

（八）零星装饰项目（编码：011108）

零星装饰项目包括石材零星项目（011108001）、拼碎石材零星项目（011108002）、块料零星项目（011108003）、水泥砂浆零星项目（011108004）4 个清单项目。

零星装饰项目工程量清单项目设置及工程量计算规则见表 6–9。

表6–9 零星装饰项目（编码：011108）

<table>
<tr><th>项目编码</th><th>项目名称</th><th>项目特征</th><th>计量单位</th><th>工程量计算规则</th><th>工程内容</th></tr>
<tr><td>011108001</td><td>石材零星项目</td><td rowspan="3">1.工程部位
2.找平层厚度、砂浆配合比
3.贴结合层厚度、材料种类
4.面层材料品种、规格、颜色
5.勾缝材料种类
6.防护材料种类
7.酸洗、打蜡要求</td><td rowspan="4">m^2</td><td rowspan="4">按设计图示尺寸以面积计算</td><td rowspan="3">1.清理基层
2.抹找平层
3.面层铺贴、磨边
4.勾缝
5.刷防护材料
6.酸洗、打蜡
7.材料运输</td></tr>
<tr><td>011108002</td><td>拼碎石材零星项目</td></tr>
<tr><td>011108003</td><td>块料零星项目</td></tr>
<tr><td>011108004</td><td>水泥砂浆零星项目</td><td>工程部位
找平层厚度、砂浆配合比
面层厚度、砂浆厚度</td><td>1.清理基层
2.抹找平层
3.抹面层
4.材料运输</td></tr>
</table>

注：①楼梯、台阶牵边和侧面镶贴块料面层，≤0.5m²的少量分散的楼地面镶贴块料面层，应按表6–9零星装饰项目执行。

②石材、块料与粘接材料的结合面刷防渗材料的种类在防护层材料种类中描述。

二、墙、柱面装饰与隔断、幕墙工程

墙、柱面装饰与隔断、幕墙工程（附录 L，项目编码：0112）包括墙面抹灰、柱（梁）面抹灰、零星抹灰、墙面镶贴块料、柱（梁）面镶贴块料、镶贴零星块料、墙饰面、柱（梁）饰面、隔断及幕墙等工程项目。

（一）墙面抹灰（项目编码：011201）

墙面抹灰项目包括墙面一般抹灰（011201001）、墙面装饰抹灰（011201002）、墙面勾缝（011201003）和立面砂浆找平层（011201004）4 个清单项目。

墙面抹灰项目工程量清单项目设置及工程量计算规则见表 6–10。

表6-10　墙面抹灰项目（编码：011201）

项目编码	项目名称	项目特征	计量单位	工程量计算规则	工程内容
011201001	墙面一般抹灰	1.墙体类型 2.底层厚度、砂浆配合比 3.面层厚度、砂浆配合比 4.装饰面材料种类 5.分格缝宽度、材料种类	m^2	按设计图示尺寸以面积计算。扣除墙裙、门窗洞口及单个>$0.3m^3$的孔洞面积，不扣除踢脚线、挂镜线和墙与构件交接处的面积，门窗洞口和孔洞的侧壁及顶面不增加面积。附墙柱、梁、垛、烟囱侧壁并入相应的墙面面积内 1.外墙抹灰面积按外墙垂直投影面积计算 2.外墙裙抹灰面积按其长度乘以高度计算 3.内墙抹灰面积按主墙间的净长乘以高度计算（1）无墙裙的，高度按室内楼地面至天棚底面计算（2）有墙裙的，高度按墙裙顶至天棚底面计算 内墙裙抹灰面按内墙净长乘以高度计算	1.基层清理 2.砂浆制作、运输 3.底层抹灰 4.抹面层 5.抹装饰面 6.勾分格缝
011201002	墙面装饰抹灰				
011201003	墙面勾缝	墙体类型 找平的砂浆厚度、配合比			1.基层清理 2.砂浆制作、运输 3.抹灰找平
011201004	立面砂浆找平层	墙体类型 勾缝类型 勾缝材料种类			1.基层清理 2.砂浆制作、运输 3.勾缝

注：①立面砂浆找平项目适用于仅做找平层的立面抹灰；

②抹石灰砂浆、水泥砂浆、混合砂浆、聚合物水泥砂浆、麻刀石灰浆、石膏灰浆等按墙面一般抹灰列项，水刷石、斩假石、干粘石及假面砖等按墙面装饰抹灰列项；

③飘窗凸出外墙面增加的抹灰不计算工程量，在综合单价当中考虑。

（二）柱（梁）面抹灰（项目编码：011202）

柱（梁）面抹灰项目包括柱、梁面一般抹灰（011202001），柱、梁面装饰抹灰（011202002），柱、梁面砂浆找平（011202003），柱、梁面勾缝（011202004）4个清单项目。

柱（梁）面抹灰项目工程量清单项目设置以及工程量计算规则见表6-11。

表6-11　柱（梁）面抹灰项目（编码：011202）

项目编码	项目名称	项目特征	计量单位	工程量计算规则	工程内容
011202001	柱、梁面一般抹灰	1.柱体类型 底层厚度、砂浆配合比 面层厚度、砂浆配合比 装饰面材料种类 分格缝宽度、材料种类	m^2	柱面抹灰：按设计图示柱断面周长乘高度以面积计算 梁面抹灰：按设计图示梁断面周长乘长度以面积计算	基层清理 砂浆制作、运输 底层抹灰 抹面层 勾分格缝
011202002	柱、梁面装饰抹灰				

表6-11（续）

项目编码	项目名称	项目特征	计量单位	工程量计算规则	工程内容
011202003	柱、梁面砂浆找平	柱体类型 找平的砂浆厚度、配合比	m^2	柱面抹灰：按设计图示柱断面周长乘高度以面积计算 梁面抹灰：按设计图示梁断面周长乘长度以面积计算	基层清理 砂浆制作、运输 抹灰找平
011202004	面梁、缝柱勾	墙体类型 勾缝类型 勾缝材料种类		按设计图示柱断面周长乘高度以面积计算	基层清理 砂浆制作、运输 勾缝

注：①砂浆找平项目适用于仅做找平层的柱（梁）面抹灰；

②抹石灰砂浆、水泥砂浆、混合砂浆、聚合物水泥砂浆、麻刀石灰浆、石膏灰浆等按柱（梁）面一般抹灰编码列项，水刷石、斩假石、干粘石和假面砖等按柱（梁）面装饰抹灰编码列项。

（三）零星抹灰（项目编码：011203）

零星抹灰包括零星项目一般抹灰（011203001）、零星项目装饰抹灰（011203002）以及零星项目砂浆找平（011203003）3 个清单项目。

零星抹灰项目工程量清单项目设置及工程量计算规则见表 6-12。

表6-12　零星抹灰项目（编码：011203）

项目编码	项目名称	项目特征	计量单位	工程量计算规则	工程内容
011203001	零星项目一般抹灰	1.墙体类型 2.底层厚度、砂浆配合比 3.面层厚度、砂浆配合比 4.装饰面材料种类	m^2	按设计图示尺寸以面积计算	1.基层清理 2.砂浆制作、运输 3.底层抹灰 4.抹面层 5.抹装饰面 6.勾分格缝
011203002	零星项目装饰抹灰	1.墙体类型 2.底层厚度、砂浆配合比 3.面层厚度、砂浆配合比 4.装饰面材料种类			
011203003	零星项目砂浆找平	1.基层类型 2.找平的砂浆厚度、配合比			1.基层清理 2.砂浆制作、运输 3.抹灰找平

注：①抹石灰砂浆、水泥砂浆、混合砂浆、聚合物水泥砂浆、麻刀石灰浆、石膏灰浆等按零星项目一般抹灰编码列项，水刷石、斩假石、干粘石及假面砖等按零星项目装饰抹灰编码列项；

②墙、柱（梁）面≤$0.5m^2$的少量分散的抹灰按表6-12零星抹灰项目编码列项。

（四）墙面块料面层（编码：011204）

墙面块料面层项目包括石材墙面（011204001）、拼碎石材墙面（011204002），块料墙面（011204003）、干挂石材钢骨架（011204004）4 个清单项目。

墙面块料面层项目工程量清单项目设置及工程量计算规则见表 6-13。

表6-13　墙面块料面层（编码：011204）

项目编码	项目名称	项目特征	计量单位	工程量计算规则	工程内容
011204001	石材墙面	1.墙体类型 2.安装方式 3.面层材料品种、规格、颜色 4.缝宽、嵌缝材料种类 5.防护材料种类 6.磨光、酸洗、打蜡要求	m^2	按镶贴表面积计算	1.基层清理 2.砂浆制作、运输 3.粘结层铺贴 4.面层安装 5.嵌缝 6.刷防护材料 7.磨光、酸洗、打蜡
011204002	拼碎石材墙面				
011204003	块料墙面				
011204004	干挂石材钢骨架	1.骨架种类、规格 2.防锈漆品种、遍数	t	按设计图示以质量计算	1.骨架制作、运输、安装 2.刷漆

注：①在描述碎块项目的面层材料特征时可不用描述规格、品牌、颜色；

②石材、块料与粘接材料的结合面刷防渗材料的种类在防护层材料种类中描述；

③安装方式可描述为砂浆或粘接剂粘贴、挂贴、干挂等，无论哪种安装方式，都要详细描述与组价相关的内容。

（五）柱（梁）面镶贴块料（编码：011205）

柱（梁）面镶贴块料包括石材柱面（011205001）、块料柱面（011205002）、拼碎块柱面（011205003），石材梁面（011205004），块料梁面（011205005）5 个清单项目。

墙面块料面层项目工程量清单项目设置以及工程量计算规则见表 6-14。

表6-14　柱（梁）面镶贴块料项目（编码：011205）

项目编码	项目名称	项目特征	计量单位	工程量计算规则	工程内容
011205001	石材柱面	1.柱截面类型、尺寸 2.安装方式 3.面层材料品种、规格、颜色 4.缝宽、嵌缝材料种类 5.防护材料种类 6.磨光、酸洗、打蜡要求	m^2	按镶贴表面积计算	1.基层清理 2.砂浆制作、运输 3.粘结层铺贴 4.面层安装 5.嵌缝 6.刷防护材料 7.磨光、酸洗、打蜡
011205002	块料柱面				
011205003	拼碎块 柱面				

表6-14（续）

项目编码	项目名称	项目特征	计量单位	工程量计算规则	工程内容
011205004	石材梁面	1.安装方式 2.面层材料品种、规格、颜色 3.缝宽、嵌缝材料种类 4.防护材料种类 5.磨光、酸洗、打蜡要求	m^2	按镶贴表面积计算	1.基层清理 2.砂浆制作、运输 3.粘结层铺贴 4.面层安装 5.嵌缝 6.刷防护材料 7.磨光、酸洗、打蜡
011205005	块料梁面				

注：①在描述碎块项目的面层材料特征时可不用描述规格、品牌和颜色；

②石材、块料与粘接材料的结合面刷防渗材料的种类在防护层材料种类中描述；

③柱梁面干挂石材的钢骨架按表6-13相应项目编码列项。

（六）镶贴零星块料（编码：011206）

镶贴零星块料包括石材零星项目（011206001）、块料零星项目（011206002）和拼碎块零星项目（011206003）3个清单项目。

镶贴零星块料项目工程量清单项目设置及工程量计算规则见表6-15。

表6-15 镶贴零星块料项目（编码：011206）

项目编码	项目名称	项目特征	计量单位	工程量计算规则	工程内容
011206001	石材零星项目	1.安装方式 2.面层材料品种、规格、颜色 3.缝宽、嵌缝材料种类 4.防护材料种类 5.磨光、酸洗、打蜡要求	m^2	按镶贴表面积计算	1.基层清理 2.砂浆制作、运输 3.面层安装 4.嵌缝 5.刷防护材料 6.磨光、酸洗、打蜡
011206002	块料零星项目				
011206003	拼碎块零星项目				

注：①在描述碎块项目的面层材料特征时可不用描述规格、品牌、颜色；

②石材、块料与粘接材料的结合面刷防渗材料的种类在防护层材料种类中描述；

③零星项目干挂石材的钢骨架按表6-13相应项目编码列项；

④墙柱面≤0.5m^2的少量分散的镶贴块料面层应按零星项目执行。

（七）墙饰面（编码：011207）

墙饰面只包括墙面装饰板（011207001）1个清单项目，墙饰面适用于金属饰面板、塑料饰面板、木质饰面板及软包带衬板饰面等墙面装饰板项目。

墙饰面项目工程量清单项目设置及工程量计算规则见表6-16。

表6-16　墙饰面项目（编码：011207）

项目编码	项目名称	项目特征	计量单位	工程量计算规则	工程内容
011207001	墙面装饰板	1.龙骨材料种类、规格、中距 2.隔离层材料种类、规格 3.基层材料种类、规格 4.面层材料品种、规格、颜色 5.压条材料种类、规格	m^2	按设计图示墙净长乘净高以面积计算。扣除门窗洞口及单个>0.3 m^2的孔洞所占面积	1.基层清理 2.龙骨制作、运输、安装 3.钉隔离层 4.基层铺钉 5.面层铺贴

（八）柱（梁）饰面（编码：011208）

柱（梁）饰面只包括柱（梁）面装饰（011208001）1个清单项目。

柱（梁）饰面项目工程量清单项目设置及工程量计算规则见表6-17。

表6-17　柱（梁）饰面项目（编码：011208）

项目编码	项目名称	项目特征	计量单位	工程量计算规则	工程内容
011208001	柱（梁）面装饰	1.龙骨材料种类、规格、中距 2.隔离层材料种类 3.基层材料种类、规格 4.面层材料品种、规格、颜色 5.压条材料种类、规格	m^2	按设计图示饰面外围尺寸以面积计算。柱帽、柱墩并入相应柱饰面工程量内	1.清理基层 2.龙骨制作、运输、安装 3.钉隔离层 4.基层铺钉 5.面层铺贴

（九）幕墙工程（编码：011209）

幕墙工程包括带骨架幕墙（020210001）和全玻（无框玻璃）幕墙（020210002）两个清单项目，幕墙工程项目工程量清单项目设置及工程量计算规则见表6-18。

表6-18　幕墙工程项目（编码：011209）

项目编码	项目名称	项目特征	计量单位	工程量计算规则	工程内容
011209001	带骨架幕墙	1.骨架材料种类、规格、中距 2.面层材料品种、规格、颜色 3.面层固定方式 4.隔离带、框边封闭材料品种、规格 5.嵌缝、塞口材料种类	m^2	按设计图示框外围尺寸以面积计算。与幕墙同种材质的窗所占面积不扣除	1.骨架制作、运输、安装 2.面层安装 3.隔离带、框边封闭 4.嵌缝、塞口清洗

表6-18（续）

项目编码	项目名称	项目特征	计量单位	工程量计算规则	工程内容
011209002	全玻(无框玻璃)幕墙	玻璃品种、规格、颜色 粘结塞口材料种类 固定方式	m^2	按设计图示尺寸以面积计算，带肋全玻幕墙按展开面积计算	1.幕墙安装 2.嵌缝、塞口 3.清洗

第七章　建筑装饰工程材料用量计算

第一节　砂浆配合比计算

抹灰工程按照材料和装饰效果分为一般抹灰和装饰抹灰两大类。一般抹灰所使用的材料为石灰砂浆、水泥砂浆、混合砂浆、聚合物水泥砂浆、膨胀珍珠岩水泥砂浆、麻刀灰、纸筋灰及石膏灰等。装饰抹灰种类很多，其底层多为 1：3 水泥砂浆打底，面层可为水磨石、水刷石、干粘石、斩假石、拉毛与拉条抹灰、装饰线条抹灰以及弹涂、滚涂及彩色抹灰等。

一、抹灰砂浆配合比计算

抹灰砂浆配合比体积比计算，其材料用量计算公式是：

砂子用量

$$q_c=\frac{c}{\sum f-cC_p}$$

水泥用量

$$q_{\mathrm{a}}=\frac{ar_{\mathrm{a}}}{c}q_{\mathrm{c}}$$

式中 a，c——分别为水泥和砂之比，即 $a:c=$ 水泥：砂；

$\sum f$——配合比之和；

C_p——砂空隙率（%），$C_p=\left(1-\frac{r_0}{r_c}\right)\times100\%$；

r_0——砂相比密度按 2650 $\mathrm{kg/m^3}$ 计；

r_{c}——砂密度按 1550 $\mathrm{kg/m^3}$ 计；

r_{a}——水泥密度（$\mathrm{kg/m^3}$），可按 1200 $\mathrm{kg/m^3}$ 计。

则

$$C_p=\left(1-\frac{1550}{2650}\right)\times100\%=42\%$$

当砂用量超过 1m³ 时，因其空隙容积已大于灰浆数量，都按 1m³ 计算。

二、装饰砂浆配合比计算

外墙面装饰砂浆分为水刷石、水磨石、干粘石以及剁假石等。

（一）水泥白石子浆材料用量计算

水泥白石子浆材料用量计算，可采用一般抹灰砂浆的计算公式。设：白石子的堆积密度为 1500 kg/m³，密度为 2700 kg/m³ 所以其孔隙率为：

$$孔隙率=1-\frac{白石子堆积密度}{白石子密度}\times100\%=44\%$$

当白石子用量超过 1 m³ 时，按 1 m³ 计算。

（二）美术水磨石浆材料用量计算

美术水磨石，采用白水泥或青水泥，加色石子和颜料和磨光打蜡，其种类及用料配合比见表 7–1。

表7–1 美术水磨石的种类及用料配合比

编号	磨石名称	石子				水泥			颜料		
		种类	规格/mm	占石子总量/%	用量/kg·m⁻³	种类	占水泥总量/%	用量/kg·m⁻³	种类	占水泥总量/%	用量/kg·m⁻²
1	黑墨玉	墨玉	2～3	100	26	青水泥	100	9	炭黑	2	0.18
2	沉香玉	沉香玉汉白玉墨玉	2～12 2～13 3～4	60 30 10	15.6 7.8 2.6	白水泥	100	9	铬黄	1	0.09
3	晚霞	晚霞汉白玉铁岭红	2～12 2～13 3～4	65 25 10	16.9 6.5 2.6	白水泥青水泥	90 10	8.1 0.9	铬黄地板黄朱红	0.1 0.2 0.08	0.009 0.018 0.0072
4	白底墨玉	墨玉（圆石）	2～12 2～15	100	26	白水泥	100	9	铬绿	0.08	0.0072

表7-1（续）

编号	磨石名称	石子				水泥			颜料		
		种类	规格/mm	占石子总量/%	用量/$kg \cdot m^{-3}$	种类	占水泥总量/%	用量/$kg \cdot m^{-3}$	种类	占水泥总量/%	用量/$kg \cdot m^{-2}$
5	小桃红	桃红 墨玉	2～12 3～4	90 10	23.4 2.6	白水泥	100	10	铬黄 朱红	0.50 0.42	0.045 0.036
6	海玉	海玉 彩霞 海玉	15～30 2～4 2～4	80 10 10	20.8 2.6 2.6	白水泥	100	10	铬黄	0.80	0.072
7	彩霞	彩霞	15～30	80	20.8	白水泥	100	8.1	氧化铁红	0.06	0.0054
8	铁岭红	铁岭红	2～12 2～16	100	26	白水泥 青水泥	20 80	1.8 7.2	氧化铁红	1.5	0.135

美术水磨石浆材料中色石子和水泥用量计算，也可采用一般抹灰砂浆的计算公式，颜料用量按占水泥总量百分比计算。

（三）菱苦土面层材料的材料用量计算

菱苦地面是由菱苦土、锯屑、砂、$MgCl_2$（或卤水）和颜料粉等原料组成，并分底层和面层。

第一，各材料用量计算公式如下：

$$\text{每 } 1m^3\text{，实体积化为虚体积} = \frac{1}{\text{甲材料实体积}+\text{乙材料实体积}+\text{材料实体积}}$$

料实体积=材料占配合比例（%）×（1−材料孔隙率）

每 $1m^3$ 材料用量 = 每 $1m^3$ 的虚体积 × 材料配合比比例（%）

第二，孔隙率的计算：锯末堆积密度 250 kg/m^3，密度 600 kg/m^3，孔隙率为 58%；砂的堆积密度 1 550 kg/m^3，密度 2 600 kg/m^3，孔隙率为 40%；菱苦土若为粉状，就不计孔隙率。

第三，$MgCl_2$ 溶液不计体积，其用量按 0.3 m^3 计算，密度按规范规定，一般为 1180～1200 kg/m^3，取定 1200 kg/m^3。因此，每 $1m^3$ 菱苦土浆用 $MgCl_2$=0.30×1200=360（kg）。

第四，以卤水代替 $MgCl_2$ 时，卤水浓度按 95% 计算，每 1 m^3 菱苦土浆用卤水 =（1/0.95）×360=379（kg）

第五，颜料是外加剂材料，不计算体积，规范规定为总体积的 3%～5%，通常底层不用颜料，按面层总体积的 3% 计算。

（四）水泥白石子（石屑）浆参考计算方法及其他参考数据

第一，水泥白石子（石屑）浆参考计算方法。设水泥白石子（石屑）浆的配合比（体积比），即水泥：白石子 =a：b，水泥密度为 A′=3100 kg/m³，堆积密度为 A′=1200 kg/m³；白石子密度为 B=2700 kg/m³，容重为 B′=1500 kg/m³，水的体积是 $V_{水}=0.3\,m^3$。

水泥用量占百分比

$$D=\frac{a}{a+b}$$

白石子用量占百分比

$$D'=\frac{b}{a+b}，则$$

每 1 m³ 水泥白石子混合物的虚体积

$$V=\frac{1000}{D\times\frac{A'}{A}+D'\times\frac{B'}{B}}$$

$$水泥用量=（1-V_{水}）VDA$$

$$白石子用量=（1-V_{水}）VDB$$

第二节　建筑装饰用块料用量计算

一、建筑陶瓷砖用量计算

建筑陶瓷砖种类很多，装饰上主要有釉面砖、外墙贴面砖、铺地砖及陶瓷马赛克等，面砖的规格及花色见表 7–2。

表7–2　面砖的规格及花色

名称	规格/mm	花色
彩釉砖	150×75×7 200×100×7 200×100×8 200×（100、200）×9	乳白、柠檬黄、大红釉、咖啡色 乳白、米黄、柠檬黄、大红釉 茶色白底阴阳面、茶色阴阳面彩砖、点彩砖各色

表7-2（续）

名称	规格/mm	花色
墙面砖	200×64×18 95×61×18 140×95×64×18 95×95×64×18	长条面砖半长条面砖不等边面砖等边面砖
紫金砂釉外墙砖	150×（75、150）×8 200×100×8	紫金砂釉
立体彩釉砖	108×108×8	黄绿色、柠檬黄色、浅米黄色

（一）釉面砖

釉面砖又称内墙面砖，是上釉的薄片状精陶建筑装饰材料，主要用于建筑物内装饰、铺贴台面等。白色釉面砖，色纯白釉面光亮、清洁大方；彩色釉面砖分为有光彩色釉面砖，釉面光亮晶莹，色彩丰富；无光彩色釉面砖，釉面半无光，不晃眼，色泽一致，色调柔和；还有各种装饰釉面砖，如花釉砖、结晶釉砖、白地图案砖等。釉面砖不适于严寒地区室外用，经多次冻融，易出现剥落掉皮现象，所以在严寒地区宜慎用。

（二）外墙贴面砖

外墙贴面砖是用作建筑外墙装饰的瓷砖，一般是属陶质的，也有坯质的。其坯体质地密实，釉质也比较耐磨，因此具有耐水、抗冻性，它用于室外不会出现剥落掉皮现象。坯体的颜色较多，如米黄色、紫红色、白色等，主要是所用的原料和配方不同。制品分有釉、无釉两种，颜色丰富，花样繁多，适于建筑物外墙面装饰，它不仅可以防止建筑物表面被大气侵蚀，并且可使立面美观。

外墙面砖的种类和规格见表 7-3。

表7-3　外墙面砖的种类和规格

名称	一般规格 /（mm×mm×mm）	说明
表面无釉外墙面砖 （又称墙面砖）	200×100×12 150×75×12	有白、浅黄、深黄、红、绿等色
表面有釉外墙面砖 （又称彩釉砖）	75×75×8 108×108×8	有粉红、蓝、绿、金砂釉、黄白等色
线砖	100×100×150 100×100×10	表面有突起线纹，有釉并有黄绿等色
外墙立体面砖 （又称立体彩釉砖）	100×100×10	表面有釉，做成各种立体图案

（三）铺地砖（缸砖）

铺地砖又称缸砖，是不上釉的，用于铺地，易于清洗，耐磨性较好，适用于交通频繁的地面、楼梯、室外地面，也可用于工作台面。颜色一般有白色、红色、浅黄色和深黄色，地砖一般比墙面砖厚（10 mm 以上），它的背纹（或槽）较深（0.5 ~ 2 mm），这样便于施工和提高粘结强度。

（四）陶瓷马赛克

陶瓷马赛克又称陶瓷锦砖，是可以组成各种装饰图案的小瓷砖。它可用于建筑物内、外墙面、地面。陶瓷马赛克产品一般出厂前都已经按各种图案粘贴在牛皮纸上，其基本形状和规格。

陶瓷块料的用量计算公式为

$$100\text{m}^2\text{用量}=\frac{100}{(\text{块长}+\text{拼缝})\times(\text{块宽}+\text{拼缝})}\times(1+\text{损耗率})$$

二、建筑石材板（块）用量计算

建筑石材包括天然石和人造石板材，有天然大理石板、花岗石饰面板、人造大理石板、彩色水磨石板等。

（一）天然大理石板

天然大理石是一种富有装饰性的天然石材，石质细腻，光泽度高，颜色及花纹种类丰富。它是厅、堂、馆所及其他民用建筑中人们追求的室内装饰材料，其常见规格见表 7–4。

表7–4　天然大理石板规格

长	宽	厚	长	宽	厚
300	150	20	1 200	900	20
300	300	20	305	152	20
400	200	20	305	305	20
400	400	20	610	305	20
600	300	20	610	610	20
600	600	20	915	610	20
900	600	20	1067	762	20
1070	750	20	1220	915	20
1200	600	20			

（二）花岗石饰面板

花岗石板材由花岗岩、辉长岩、闪长岩等加工而成。岩质坚硬密实，按其结晶颗粒大小可分为细粒、中粒和斑状等几种。花岗石饰面板材，一般采用晶粒较粗，结构较均匀，排列比较规则的原材料经细加工磨光而成，要求表面平整光滑且棱角整齐。其颜色有粉红底黑点、花皮、白底黑点、灰白色、纯黑等，根据加工方法，花岗石可分为四种。

第一，剁斧板材：表面粗糙，具有规则的条状斧纹。

第二，机刨板材：表面平整，或具有相互平行的刨纹。

第三，粗磨板材：表面平滑无光。

第四，抛光板材：表面光亮且色泽鲜明。

花岗石质地坚硬，耐酸碱、耐冻，用途广泛，多用于高级民用建筑、永久性纪念建筑的墙面及铺地，其常用规格见表 7–5

表7–5　花岗石板材规格

长	宽	厚	长	宽	厚
300	300	20	305	305	20
400	400	20	305	305	20
600	300	20	610	610	20
600	100	20	610	610	20
900	600	20	915	762	20
1070	750	20	1 067	915	20

（三）人造石饰面板

1. 有机人造石饰面板

有机人造石饰面板又称聚酯型人造大理石，是以不饱和聚酯树脂为胶结料，以大理石及白云石粉为填充料，加入颜料，配以适量硅砂、陶瓷和玻璃粉等细集料以及硬化剂、稳定剂等成型助剂制作而成的石质装饰板材，其产品规格及主要性能见表 7–6。

表7–6　聚酯型人造大理石装饰板的主要性能及规格

项目	性能指标	常用规格（mm × mm × mm）
表观密度/（$g \cdot cm^{-3}$）	2.0 ~ 2.4	300 × 300 ×（5 ~ 9）300 × 400 ×（8 ~ 15） 300 × 500 ×（10 ~ 15）300 × 600 ×（10 ~ 15） 500 × 1000 ×（10 ~ 15） 1200 × 1500 × 20
抗压强度/MPa	70 ~ 150	
抗弯强度/MPa	18 ~ 35	
弹性模量/MPa	（1.5 ~ 3.5）× 104	
表面光泽度	70 ~ 80	

2. 无机人造石饰面板

按胶结料的不同，分为铝酸盐水泥类和氯氧镁水泥类两种。前者以铝酸盐水泥为胶结料，加入硅粉和方解石粉、颜料以及减水剂、早强剂等制成浆料，以平板玻璃为底模制作成人造大理石饰面板。后者是以轻烧氧化镁和氯化镁为主要胶结料，以玻璃纤维为增强材料，采用轧压工艺制作而成的薄型人造石饰面板。两种板材相比以后者为优，具有质轻高强、不燃、易二次加工等特点，为防火隔热多功能装饰板材，其主要性能和规格见表 7–7。

表7–7　氯氧镁人造石装饰板主要性能及规格

项目	性能指标	主要规格/（mm × mm × mm）
表观密度（g/・cm^{-3}）	<1.5	2000 × 1000 × 3 2000 × 1000 × 4 2000 × 1000 × 5
抗弯强度/MPa	>15	
抗压强度/MPa	>10	
抗冲击强度/（kJ・m^{-2}）	>5	
注：花色多样，主要分单色和套印花饰两类，常用花色以仿切片胶合板木纹为主，宜用于室内墙面及吊顶罩面。		

3. 复合人造石饰面板

又称浮印大理石饰面板，是采用浮印工艺（中国矿业大学发明专利）以水泥无机人造石板或玻璃陶瓷及石膏制品等为基材复合制成的仿大理石装饰板材，其主要性能及规格见表 7–8。

表7–8　浮印大理石饰面板主要性能及规格

项目	性能指标	规格尺寸/（mm × mm）
抗弯强度/MPa	20.5	按基材规格而定最大可达 1200 × 800
抗冲击强度/（kJ・m^{-2}）	5.7	
磨损度/（g・cm^{-2}）	0.0273	
吸水率/%	2.07	
热稳定性	良好	

（四）彩色水磨石板

彩色水磨石板是以水泥和彩色石屑拌合，经成型、养护、研磨、抛光后制成，具有强度高、坚固耐用、美观、施工简便等特点。它可作为各种饰面板，如墙面板、地面板、窗台板、踢脚板、隔断板、台面板和踏步板等。由于水磨石制品实现了机械化、工厂化和系列化生产，产品的产量、质量都有保证，为建筑工程提供了有利条件。它较之天然大理石有更多的选择性、价廉物美，室内外均可采用，是建筑上广泛采用的装饰材料。其品种规格有定型和不定型两种。

石材板（块）料的用量计算公式为

100用量=（块长+拼缝）×（块宽+拼缝）×（1+损耗率）

三、建筑板材用量计算

建筑板材中的新型装饰板种类繁多，诸如胶合板、纤维板、石膏板、塑料复合钢板及铝合金压型板等。

（一）常用人造板

人造板以木材或其他非木材植物为原料，经一定机械加工分离成各种单元材料后，施加或不施加胶粘剂和其他添加剂胶合而成的板材或模压制品。其中主要包括胶合板、刨花（碎料）板和纤维板等三大类产品，其延伸产品和深加工产品达上百种。

第一，胶合板由蒸煮软化的原木，旋切成大张薄片，然后将各张木纤维方向相互垂直放置，用耐水性好的合成树脂胶粘，再经加压、干燥、锯边和表面修整而成的板材。其层数成奇数，一般为 3 ~ 13 层，分别称三合板、五合板等。用来制作胶合板的树种有椴木、桦木、水曲柳、榆木、色木及柳桉木等。

第二，刨花板是利用施加或未施加胶料的木刨花或木纤维料压制成的板材。刨花板密度小、材质均匀，但易吸湿、强度低。

第三，纤维板是将树皮、刨花、树枝等废料经破碎、浸泡、研磨成木浆，再经加压成型、干燥处理而制成的板材，因成型时温度和压力不同，纤维板可以分为硬质、半硬质、软质三种。

（二）石膏板

石膏板是以建筑石膏为主要原料制成的一种材料。它是一种重量轻、强度较高、厚度较薄、加工方便以及隔声绝热和防火等性能较好的建筑材料，是当前着重发展的新型轻质板材之一。我国生产的石膏板主要有：纸面石膏板、装饰石膏板、石膏空心条板、纤维石膏板及植物秸秆纸面石膏板等。

1. 纸面石膏板

纸面石膏板是以石膏料浆为夹芯，两面用纸作护面而成的一种轻质板材。纸面石膏板质地轻、强度高、防火、防蛀、易于加工。普通纸面石膏板用于内墙、隔墙和吊顶。经过防火处理的耐水纸面石膏板可用于湿度较大的房间墙面，例如卫生间、厨房、浴室等贴瓷砖、金属板、塑料面砖墙的衬板。

2. 装饰石膏板

装饰石膏板是以建筑石膏为主要原料，掺加少量纤维材料等制成的有多种图案、花饰的板材，如石膏印花板、穿孔吊顶板、石膏浮雕吊顶板、纸面石膏饰面装饰板等。它是一种新型的室内装饰材料，适用于中高档装饰，具有轻质、防火、防潮、易加工、安装简单等特点。特别是新型树脂仿型饰面防水石膏板板面覆以树脂，饰面仿型花纹，其色调图案逼真，新颖大方，板材强度高、耐污染、易清洗，可以用于装饰墙面，作护墙板及踢脚板等，是代替天然石材和水磨石的理想材料。

3. 石膏空心条板

石膏空心条板是以建筑石膏为主要原料，掺加适量轻质填充料或纤维材料后加工而成的一种空心板材。这种板材不用纸和胶粘剂，安装时不需要龙骨，是发展比较快的一种轻质板材，主要用于内墙和隔墙。

4. 纤维石膏板

纤维石膏板是以建筑石膏为主要原料，并掺加适量纤维增强材料制成。这种板材的抗弯强度高于纸面石膏板，可用于内墙和隔墙，也可代替木材制作家具。

除传统的石膏板外，还有新产品不断增加，如石膏吸声板、耐火板、绝热板和石膏复合板等。石膏板的规格也向高厚度、大尺寸方向发展。

5. 植物秸秆纸面石膏板

不同于普通的纸面石膏板，它因采用大量的植物秸秆，使当地的废物得到了充分利用，既解决了环保问题。又增加了农民的经济收入，又使石膏板的重量减轻，降低了运输成本，同时减少了煤、电的消耗 30% ~ 45%，完全符合国家相关的产业政策。

此外，石膏制品的用途也在拓宽，除作基衬外，还可以用作表面装饰材料，甚至用作地面砖、外墙基板和墙体芯材等。

（三）铝合金压型板

铝合金压型板选用纯铝、铝合金为原料，经辗压冷加工成各种波形的金属板材。具有重量轻、强度高、刚度好、经久耐用、耐大气腐蚀等特点。铝合金压型板光照反射性好、不燃、回收价值高，适宜作屋面及墙面，经着色可作室内装饰板。铝艺术装饰板是高级建筑的装潢材料。它是采用阳极表面处理工艺而制成的。它有各种图案，并具有质感，适用于门厅、柱面、墙面、吊顶以及家具等。

因板材施工多采用镶嵌、压条及圆钉或螺钉固定，也可胶粘等，故一般不计算拼缝，其计算公式为

$$100m^2用量=\frac{100}{块长\times块宽}\times（1+损耗率）$$

四、顶棚材料用量计算

顶棚材料要求较高，除装饰美观外，尚需具备一定的强度，具有防火、质量轻和一定的吸声性能。由于建材的发展，顶棚材料品种日益增多，如珍珠岩装饰吸声板、矿棉板、钙塑泡沫装饰板、塑料装饰板等。

（一）珍珠岩装饰吸声板

珍珠岩装饰吸声板是颗粒状膨胀珍珠岩用胶粘剂粘合而成的多孔吸声材料，具有质量轻，板面可以喷涂各种涂料，也可进行漆化处理（防潮），表面美观，防火，防潮，不易翘曲、变形等优点。除用作一般室内天棚吊顶饰面吸声材料外，还可用于影剧场、车间的吸声降噪；用于控制混响时间、对中高频的吸声作用较好。其中复合板结构具有强吸声的效能。

珍珠岩吸声板可按胶粘剂不同区分，有水玻璃珍珠岩吸声板、水泥珍珠岩吸声板和聚合物珍珠岩吸声板；按表面结构形式分，则有不穿孔的凸凹形吸声板、半穿孔吸声板、装饰吸声板以及复合吸声板。

（二）矿棉板

矿棉板以矿渣棉为主要原材料，加入适当胶粘剂、防潮剂、防腐剂，加压烘干而成。矿棉板的规格为（mm×mm）：500×500、600×600、600×1000、600×1200、610×610、625×625、625×1250 等方形或长方形板。常用厚度有 13 mm、16 mm、20 mm。其表面有多种处理与图案，色彩品种繁多。目前用得较多的是盲孔矿棉板，这些没穿透的孔不是为了吸声，而是为了装饰，故又称盲孔装饰板。

（三）钙塑泡沫装饰吸声板

钙塑泡沫装饰吸声板以聚乙烯树脂加入无机填料轻质碳酸钙、发泡剂、润滑剂、颜料，以适量的配合比经混炼、模压、发泡成型而成。它分普通板及加入阻燃剂的难燃

泡沫装饰板两种板表面有凹凸图案和平板穿孔图案两种。穿孔板的吸声性能较好，不穿孔的隔声、隔热性能较好。它具有质轻、吸声、耐水及施工方便等特点，适用于大会堂、剧场、宾馆、医院及商店等建筑的室内平顶或墙面装饰吸声等，其常用规格为500 mm × 500 mm、530 mm × 530 mm、300 mm × 300 mm，厚度为 2 ~ 8 mm。

（四）塑料装饰吸声板

塑料装饰吸声板以各种树脂为基料，加入稳定剂、色料等辅助材料，经捏合、混炼、拉片、切粒、挤出成型而成它的种类较多，均以所用树脂取名，如聚氯乙烯塑料板，即以聚氯乙烯为基料的泡沫塑料板。这些材料具有防水、质轻、吸声、耐腐蚀等优点，导热系数低，色彩鲜艳；适用于会堂、剧场、商店等建筑的室内吊顶或墙面装饰。因产品种类繁多，规格及生产单位也比较多，根据所选产品规格进行计算。

上述这些板材一般不计算拼缝，其计算公式为

$$100\text{m}^2\text{用量}=\frac{100}{\text{块长}\times\text{块宽}}\times(1+\text{损耗率})$$

第三节　壁纸、地毯用料计算

一、壁纸

壁纸是用于装饰墙壁用的特种纸，壁纸分为很多类，如涂布壁纸、覆膜壁纸、压花壁纸等。通常用漂白化学木浆生产原纸，再经不同工序的加工处理，如涂布、印刷、压纹或表面覆塑，最后经裁切、包装后出厂。因为具有一定的强度、美观的外表和良好的抗水性能，壁纸广泛用于住宅、办公室及宾馆的室内装修等。

壁纸一般按所用材料大体可分为四类：纸面纸基壁纸、纺织物壁纸（布）、天然材料面壁纸及塑料面壁纸。

壁纸消耗量因不同花纹图案，不同房间面积，不同阴阳角和施工方法（搭缝法、拼缝法），其损耗随之增减，一般在 10% ~ 20% 之间，如斜贴需增加 25%，其中包括搭接、预留和阴阳角搭接（阴角 3 mm，阳角 2 mm）的损耗，不包括运输损耗（在材料预算价格内）。其计算用量如下

墙面（拼缝）100m^2 用量：$100\times1.15=115$（m^2）

墙面（搭缝）100m^2 用量：$100\times1.20=120$（m^2）

天棚斜贴 100m^2 用量：$100\times1.25=125$（m^2）

二、地毯

地毯是一种纺织物，铺放于地上，作为室内装修设施，有美化家居、保温等功能。尤其家中有幼童或长者，可以避免摔倒受伤。

（一）按图案花饰分类

地毯按图案花饰分为四种：北京式、美术式、彩花式及素凸式。

（二）按质地分类

即使使用同一制造方法生产出的地毯，也由于使用原料、绒头的形式、绒高、手感、组织及密度等因素，都会具有不同的外观效果。

常见地毯毯面质地的类别有：

第一，长毛绒地毯是割绒地毯中最常见的一种，绒头长度为 5 ~ 10mm，毯面上可浮现一根根断开的绒头，平整而均匀一致。

第二，天鹅绒地毯。绒头长度为 5 mm 左右，毯面绒头密集，产生天鹅绒毛般的效果。

第三，萨克森地毯。绒头长度为 15 mm 左右，绒纱经加捻热定型加绒头产生类似光纤的效应，有丰满的质感。

第四，强捻地毯即弯头纱地毯。绒头纱的加捻捻度较大，毯面产生硬实的触感和强劲的弹性。绒头方向性不确定，故毯面产生特殊的情调和个性。

第五，长绒头地毯。绒头长度在 25 mm 以上，既粗又长、毯面厚重，显现高雅的效果。

第六，平圈绒地毯。绒头呈圈状，圈高一致整齐，比割绒的绒头有适度的坚挺和平滑性，行走感舒适。

第七，割 / 圈绒地毯（含平割 / 圈绒地毯）。通常地毯的割绒部分的高度超过圈绒的高度，在修剪、平整割绒绒头时并不伤及圈绒的绒头，两种绒头混合可组成毯面的几何图案，有素色提花的效果。平割 / 圈地毯的割绒技术含量也是比较高的。

大面积铺设所需地毯的用量，其损耗按面积增加 10%；楼梯满铺地毯，先测量每级楼梯深度与高度，将量得的深度与高度相加乘以楼梯的级数，再加上 45 cm 的余量，以便挪动地毯，转移常受磨损的位置，其用量一般是先计算楼梯的正投影面积，然后再乘以系数 1.5。

第四节　油漆、涂料用量计算

涂料是涂于物体表面能形成具有保护、装饰或特殊性能（如绝缘、防腐、标志等）的固态涂膜的一类液体或固体材料的总称，包括油（性）漆、水性漆、粉末涂料。漆是可流动的液体涂料，包括油（性）漆及水性漆。油漆是以有机溶剂为介质或高固体、无溶剂的油性漆。水性漆是可用水溶解或用水分散的涂料,涂料作为家庭装修的主材之一，在装饰装修中占的比例较大，购买涂料的合格与否直接影响到整体装修效果和居室的环境，有时甚至会对人体的健康产生极大的影响。

涂料的分类方法很多，通常有下面几种分类方法：

第一，按涂料的形态可分为水性涂料、溶剂性涂料、粉末涂料、高固体分涂料等；

第二，按施工方法可分为刷涂涂料、喷涂涂料、辐涂涂料、浸涂涂料、电泳涂料等；

第三，按施工工序可分为底漆、中涂漆（二道底漆）、面漆、罩光漆等；

第四，按功能可分为不粘涂料、铁氟龙涂料、装饰涂料、防腐涂料、导电涂料、防锈涂料、耐高温涂料、示温涂料、隔热涂料、防火涂料、防水涂料等；

第五，按用途类分为建筑涂料、罐头涂料、汽车涂料、飞机涂料、家电涂料、木器涂料、桥梁涂料、塑料涂料、纸张涂料、船舶涂料、风力发电涂料、核电涂料等；

第六，家用油漆可分为内墙涂料、外墙涂料、木器漆、金属用漆、地坪漆；

第七，按漆膜性能分为防腐漆、绝缘漆、导电漆、耐热漆等；

第八，按成膜物质分为天然树脂类漆、酚醛类漆、醇酸类漆、氨基类漆、硝基类漆、环氧类漆、氯化橡胶类漆、丙烯酸类漆、聚氨酯类漆、有机硅树脂类漆、氟碳树脂类漆、聚硅氧烷类漆以及乙烯树脂类漆等。

一、油漆用量计算

以一般厚漆用量为例，根据遮盖力实验，其遮盖力可按下式计算

$$X=\frac{G(100-W)}{A}\times 10000-37.5$$

式中 X——遮盖力（g/m^2）；

A——黑白格板的涂漆面积（cm^2）；

G——黑白格板完全遮盖时涂漆质量（g）；

W——涂料中含清油质量百分数。

将原漆与清油按 3 : 1 比例调匀混合后，经试验可测得以下各色厚漆遮盖力：

象牙、白色≤ 220 g/m²

红色 ≤ 220g/m²

黄色 ≤ 180g/m²

蓝色 ≤ 120g/m²

黑色 ≤ 40g/m²

灰、绿色 ≤ 80g/m²

铁红色 ≤ 70g/m²

二、涂料用量计算

涂料用量计算大多依据产品各自性能特点，以每 1kg 涂刷面积计算之后，再加上损耗量，计算公式为

$$涂料用量=\frac{涂料涂刷面积}{每1kg涂刷面积（m^2/kg）}\times（1+损耗率）$$

外墙涂料、内墙顶棚涂料、地面涂料以及特种涂料的参考用量指标见表 7–9 ~ 表 7–12。

表7–9　外墙涂料参考用量

名称	主要成分	适用范围	参考用量
（1）浮雕型涂料			
各色丙烯酸凸凹乳胶底漆	苯乙烯、丙烯酸酯	水泥砂浆、混凝土等基层，也适用内墙	1
无机高分子凸凹状涂料	硅溶液	外墙	0.5 ~ 0.8
PG 838浮雕漆厚涂料	丙烯酸	水泥砂浆、混凝土、石棉水泥板、砖墙等基层	1
B–841水溶性丙烯酸浮雕漆	苯乙酸、丙烯酸酯	砖、水泥砂浆、天花板、纤维板、金属等基层	0.6 ~ 1.3
高级喷磁型外墙涂料	丙烯酸酯	混凝土、水泥砂浆等基层	底8 中6 ~ 7 面7 ~ 8

表7-9（续）

名称	主要成分	适用范围	参考用量
（2）彩砂类涂料			
彩砂涂料	苯乙烯、丙烯酸酯	水泥砂浆、混凝土、石棉水泥板、砖墙等基层	0.3～0.4
彩色砂粒状外墙涂料	苯乙烯、丙烯酸酯	水泥砂浆、混凝土等基层	0.3
丙烯酸砂壁状涂料	丙烯酸酯	水泥砂浆、混凝土、石膏板、胶合硬木板等基层	0.6～0.8
珠光彩砂外墙涂料	苯乙烯、丙烯酸酯	混凝土、水泥砂浆，加气混凝土等基层	0.2～0.3
彩砂外墙涂料	苯乙烯、丙烯酸酯	水泥砂浆、混凝土及各种板材	0.4—0.5
苯丙彩砂涂料	苯乙烯、丙烯酸酯	水泥砂浆、混凝土等基层	0.3～0.5
（3）厚质类涂料			
乙丙乳液厚涂料	醋酸乙烯、丙烯酸酯	水泥砂浆、加气混凝土等基层	2
各色丙烯酸拉毛涂料	苯乙烯、丙烯酸酯	水泥砂浆等基层，也可用于室内顶棚	1
TJW-2彩色弹涂料材料	硅酸钠	混凝土、水泥砂浆等基层	0.5
104外墙涂料	聚乙烯醇	水泥砂浆、混凝土、砖墙等基层	1～2
外墙多彩涂料	硅酸钠	外墙	0.8
（4）薄质类涂料			
BT丙烯酸外墙涂料	丙烯酸酯	水泥砂浆、混凝土、砖墙等基层	3
LT-2有光乳胶漆	苯乙烯、丙烯酸酯	混凝土、木质及预涂底漆的钢质表面	6～7
SA-1乙丙外墙涂料	脂酸乙烯、丙烯酸酯	水泥砂浆、混凝土、砖墙等基层	3.5～4.5
外墙平光乳胶涂料	苯乙烯、丙烯酸酯	外墙面	6～7
各色外用乳胶涂料	丙烯酸酯	水泥砂浆、白灰砂浆等基层	4～6

表7-10 内墙顶棚涂料参考用量m^2/kg

名称	主要成分	适用范围	参考用量
（1）苯丙类涂料			
苯丙有光乳胶漆	苯乙烯、丙烯酸酯	室内外墙体、顶棚、木制门窗	4～5
苯丙无光内用乳胶漆	苯乙烯、丙烯酸酯	水泥砂浆、灰泥、石棉板、木材、纤维板	6
SJ内墙滚花涂料	苯乙烯、丙烯酸酯	内墙面	5～6
彩色内墙涂料	丙烯酸酯	内墙面	3～4
（2）乙丙类涂料			
8101—5内墙乳胶漆	醋酸乙烯、丙烯酸酯	室内涂饰	4～6
乙-丙内墙涂漆	醋酸乙烯、丙烯酸酯	内墙面	6～8
高耐磨内墙涂料	醋酸乙烯、丙烯酸	内墙面	5～6
（3）聚乙烯醇类涂料			
ST—1内墙涂料	聚乙烯醇	内墙面	6
象牌2型内墙涂料	聚乙烯醇	内墙面	3～4
811#内墙涂料	聚乙烯醇	内墙面	3
HC—80内墙涂料	聚乙烯醇、硅溶液	内墙面	2.5～3
（4）硅酸盐类涂料			
砂胶顶棚涂料	有机和无机高分子胶粘剂	天花板	1
C—3毛面顶棚涂料	有机和无机胶粘剂	室内顶棚	1
（5）复合类涂料			
FN—841内墙涂料	复合高分子胶粘剂碳酸盐矿物盐	内墙面	2.5～4
TJ841内墙装饰涂料	有机高分子	内墙面	3～4
（6）丙烯酸类涂料			
PG—838内墙可擦洗涂料	丙烯酸系乳液、改性水溶性树脂	水泥砂浆、混合砂浆、纸筋、麻刀灰抹面	3
JQ831耐擦洗内墙涂料	丙烯酸乳液	内墙装饰	3～4
各色丙烯酸滚花涂料	丙烯酸乳液	水泥和抹灰墙面	3
（7）氯乙烯类涂料			
氯偏共聚乳液内墙涂料	氯乙烯、偏氯乙烯	内墙面	3.3
氯偏乳胶内墙涂料	氯乙烯、偏氯乙烯	内墙装饰	5
（8）其他类涂料			
建筑水性涂料	水溶性胶粘剂	内墙面	
854NW涂料		水泥、灰、砖墙等墙面	3～5
内墙涂花装饰涂料		内墙面	3～1

表7-11　地面涂料参考用量m²/kg

名称	主要成分	适用范围	参考用量
F80-31酚醛地板漆	酚醛树脂	木质地板	2～3
S-700聚氨酯弹性地面涂料	聚醌	超净车间、精密机房	1.2
多功能聚氨酯弹性彩色地面涂料	聚氨酯	纺织、化工、电子仪表、文化体育建筑地面	0.8
505地面涂料	聚醋酸乙烯	木质、水泥地面	2
过氯乙烯地面涂料	过氯化烯	新旧水泥地面	5
DJQ-1地面漆	尼龙树脂	水泥面、有弹性	5
氯-偏地坪涂料	聚氯乙烯、偏氯乙烯	耐碱、耐化学腐蚀、水泥地面	5～7

表7-12　特种涂料参考用量m²/kg

名称	主要成分	适用范围	参考用量
（1）防水类涂料			
JS内墙耐水涂料	聚乙烯醇缩甲醛苯乙烯、丙烯酸酯	浴室厕所、厨房等潮湿部分的内墙	3
NF防水涂料		地下室及有防水要求的内外墙面	2.5～3
洞库防潮涂料（水乳型）	氯-偏聚合物	内墙防潮	0.2
（2）防霉防腐类涂料			
水性内墙防霉涂料	氯偏乳液	食品厂以及地下室等易霉变的内墙	4
CP防霉涂料	氯偏聚合物	内墙防霉	0.2
各色丙烯酸过氯乙烯厂房防腐漆	丙烯酸、过氯乙烯	厂房内外墙防腐与涂刷装修	5～8
（3）防火类涂料			
YZ-196发泡型防火涂料	氮杂环和氧杂环	木结构和木材制品	1（二道）
CT—01—03微珠防火涂料	无机空心微珠	钢木结构、混凝土结构、木结构建筑、易燃设备	1.5
（4）文物保护类涂料			
古建筑保护涂料	丙烯酸、共聚树脂	石料、金箔、彩面、表面、保护装饰	4～5
丙烯酸文物保护涂料	甲基丙烯酸、108胶	室多孔性文物和遗迹、陶器、砖瓦、壁画和古建筑物的保护	2
（5）其他类涂料			
WS-1型卫生灭蚊涂料	聚乙烯醇丙烯酸复合杀蚊剂	城乡住宅、营房、医院、宾馆、畜舍以及有卫生要求的商店、工厂的内墙	2.5～3

第八章　投标报价与“营改增”后工程造价

第一节　投标报价与施工合同管理

一、投标报价

投标报价是整个投标工作中最重要的一环。一项工程好坏的重要标志是工期、造价、质量，而工期与质量尽管从承包商的历史、技术状况可以看出一部分，但真正的工期与质量还要在施工开始以后才能直观地看出，可是报价却是在开工之前确定，因此工程投标报价对于承包商来说是至关重要的。

投标报价可由承包商根据工程量清单、现行的《计价定额》、取费标准及招标文件所规定的范围，结合本企业自己的管理水平、技术素质、技术措施和施工计划等条件确定。投标报价要根据具体情况，充分进行调查研究、内外结合、逐项确定各种计价依据，更要讲究投标策略及投标技巧，在全企业范围内开动脑筋，才能作出合理的标价。

随着竞争程度的激烈和工程项目的复杂，报价工作成为涉及企业经营战略、市场信息、技术活动的综合的商务活动，因此必须进行科学的组织。建筑工程投标的程序是：取得招标信息—准备资料报名参加—提交资格预审资料—通过预审得到招标文件—研究招标文件—准备与投标有关的所有资料—实地考察工程场地，并对招标人进行考察确定投标策略—核算工程量清单编制施工组织设计及施工方案—计算施工方案工程量—采用多种方法进行询价—计算工程综合单价—确定工程成本价—报价分析决策确定最终的报价—编制投标文件—投送投标文件—参加开标会议。

（一）工程量清单下投标报价的前期工作

投标报价的前期工作主要是指确定投标报价的准备期，主要包括：取得招标信息、提交资格预审资料、研究招标文件、准备投标资料及确定投标策略等。这一时期工作的主要目的是为后面准确报价做了必要的准备，往往有好多投标人对前期工作不重视，得到招标文件就开始编制投标文件，在编制过程中会缺这缺那、这不明白那不清楚，造成无法挽回的损失。

1. 得到招标信息并参加资格审查

招标信息的主要来源是招投标交易中心。交易中心会定期不定期地发布工程招标信息，但是，如果投标人仅仅依靠从交易中心获取工程招标信息，就会在竞争中处于劣势。因为我国招投标法规定了两种招标方式，即公开招标和邀请招标，交易中心发布的主要是公开招标的信息，邀请招标的信息在发布时，招标人常常已经完成了考察及选择招标邀请对象的工作，投标人此时才去报名参加，已经错过了被邀请的机会。所以，投标人日常建立广泛的信息网络是非常关键的。有时投标人从工程立项甚至从项目可行性研究阶段就开始跟踪，并根据自身的技术优势和施工经验为招标人提供合理化建议，获得招标人的信任。投标人取得招标信息的主要途径有：①通过招标广告或公告来发现投标目标，这是获得公开招标信息的方式；②搞好公共关系，经常派业务人员深入各个单位和部门，广泛联系，收集信息；③通过政府有关部门，如计委、建委、行业协会等单位获得信息；④通过咨询公司、监理公司、科研设计单位等代理机构获得信息；⑤取得老客户的信任，从而承接后续工程或接受邀请而获得信息；⑥与总承包商建立广泛的联系；⑦利用有形建筑交易市场及各种报刊、网站的信息；⑧通过社会知名人士的介绍得到信息。

投标人得到信息后，应及时表明自己的意愿，报名参加，并向招标人提交资格审查资料。投标人资料主要包括：营业执照、资质证书、企业简历、技术力量、主要的机械设备、近两年内的主要施工工程情况及投标同类工程的施工情况、在建工程项目以及财务状况。

对资格审查的重要性投标人必须重视，它是为招标人认识本企业的第一印象。经常有一些缺乏经验的投标人，尽管实力雄厚，但因为对投标资格审查资料的不重视而在投标资格审查阶段就被淘汰。

2. 有关投标信息的收集与分析

投标是投标人在建筑市场中的交易行为，具有较大的冒险性。据了解，国内一流的投标人中标概率也只有10%~20%，而且中标后要想实现利润也面临着种种风险因素。这就要求投标人必须获得尽量多的招标信息，并尽量详细地掌握与项目实施有关的信息。随着市场竞争的日益激烈，如何对取得的信息进行分析，关系到投标人的生存和发展。信息竞争将成为投标人竞争的焦点。因此投标人对信息分析应从以下几方面进行。

（1）对招标人方面的调查分析

①工程的资金来源、额度及到位情况。②工程的各项审批手续是否齐全，是否符合工程所在地关于工程建设管理的各项规定。③招标人是首次组织工程建设，还是长期有建设任务，若是后者，要了解该招标人在工程招标、评标上的习惯做法，对承包商的基本态度、履行责任的可靠程度，尤其是能否及时支付工程款、合理对待承包商的索赔要求。④招标人是否有与工程规模相适应的经济技术管理人员，有无工程管理的能力、合同管理经验和履约的状况如何；委托的监理是否符合资质等级要求，以及监理的经验、能力和信誉。⑤了解招标人项目管理的组织和人员，其主要人员的工作方式和习惯、工程建设技术和管理方面的知识和经验、性格和爱好等个人特征。⑥调查监理工程师的资历，对承包商的基本态度，对承包商的正当要求能否给予合理的补偿，当业主与承包商之间出现合同争端时，能否站在公正立场提出合理的解决方案。

（2）投标项目的技术特点

①工程规模、类型是否适合投标人；②气候条件、自然资源等是否为投标人技术专长的项目；③是否存在明显的技术难度；④工期是否过于紧迫；⑤预计应采取何种重大技术措施；⑥其他技术特长。

（3）投标项目的经济特点

①工程款支付方式，外资工程外汇比例；②预付款的比例；③允许调价的因素、规费及税金信息；④金融和保险的有关情况。

（4）投标竞争形势分析

①根据投标项目的性质，预测投标竞争形势；②分析参与投标竞争对手的优劣势和其投标的动向；③分析竞争对手的投标积极性。

（5）投标条件及迫切性

①可利用的资源和其他有利条件；②投标人目前的经营状况、财务状况和投标的积极性。

（6）本企业对投标项目的优势分析

①是否需要较少的开办费用；②是否具有技术专长及价格优势；③类似工程承包经验及信誉；④资金、劳务、物资供应以及管理等方面的优势；⑤项目的经济效益和社会效益；⑥与招标人的关系是否良好；⑦投标资源是否充足；⑧是否有理想的合作伙伴联合投标，是否有良好的分包人。

（7）投标项目风险分析

①民情风俗、社会秩序、地方法规、政治局势；②社会经济发展形势及稳定性、物价趋势；③与工程实施有关的自然风险；④招标人的履约风险；⑤延误工期罚款的额度

大小；⑥投标项目本身可能造成的风险。

根据上述各项目信息的分析结果，做出包括经济效益预测在内的可行性研究报告，供投标决策者据以进行科学以及合理的投标决策。

3. 认真分析研究招标文件

（1）研究招标文件条款

为了在投标竞争中获胜，投标人应设立专门的投标机构，设置专业人员掌握市场行情及招标信息，时常积累有关资料，维护企业定额及人工、材料、机械价格系统。一旦通过了资格审查，取得招标文件后，则立刻可以研究招标文件、决定投标策略、确定定额含量及人工、材料、机械价格，编制施工组织设计及施工方案，计算报价，采用投标报价策略及分析决策报价，采用不平衡报价及报价技巧防范风险，最后形成投标文件。

在研究招标文件时，必须对招标文件的每句话、每个字都认认真真地推敲，投标时要对招标文件的全部内容响应，如误解招标文件的内容，可能会造成不必要的损失。必须掌握招标范围，经常会出现图纸、技术规范和工程量清单三者之间在范围、做法和数量上互相矛盾的现象。招标人提供的工程量清单中的工程量是工程净量，不包括任何损耗及施工方案、施工工艺造成的工程增量，所以要认真研究工程量清单包括的工程内容及采取的施工方案，清单项目的工程内容有时是明确的，有时并不明确，要结合施工图纸、施工规范及施工方案才能确定。除此之外对招标文件规定的工期、投标书的格式、签署方式、密封方法、投标的截止日期要熟悉，并形成备忘录，避免因为失误而造成不必要的损失。

（2）研究评标办法

评标办法是招标文件的组成部分，投标人中标与否是按评标办法的要求进行评定的。我国一般采用两种评标办法：综合评议法和最低报价法，综合评议法又有定性综合评议法和定量综合评议法两种，最低报价法就是合理低价中标。

定量综合评议法采用综合评分的方法选择中标人，是根据投标报价、主要材料、工期、质量、施工方案、信誉、荣誉和已完或在建工程项目的质量、项目经理的素质等因素综合评议投标人，选择综合评分最高的投标人中标。定性综合评议法是在无法把报价、工期、质量等诸多因素定量化打分的情况下，评标人根据经验判断各投标方案的优劣。采用综合评议法时，投标人的投标策略就是如何做到报价最高，综合评分最高，这就得在提高报价的同时，必须提高工程质量，要有先进科学的施工方案、施工工艺水平作保证，以缩短工期为代价。但是这种办法对投标人来说，必须要有丰富的投标经验，并能对全局很好地分析才能做到综合评分最高。若一味地追求报价，而使综合得分降低就失去了意义，是不可取的。

最低报价法也叫合理低价中标法，是根据最低价格选择中标人，是在保证质量、工期的前提下，以最合理低价中标。这里主要是指“合理”低价，是指投标人报价不能低于自身的个别成本。对投标人就要做到如何报价最低、利润相对最高，不注意这一点，有可能会造成中标工程越多亏损越多的现象。

（3）合同条件的分析

合同的主要条款是招标文件的组成部分，双方的最终法律制约作用就在合同上，履约价格的体现方式和结算的依据主要是依靠合同。因此投标人要对合同特别重视。合同主要分通用条款和专用条款。要研究合同首先得知道合同的构成及主要条款，从以下几方面进行分析。

第一，承包商的任务、工作范围及责任。这是工程估价最基本的依据，通常由工程量清单、图纸、工程说明、技术规范所定义。在分项承包时，要注意本公司与其他承包商，尤其是工程范围相邻或工序相衔接的其他承包商之间的工程范围界限和责任界限；在施工总包或主包时，要注意在现场管理和协调方面的责任；另外要注意为业主管理人员或监理人员提供现场工作和生活条件方面的责任。

第二，付款方式、时间。应注意合同条款中关于工程预付款、材料预付款的规定，如数额、支付时间、起扣时间和方式；还要注意工程进度款的支付时间、每月保留金扣留的比例、保留金总额及退还时间和条件。根据这些规定和预计的施工进度计划，可绘出本工程现金流量图，计算出占有资金的数额和时间，从而可计算出需要支付的利息数额并计入报价。如果合同条款中关于付款的有关规定比较含糊或明显不合理，应要求业主在标前答疑会上澄清或解释，最好能修改。

第三，工程变更及相应的合同价格调整。工程变更几乎是不可以避免的，承包商有义务按规定完成，但同时也有权利得到合理的补偿。工程变更包括工程数量增减和工程内容变化。一般来说，工程数量增减所引起的合同价格调整的关键在于如何调整幅度，这在合同条款中并无明确规定。应预先估计哪些分项工程的工程量可能发生变化、增加还是减少以及幅度大小，并内定相应的合同价格调整计算方式和幅度。至于合同内容变化引起的合同价格调整，究竟调还是不调、如何调，都很容易发生争议，应注意合同条款中有关工程变更程序、合同价格调整前提等规定。

第四，施工工期。合同条款中关于合同工期、工程竣工日期、部分工程分期交付工期等规定，是投标者制定施工进度计划的依据，也是报价的重要依据。但是，在招标文件中业主可能并未对施工工期作出明确规定，或仅提出一个最后期限，而将工期作为投标竞争的一个内容，相应的开竣工日期仅是原则性的规定。故应注意合同条款中有无工期奖惩的规定，工期长短与报价结果之间的关系，尽可能做到在工期符合要求的前提下报价有竞争力，或在报价合理的前提下工期有竞争力。

第五,业主责任。通常业主有责任及时向承包商提供符合开工条件要求的施工场地、设计图纸和说明，及时供应业主负责采购的材料和设备，办理有关手续，及时支付工程款等。投标者所制定的施工进度计划和作出的报价都是以业主正确和完全履行其责任为前提的。虽然在报价中不必考虑由于业主责任而引起的风险费用，但是，应当考虑到业主不能正确和完全履行其责任的可能性以及由此而造成的承包商的损失。因此，应注意合同条款中关于业主责任措辞的严密性以及关于索赔的有关规定。

总之，投标人要对各个因素进行综合分析，并根据权利义务进行对比分析，只有这样才能很好地预测风险并采取相应的对策。

（4）研究工程量清单

工程量清单是招标文件的重要组成部分，是招标人提供的投标人用以报价的工程量，也是最终结算及支付的依据。所以必须对工程量清单中的工程量在施工过程及最终结算时是否会变更等情况进行分析，并分析工程量清单包括的具体内容。只有这样，投标人才能准确把握每一清单项的内容范围,并做出正确的报价。不然会造成分析不到位，由于误解或错解而造成报价不全导致损失。尤其是采用合理低价中标的招标形式时，报价显得更加重要。为了正确地进行工程报价，应对工程量清单进行认真分析，主要应该注意以下几方面问题。

第一，熟悉工程量计算规则。不同的工程量计算规则，对分部分项工程的划分以及各分部分项工程所包含的内容不完全相同，报价人员应熟悉工程所在地的工程量计算规则。如工程量清单中的工程量是按《计算规范》规则计算的，而报价是根据《江苏省建筑与装饰工程计价定额》进行的，它们的计算规则是不完全相同的。

第二，工程量清单复核。工程量清单中的各分部分项工程量并不十分准确，若设计深度不够，则可能有较大的误差，故还要复核工程量。同时对清单中项目特征的具体内容必须认真分析，包括的内容不同，分项工程所报单价也不相同。

第三，暂定金额及计日工。暂定金额一般是专款专用，不会损害承包商利益。但预先了解其内容、要求，有利于承包商统筹安排施工，可能降低其他分项工程的实际成本。计日工是指在工程实施过程中，业主有一些临时性的或新增的但未列入工程量清单的工作，需要使用人工、机械（有时还可能包括材料）。投标者应对计日工报出单价，但并不计入总价。报价人员应注意工作费用包括哪些内容、工作时间如何计算，一般而言，计日工单价可报得较高，但不宜太高。

4. 准备投标资料及确定投标策略

投标报价之前，必须准备与报价有关的所有资料，这些资料的质量高低直接影响到投标报价成败。投标前需要准备的资料主要有：招标文件；设计文件；施工规范；有关的法律、法规；企业内部定额及有参考价值的政府消耗量定额；企业人工、材料、机械价格系统资料；可以询价的网站及其他信息来源；与报价有关的财务报表及企业积累的数据资源；拟建工程所在地的地质资料及周围的环境情况；投标对手的情况及对手常用的投标策略；招标人的情况及资金情况等。所有的这些都是确定投标策略的依据，只有全面地掌握第一手资料，才能快速准确地确定投标策略。

投标人在报价之前需要准备的资料可分为两类：一类是公用的，任何工程都必须用，投标人可以在平时日常积累，如规范、法律、法规、企业内部定额及价格系统等；另一类是特有资料，只能针对投标工程，这些必须是在得到招标文件后才能搜集整理，如设计文件、环境、竞争对手的资料等。确定投标策略的资料主要是特有资料，因此投标人对这部分资料要格外重视。投标人要在投标时显示出核心竞争力，就必须有一定的策略，有不同于别的投标竞争对手的优势，主要从以下几方面考虑：

（1）掌握全面的设计文件

招标人提供给投标人的工程量清单是按设计图纸及规范规则进行编制的，可能未进行图纸会审，在施工过程中难免会出现这样那样的问题，这就是我们说的设计变更。所以投标人在投标之前就要对施工图纸结合工程实际进行分析，了解清单项目在施工过程中发生变化的可能性，对于不变的报价要适中，对于有可能增加工程量的报价要偏高，有可能降低工程量的报价要偏低等，只有这样才可以降低风险，获得最大的利润。

（2）实地勘察施工现场

投标人应该在编制施工方案之前对施工现场进行勘察，对现场和周围环境及与此工程有关的可用资料进行了解和勘察。实地勘察施工现场主要从以下几方面进行：工程施工条件；为工程施工和竣工以及修补其任何缺陷所需的工作和材料的范围和性质；进入现场的手段以及投标人需要的临时设施等。

（3）调查与拟建工程有关的环境

投标人不仅要勘察施工现场，在报价前还要详尽了解项目所在地的环境，包括政治形势、经济形势、法律法规和风俗习惯、自然条件、生产以及生活条件等。对政治形势的调查，应着重了解工程所在地和投资方所在地的政治稳定性；对经济形势的调查，应着重了解工程所在地和投资方所在地的经济发展情况，工程所在地金融方面的换汇限制、官方和市场汇率、主要银行及其存款和信贷利率、管理制度等；对自然条件的调查，应着重了解工程所在地的水文地质情况、交通运输条件、是否多发自然灾害、气候状况如何等；对法律法规和风俗习惯的调查，应着重了解工程所在地政府对施工的安全、环保、时间限制等的各项管理规定，和当地的宗教信仰和节假日等；对生产和生活条件的调查，应着重了解施工现场的周围情况，如道路、供电、给排水和通讯是否便利，工程所在地的劳务和材料资源是否丰富，生活物资的供应是否充足等。

（4）调查招标人与竞争对手

对招标人的调查应着重以下几个方面：第一，资金来源是否可靠，避免承担过多的资金风险；第二，项目开工手续是否齐全，提防有些发包人以招标为名，让投标人免费为其估价；第三，是否有明显的授标倾向，招标是否仅仅是出于政府的压力而不得不采取的形式。

对竞争对手的调查应着重从以下几方面进行：首先，了解参加投标的竞争对手有几个，其中有威胁性的都是哪些，特别是工程所在地的承包人，可能会有评标优势；其次，根据上述分析，筛选出主要竞争对手，分析其以往同类工程投标方法，惯用的投标策略，开标会上提出的问题等，投标人必须知己知彼才能制定切实可行的投标策略，提高中标的可能性。

（二）工程量清单下投标报价的编制工作

投标报价的编制工作是投标人进行投标的实质性工作，由投标人组织的专门机构来完成，主要包括审核工程量清单、编制施工组织设计、材料询价、计算工程单价、标价分析决策及编制投标文件等。下面就从这几个方面分别进行说明：

1. 审核工程量清单并计算施工工程量

一般情况下，投标人必须按招标人提供的工程量清单进行组价，并按综合单价的形式进行报价。但投标人在按招标人提供的工程量清单组价时，必须把施工方案及施工工艺造成的工程增量（如材料的合理损耗）以价格的形式包括在综合单价内。有经验的投标人在计算施工工程量时就对工程量清单工程量进行审核，这样能知道招标人提供的工程量的准确度，为投标人不平衡报价及结算索赔打好伏笔。

在实行工程量清单模式计价后，建设工程项目分为三部分进行计价：分部分项工程项目计价、措施项目计价及其他项目计价。招标人提供的工程量清单是分部分项工程项目清单中的工程量，但措施项目中的工程量及施工方案工程量招标人不提供，必须由投标人在投标时按设计文件及施工组织设计和施工方案进行二次计算。因此这部分用价格的形式分摊到报价内的量必须要认真计算，全面考虑。因为清单下报价最低占优，投标人如果由于没有考虑全面而成低价中标亏损，招标人会不予承担。

2. 编制施工组织设计及施工方案

施工组织设计及施工方案是招标人评标时考虑的主要因素之一，也是投标人确定施工工程量的主要依据。它的科学性与合理性直接影响到报价及评标，是投标过程一项主要的工作，是技术性比较强、专业要求比较高的工作。主要包括：项目概况、项目组织机构、项目保证措施、前期准备方案、施工现场平面布置、总进度计划和分部分项工程进度计划、分部分项的施工工艺及施工技术组织措施、主要施工机械配置、劳动力配置、主要材料保证措施、施工质量保证措施、安全文明措施、保证工期措施等。

施工组织设计主要应考虑施工方法、施工机械设备及劳动力的配置、施工进度、质量保证措施、安全文明措施及工期保证措施等。此施工组织设计不仅关系到工期，而且对工程成本和报价也有密切关系。好的施工组织设计，应能紧紧抓住工程特点，采用先进科学的施工方法，降低成本。既要采用先进的施工方法，安排合理的工期，又要充分有效地利用机械设备和劳动力，尽可能减少临时设施和资金的占用。如果同时能向招标人提出合理化建议，在不影响使用功能的前提下为招标人节约工程造价，那么会大大提高投标人低价的合理性，增加中标的可能性，还要在施工组织设计中进行风险管理规划，以防范风险。

3. 建立完善的询价系统

实行工程量清单计价模式后，投标人自由组价，所有与价格有关的全部放开，政府不再进行任何干预。可用什么方式询价，具体询什么价，这是投标人面临的新形势下的新问题。投标人在日常的工作中必须建立价格体系，积累一部分人工、材料、机械台班的价格。除此之外，在编制投标报价时进行多方询价。询价的内容主要包括：材料市场价、人工当地的行情价、机械设备的租赁价和分部分项工程的分包价等。

材料市场价：材料在工程造价中常常占总造价的 60% 左右，对报价影响很大，因而在报价阶段对材料和设备市场价的了解要十分认真。对于一项建筑工程，材料品种规格有上百种甚至上千种，要对每一种材料在有限的投标时间内都进行询价有点不现实，必须对材料进行分类，分为主要材料和次要材料，主要材料是指对工程造价影响比较大的，必须进行多方询价并进行对比分析，选择合理的价格。询价方式有：上门到厂家或供应商家询问、已施工工程材料的购买价、厂家或供应商的挂牌价、政府定期或不定期发布的信息价、各种信息网站上发布的信息价等。在清单模式下计价，由于材料价格随着时间的推移变化特别大，不能只看当时的建筑材料价格，必须做到对不同渠道询到的价格进行有机的综合，并能分析今后材料价格的变化趋势，用综合方法预测价格变化，把风险变为具体数值加到价格上。可以说投标报价引起的损失有一大部分就是预测风险失误造成的。对于次要的材料，投标人应建立材料价格储存库，按库内的材料价格分析市场行情及对未来进行预测，用系数的形式进行整体调整，不需临时询价。

人工综合单价：人工是建筑行业唯一能创造利润，反映企业管理水平的指标。人工综合单价的高低，直接影响到投标人个别成本的真实性和竞争性。人工应是企业内部人员水平及工资标准的综合。从表面上看没有必要询价，但必须用社会的平均水平和当地的人工工资标准，来判断企业内部管理水平并确定一个适中的价格，既要保证风险最低，又要具有一定的竞争力。

机械设备的租赁价：机械设备是以折旧摊销的方式进入报价的，进入报价的多少主要体现在机械设备的利用率及机械设备的完好率上。机械设备除与工程数量有关外，还与施工工期及施工方案有关。进行机械设备租赁价的询价分析，可以判定是购买机械还是租赁机械，确保投标人资金的利用率最高。

分包询价：总承包的投标人一般都得用自身的管理优势总包大中型工程，包括此工程的设计、施工及试车等。投标人自己组织结构工程的设计及施工，把专业性强的分部分项工程如：钢结构的制作安装、玻璃幕墙的制作和安装、电梯的安装、特殊装饰等，分包给专业分包人去完成。不仅分包价款的高低会影响投标人的报价，而且与投标人的施工方案及技术措施有直接关系。因此必须在投标报价前对施工方案及施工工艺进行分析，确定分包范围、确定分包价。有些投标人为了能够准确确定分包价，采用先分包后报价的策略，不然会造成报高了中不了标，报低了按中标价又有分包不出去的现象。

4. 投标报价的计算

（1）工程量清单下投标报价计价特点

报价是投标的核心，不仅是能否中标的关键，而且对中标后能否盈利、盈利多少也是主要的决定因素之一。我国为了推动工程造价管理体制改革，与国际惯例接轨，由定额模式计价向清单模式计价过渡，用规范的形式规范了清单计价的强制性、实用性、竞争性和通用性。工程量清单下投标报价的计价特点主要表现在以下几个方面：

第一，量价分离，自主计价。招标人提供清单工程量，投标人除要审核清单工程量外还要计算施工工程量，并要按每一个工程量清单自主计价，计价依据由定额模式的固定化变为多样化。定额由政府法定性变为企业自主维护管理的企业定额及有参考价值的政府消耗量定额；价格由政府指导预算基价及调价系数变为企业自主确定的价格体系，除对外能多方询价外，还要在内建立一整套价格维护系统。

第二,价格来源是多样的,政府不再作任何参与,由企业自主确定。国家采用的是“全部放开、自由询价、预测风险、宏观管理”。“全部放开”就是凡与计价有关的价格全部放开，政府不进行任何限制。“自由询价”是指企业在计价过程中采用什么方式得到的价格都有效，价格来源的途径不作任何限制。“预测风险”是指企业确定的价格必须是完成该清单项的完全价格，由于社会、环境、内部和外部原因造成的风险必须在投标前就预测到，包括在报价内。

由于预测不准而造成的风险损失由投标人承担。“宏观管理”是因为建筑业在国民经济中占的比例特别大，国家从总体上还得宏观调控，政府造价管理部门定期或不定期发布价格信息，还得编制反映社会平均水平的消耗量定额，用于指导企业快速计价，并作为确定企业自身的技术水平的依据。

第三，提高企业竞争力，增强风险意识。清单模式下的招投标特点，就是综合评价最优，保证质量、工期的前提下，合理低价中标。最低价中标，体现的是个别成本，企业必须通过合理的市场竞争，提升施工工艺水平，把利润逐步提高。企业不同于其他竞争对手的核心优势除企业本身的因素外，报价是主要的竞争优势。企业要体现自己的竞争优势就得有灵活全面的信息、强大的成本管理能力、先进的施工工艺水平、高效率的软件工具。除此之外，企业需要有反映自己施工工艺水平的企业定额作为计价依据，有自己的材料价格系统、施工方案和数据积累体系,并且这些优势都要体现到投标报价中。

实行工程量清单就是风险共担，工程量清单计价无论对招标人还是投标人，在工程量变更时都必须承担一定风险，有些风险不是承包人本身造成的，就得由招标人承担。因此，在《计算规范》中规定了工程量的风险由招标人承担，综合单价的风险由投标人承担。投标报价有风险，但是不应怕风险，而是要采取措施降低风险，避免风险，转移风险，投标人必须采用多种方式规避风险，不平衡报价是最基本的方式，如在保证总价不变的情况下,资金回收早的单价偏高,回收迟的单价偏低。估计此项设计需要变更的，工程量增加的单价偏高，工程量减少的单价偏低等，在清单模式下索赔已是结算中必不可少的，也是大家会经常提到并要应用自如的工具。

国家推行工程量清单计价后，要求企业必须适应工程量清单模式的计价。对每个工程项目在计价之前都不能临时寻找投标资料，而需要企业应拥有企业定额（或确定适合企业的现行消耗量定额）、价格库、价格来源系统、历史数据的积累、快速计价及费用分摊的投标软件，只有这样才能体现投标人在清单计价模式下的核心竞争力。

（2）《建设工程工程量清单计价规范》对投标报价的具体规定

《建设工程工程量清单计价规范》规定了工程量清单计价的工作范围、工程量清单计价价款构成、工程量清单计价单价和招标控制价、报价的编制、工程量调整及其相应单价的确定等。

我国近些年的招标投标计价活动中，压级压价、合同价款签订不规范、工程结算久拖不结等现象也比较严重，有损于招投标活动中的公开、公平、公正和诚实信用的原则。招标投标实行工程量清单计价，是一种新的计价模式，为了合理确定工程造价，本规范从工程量清单的编制、计价至工程量调整等各个主要环节都作了较详细规定，招投标双方都应该严格遵守。

为了避免或减少经济纠纷，合理确定工程造价，本规范规定工程量清单计价价款，应包括完成招标文件规定的工程量清单项目所需的全部费用。其内涵：

①包括分部分项工程费、措施项目费、其他项目费、规费和税金；②包括完成每项分项工程所含全部工程内容的费用；③包括完成每项工程内容所需的全部费用（规费、税金除外）；④工程量清单项目中没有体现的，施工中又必须发生的工程内容所需的费用；⑤考虑风险因素而增加的费用。

为了简化计价程序，实现与国际接轨，工程量清单计价采用综合单价计价。综合单价计价是有别于定额工料单价计价的另一种单价计价方式，它应包括完成规定计量单位、合格产品所需的全部费用，考虑我国的现实情况，综合单价包括除规费、税金以外的全部费用。综合单价不但适用于分部分项工程量清单，也适用于措施项目清单、其他项目清单等。各省、直辖市、自治区工程造价管理机构，应制定具体办法，统一综合单价的计算和编制。同一个分项工程，由于受各种因素的影响可能设计不同，所以所含工程内容也有差异。附录里“工程内容”栏所列的工程内容，没有区别不同设计逐一列出，就某一个具体工程项目而言，确定综合单价时，附录中的工程内容仅供参考。

措施项目清单中所列的措施项目均以“一项”提出，所以计价时，首先应详细分析其所含工程内容，然后确定其综合单价。措施项目不同，其综合单价组成内容可能有差异，因此本规范强调，在确定措施项目综合单价时，综合单价组成仅供参考。招标人提出的措施项目清单是根据一般情况确定的，没有考虑不同投标人的“个性”。因此投标人在报价时，可以根据本企业的实际情况，增加措施项目内容并报价。

其他项目清单中的预留金、材料购置费和零星工作项目费，均为估算、预测数量，虽在投标时计入投标人的报价中，但不应视为投标人所有。竣工结算时，应按承包人实际完成的工作内容结算，剩余部分仍归招标人所有。

工程造价应在政府宏观调控下，由市场竞争形成。在这一原则指导下，投标人的报价应在满足招标文件要求的前提下实行人工、材料、机械消耗量自定，价格及费用自定，全面竞争，自主报价。为了合理减少工程投标人的风险，并遵照谁引起的风险、谁承担责任的原则，本规范对工程量的变更及其综合单价的确定做了规定。执行中应注意以下几点：①不论由于工程量清单有误或漏项，还是由于设计变更引起新的工程量清单项目或清单项目工程数量的增减，均应如实调整。②工程量变更后综合单价的确定应按本规范的规定执行。③本条仅适用于分部分项工程量清单。在合同履行过程中，引起索赔的原因很多，规范不否认其他原因发生的索赔或工程发包人可能提出的索赔。

（3）计算投标报价

根据工程量计算规范的要求，实行工程量清单计价必须采用综合单价法计价，并对综合单价包括的范围进行了明确规定。因此，造价人员在计价时必须按工程量清单计价规范进行计价。工程计价的方法很多，对于实行工程量清单投标模式的工程计价，较多采用综合单价法计价。

所谓“综合单价法”就是分部分项工程量清单费用及措施项目费用的单价综合了完成单位工程量或完成具体措施项目的人工费、材料费、机械使用费、管理费和利润，并考虑一定的风险因素，而将规费、税金等费用作为投标总价的一部分，单列在其他表中的一种计价方法。

投标报价，按照企业定额或政府消耗量定额标准及预算价格确定人工费、材料费、机械费，并以此为基础确定管理费和利润，并由此计算出分部分项的综合单价。根据现场因素及工程量清单规定措施项目费以实物量或以分部分项工程费为基数按费率的方法确定。其他项目费按工程量清单规定的人工、材料、机械台班的预算价为依据确定。规费按政府的有关规定执行。税金按税法的规定执行。分部分项工程费、措施项目费、其他项目费、规费及税金等合计汇总得到初步的投标报价，根据分析、判断及调整得到投标报价。

5. 投标报价的分析与决策

投标决策是投标人经营决策的组成部分，指导投标全过程。影响投标决策的因素十分复杂，加之投标决策与投标人的经济效益紧密相关，所以必须做到及时、迅速、果断。投标决策主要从投标的全过程分为项目分析决策、投标报价策略及投标报价分析决策。

（1）项目分析决策

投标人要决定是否参加某项目工程的投标，首先要考虑当前经营状况和长远经营目标，其次要明确参加投标的目的，然后分析中标可能性的影响因素。

建筑市场是买方市场，投标报价的竞争异常激烈，投标人选择投标与否的余地非常小，都或多或少地存在着经营状况不饱满的情况。通常情况下，只要接到招标人的投标邀请，承包人都积极响应参加投标。这主要是基于以下考虑：首先，参加投标项目多，中标机会也多；其次，经常参加投标，在公众面前出现的机会也多，能起到广告宣传的作用；第三，通过参加投标，可积累经验，掌握市场行情，收集信息，了解竞争对手的惯用策略；第四，若投标人拒绝招标人的投标邀请，可能会破坏自身的信誉，从而失去以后收到投标邀请的机会。

当然，也有一种理论认为有实力的投标人应该从投标邀请中，选择那些中标概率高、风险小的项目投标，即争取“投一个、中一个、顺利履约一个”。这是一种比较理想的投标策略，但在激烈的市场竞争中很难实现。

投标人在收到招标人的投标邀请后，通常不采取拒绝投标的态度。但有时投标人同时收到多个投标邀请，而投标报价资源有限，若不分轻重缓急地把投标资源平均分配，则每一个项目中标的概率都很低。这时承包人应针对各个项目的特点进行分析，合理分配投标资源，投标资源一般可以理解为投标编制人员和计算机等工具，以及其他资源。不同的项目需要的资源投入量不同；同样的资源在不同的时期不同的项目中价值也不同，例如同一个投标人在民用建筑工程的投标中标价值较高，但在工业建筑的投标中标价值就较低，这是由投标人的施工能力及造价人员的业务专长和投标经验等因素所决定的。投标人必须积累大量的经验资料，通过归纳总结和动态分析，才能判断不同工程的最小最优投标资源投入量。通过最小最优投标资源投入量的分析，可以取舍投标项目，对于投入大量的资源、中标概率仍极低的项目，应果断地放弃以免浪费投标资源。

（2）投标报价策略

投标时，根据投标人的经营状况和经营目标，既要考虑自身的优势和劣势，也要考虑竞争的激烈程度，还要分析投标项目的整体特点，按照工程的类别、施工条件等确定报价策略。

第一，生存型报价策略。如投标报价以克服生存危机为目标而争取中标时，可以不考虑其他因素。由于社会、政治、经济环境的变化和投标人自身经营管理不善，都可能造成投标人的生存危机。这种危机首先表现在由于经济原因，投标项目减少；其次，政府调整基建投资方向，使某些投标人擅长的工程项目减少，这种危机常常是危害到营业范围单一的专业工程投标人；第三，如果投标人经营管理不善，会存在投标邀请越来越少的危机，这时投标人应以生存为重，采取不盈利甚至赔本也要夺标的态度，只要可以暂时维持生存渡过难关，就会有“东山再起”的希望。

第二，竞争型报价策略。投标报价以竞争为手段，以开拓市场、低盈利为目标，在精确计算成本的基础上，充分估计各竞争对手的报价目标，用有竞争力的报价达到中标的目的。投标人处在以下几种情况下，应采取竞争型报价策略：经营状况不景气，近期接到的投标邀请较少；竞争对手有威胁性；试图打入新的地区；开拓新的工程施工类型；投标项目风险小，施工工艺简单、工程量大且社会效益好的项目；附近有本企业其他正在施工的项目。

第三，盈利型报价策略。这种策略是投标报价充分发挥自身优势，以实现最佳盈利为目标，对效益较小的项目热情不高，对盈利大的项目充满自信。下面几种情况可以采用盈利型报价策略，如投标人在该地区已经打开局面，施工能力饱和，信誉度高，竞争对手少，具有技术优势并对招标人有较强的名牌效应，投标的目标主要是扩大影响，或者施工条件差、难度高，资金支付条件不好，工期和质量等要求苛刻，为联合伙伴陪标的项目等。

（3）投标报价分析决策

初步报价提出后，应当对这个报价进行多方面分析。分析的目的是探讨这个报价的合理性、竞争性、盈利及风险，从而做出最终报价的决策。分析的方法可以从静态分析和动态分析两方面进行。

第一，报价的静态分析。

先假定初步报价是合理的，分析报价的各项组成及其合理性。分析步骤如下：

①分析组价计算书中的汇总数字，并计算其比例指标。a. 统计总建筑面积和各单项建筑面积。b. 统计材料费用总价及各主要材料数量和分类总价，计算单位面积的总材料费用指标和各主要材料消耗指标和费用指标，计算材料费占报价的比重。c. 统计人工费总价及主要工人、辅助工人和管理人员的数量、按报价、工期、建筑面积以及统计的工日总数算出单位面积的用工数、单位面积的人工费，并算出按规定工期完成工程时，生产工人和全员的平均人月产值和人年产值，计算人工费占总报价的比重。d. 统计临时工程费用，机械设备使用费、脚手架费、垂直运输费和工具等费用，计算它们占总报价的比重，以及分别占购置费的比例，即以摊销形式摊入本工程的费用和工程结束后的残值。e. 统计各类管理费汇总数，计算它们占总报价的比重，计算利润、贷款利息的总数和所占比例。f. 如果报价人有意地分别增加了某些风险系数，可以列为潜在利润或隐匿利润提出，以便研讨。g. 统计分包工程的总价及各分包商的分包价，计算其占总报价和投标人自己施工的直接费用的比例，并且计算各分包人分别占分包总价的比例，分析各分包价的直接费、间接费和利润。

②从宏观方面分析报价结构的合理性。例如分析总的人工费、材料费和机械台班费的合计数与总管理费用的比例关系，人工费与材料费的比例关系，临时设施费及机械台班费与总人工费、材料费、机械费合计数的比例关系，利润与总报价的比例关系，判断报价的构成是否基本合理。如果发现有不合理的部分，应当初步探明原因。首先是研究本工程与其他类似工程是否存在某些不可比因素；若扣掉不可比因素的影响后，仍然存在报价结构不合理的情况，就应当深入探究其原因，并考虑适当调整某些人工、材料、机械台班单价、定额含量及分摊系统。

③探讨工期与报价的关系。根据进度计划与报价，计算出月产值、年产值。如果从投标人的实践经验角度判断这一指标过高或者过低，就应当考虑工期的合理性。

④分析单位面积价格和用工量、用料量的合理性。参照实际施工同类工程的经验，如果本工程与同类工程有某些不可比因素，可以扣除不可比因素后进行分析比较。还可以收集当地类似工程的资料，排除某些不可比因素后进行分析对比，并探索本报价的合理性。

⑤对明显不合理的报价构成部分进行微观方面的分析检查。重点是从提高工效、改变施工方案、调整工期、压低供货人和分包人的价格、节约管理费用等方面提出可行措施，并修正初步报价，测算出另一个低报价方案，根据定量分析方法可以测算出基础最优报价。

⑥将原初步报价方案、低报价方案、基础最优报价方案整理成对比分析资料，提交内部的报价决策人或决策小组研讨。

第二，报价的动态分析。

通过假定某些因素的变化，测算报价的变化幅度，特别是这些变化对报价的影响。对工程中风险较大的工作内容，采用扩大单价、增加风险费用的方法来减少风险。

例如很多种风险都可能导致工期延误。如管理不善、材料设备交货延误、质量返工、监理工程师的刁难、其他投标人的干扰等问题造成工期延误，不但不能索赔，还可能遭到罚款。由于工期延长可能使占用的流动资金及利息增加，管理费相应地增大，工资开支也增多，机具设备使用费用增大。这种增加的开支部分只能用减小利润来弥补，所以通过多次测算可以得知工期拖延多久利润将全部丧失。

第三，报价决策。

①报价决策的依据。作为决策的主要资料依据应当是投标人自己造价人员的计算书及分析指标。至于其他途径获得的所谓招标人的“招标控制价”或者用情报的形式获得的竞争对手“报价”等等，只能作为一般参考。在工程投标竞争中，经常出现泄漏招标

控制价和刺探对手情报等情况，但是上当受骗者也很多。没有经验的报价决策人往往过于相信来自各种渠道的情报，并用它作为决策报价的主要依据。有些经纪人掌握的“招标控制价”，可能只是招标人多年前编制的预算，或者只是从“可行性研究报告”上摘录下来的估算资料，与工程最后设计文件内容差别极大，毫无利用价值。有时，某些招标人利用中间商散布所谓“招标控制价”，引诱投标人以更低的价格参加竞争，而实际工程成本却比这个“招标控制价”要高得多。还有的投标竞争对手也散布一个“报价”，实际上，他的真实投标价格却比这个“报价”低得多，若投标人一不小心落入圈套就会被竞争对手甩在后面。

参加投标的投标人当然希望自己中标。但是更为重要的是中标价格应当基本合理，不应导致亏损。以自己的报价资料为依据进行科学分析，而后做出恰当的投标报价决策，至少不会盲目地落入市场竞争的陷阱。

②报价差异的原因。虽然实行工程量清单计价，是由投标人自由组价。但一般来说，投标人对投标报价的计算方法是大同小异，造价工程师的基础价格资料也是相似的。因此，从理论上分析，各投标人的投标报价同招标人的招标控制价都应当相差不远。为什么在实际投标中却出现许多差异呢？除了那些明显的计算失误，如漏算、误解招标文件、有意放弃竞争而报高价者外，出现投标价格差异的基本原因有以下几方面：a. 追求利润的高低不一。有的投标人急于中标以维持生存局面，不得不降低利润率，甚至不计取利润；也有的投标人状况较好，并不急切求得中标，因而追求的利润较高。b. 各自拥有不同的优势。有的投标人拥有闲置的机具和材料；有的投标人拥有雄厚的资金；有的投标人拥有众多的优秀管理人才等。c. 选择的施工方案不同。对于大中型项目和一些特殊的工程项目，施工方案的选择对成本的影响较大。优良的施工方案，包括工程进度的合理安排、机械化程度的正确选择、工程管理的优化等，都能明显降低施工成本，因而降低报价。d. 管理费用的差别。国有企业和集体企业、老企业和新企业、项目所在地企业和外地企业、大型企业和中小型企业之间的管理费用的差别是比较大的。由于在清单计价模式下会显示投标人的个别成本，这种差别会让个别成本的差异显得更加明显。

③在利润和风险之间做出决策。由于投标情况纷繁复杂，计价中碰到的情况并不相同，很难事先预料。一般说来，报价决策并不是干预造价工程师的具体计算，而是应当由决策人与造价工程师一起，对各种影响报价的因素进行恰当的分析，并做出果断的决策。为了对计价时提出的各种方案、价格、费用、分摊系数等予以审定和进行必要的修正，更重要的是决策人要全面考虑期望的利润和承担风险的能力。风险和利润并存于工程中，关键是投标人应当尽可能避免较大的风险，采取措施转移、防范风险并获得一定

的利润。降低投标报价有利于中标，但会降低预期利润且增大风险。决策者应当在风险和利润之间进行权衡并做出选择。

④根据工程量清单做出决策。实际上招标人在招标文件中提供的工程量清单，是按施工前未进行图纸会审的图纸和规范编制的，投标人中标后随工程的进展常常会发生设计变更。这样因设计变更会相应地发生价的变更。有时投标人在核对工程量清单时，会发现工程量有漏项和错算的现象，为投标人计算综合单价带来不便，增大投标报价的风险。但是，在投标时，投标人必须严格按照招标人的要求进行。如果投标人擅自变更、减少了招标人的条件，那么招标人将拒绝接受该投标人的投标书。因此，有经验的投标人即使确认招标人的工程量清单有错项、漏项、施工过程中定会发生变更及招标条件隐藏着的巨大的风险，也不会正面变更或减少条件，而是利用招标人的错误进行不平衡报价等技巧，为中标后的索赔留下伏笔。或者利用详细说明、附加解释等十分谨慎地附加某些条件提示招标人注意，降低投标人的投标风险。

⑤低报价中标的决策。低报价中标是实行清单计价后的重要因素，但低价必须讲“合理”二字。并不是越低越好，不能低于投标人的个别成本，不能由于低价中标而造成亏损，这样中标的工程越多亏损就越多。决策者必须是在保证质量、工期的前提下，保证预期的利润及考虑一定风险的基础上确定最低成本价。因此决策者在决定最终报价时要慎之又慎。低价虽然重要，但不是报价唯一因素，除了低报价之外，决策者会采取策略或投标技巧战胜对手。投标人可以提出能够让招标人降低投资的合理化建议或对招标人有利的一些优惠条件来弥补报高价的不足。

6. 投标技巧

投标技巧是指在投标报价中采用的投标手段让招标人可以接受，中标后能获得更多的利润。投标人在工程投标时，主要应该在先进合理的技术方案和较低的投标价格上下工夫，以争取中标，但是还有其他一些手段对中标有辅助性的作用，主要表现在以下几个方面。

（1）不平衡报价法

不平衡报价法是指一个工程项目的投标报价，在总价基本确定后，如何调整内部各个项目的报价，以期既不提高总价，不影响中标，又能在结算时得到更理想的经济效益。

第一，能够早日结算的项目可以报得较高以利资金周转。后期工程项目的报价可适当降低。

第二，经过工程量核算，预计今后工程量会增加的项目，单价适当提高，这样在最终结算时可多赚钱，而将来工程量有可能减少的项目单价降低，工程结算时损失不大。

但是，上述两种情况要统筹考虑，即对于清单工程量有错误的早期工程，如果工程量不可能完成而有可能降低的项目，就不能盲目抬高单价，要具体分析后再定。

第三，设计图纸不明确，估计修改后工程量要增加的，可以提高单价，而工程内容说不清楚的，则可以降低一些单价。

第四，暂定项目要作具体分析。因这一类项目要开工后由发包人研究决定是否实施，由哪一家投标人实施。如果工程不分包，只由一家投标人施工，则其中肯定要施工的单价可高些，不一定要施工的则应该低些。若工程分包，该暂定项目也可能由其他投标人施工时，则不宜报高价，以免抬高总报价。

第五，单价包干的合同中，招标人要求有些项目采用包干报价时，宜报高价。一则这类项目多半有风险．二则这类项目在完成后可全部按报价结算，即可以全部结算回来。其余单价项目则可适当降低。

第六，有的招标文件要求投标人对工程量大的项目报“清单项目报价分析表”，投标时可将单价分析表中的人工费及机械设备费报得较高，而材料费报得较低。这主要是为了在今后补充项目报价时，可以参考选用“清单项目报价分析表”中较高的人工费和机械费，而材料则往往采用市场价，因此可获得较高的收益。

第七，在议标时，投标人一般都要压低标价。这时应该首先压低那些工程量少的单价，这样即使压低了很多单价，总的标价也不会降低很多，而给发包人的感觉却是工程量清单上的单价大幅度下降，投标人很有让利的诚意。

第八，在“其他项目清单计价定额”中要报工日单价和机械台班单价时，可以高些，以便在日后招标人用工或使用机械时可多盈利。对于其他项目中的工程量要具体分析，是否报高价、高多少有一个限度，不然会抬高总报价。

虽然不平衡报价对投标人可以降低一定的风险，但报价必须建立在对工程量清单表中的工程量风险仔细核对的基础上，特别是对于降低单价的项目，如工程量一旦增多，将造成投标人的重大损失。同时一定要控制在合理幅度内，一般控制在10%以内，以免引起招标人反对，甚至导致个别清单项报价不合理而废标。若不注意这一点，有时招标人会挑选出报价过高的项目，要求投标人进行单价分析，而围绕单价分析中过高的内容压价，以致投标人得不偿失。

（2）多方案报价法

有时招标文件中规定，可以提一个建议方案。如果发现有些招标文件工程范围不是很明确、条款不清楚或很不公正、技术规范要求过于苛刻时，就要在充分估计风险的基础上，按多方案报价法处理。即按原招标文件报一个价，然后再提出如果某条款作某些变动，报价可降低的额度。这样可以降低总造价，吸引招标人。

投标人这时应组织一批有经验的设计和施工工程师，对原招标文件的设计方案仔细研究，提出更合理的方案以吸引招标人，促成自己的方案中标。这种新的建议可以降低总造价或提前竣工。但要注意的是对原招标方案一定也要报价，以供招标人比较。

增加建议方案时，不要将方案写得太具体，保留方案的技术关键，防止招标人将此方案交给其他投标人。同时要强调的是，建议方案一定要比较成熟，或过去有这方面的实践经验。因为投标时间往往较短，若仅为中标而匆忙提出一些没有把握的建议方案，可能引起很多不良后果。

（3）突然降价法

报价是一件保密的工作，但是对手往往会通过各种渠道、手段来刺探情报，因之用此法可以在报价时迷惑竞争对手。即先按一般情况报价或表现出自己对该工程兴趣不大，到快要投标截止时，才突然降价。采用这种方法时，必须要在准备投标报价的过程中考虑好降价的幅度，在临近投标截止日期前，根据情况信息与分析判断，再做最后决策。采用突然降价法往往降低的是总价，而要把降低的部分分摊到各清单项内，可采用不平衡报价进行，以期取得更高的效益。

（4）先亏后盈法

对于大型分期建设的工程，在第一期工程投标时，可以将部分间接费分摊到第二期工程中去，并减少利润以争取中标。这样在第二期工程投标时，若凭借第一期工程的经验、临时设施以及创立的信誉，比较容易拿到第二期工程。如第二期工程遥遥无期时，则不可以这样考虑。

（5）开标升级法

在投标报价时把工程中某些造价高的特殊工作内容从报价中减掉，使报价成为竞争对手无法相比的低价。利用这种“低价”来吸引招标人，从而取得与招标人进一步商谈的机会，在商谈过程中逐步提高价格。当招标人明白过来当初的“低价”实际上是个钓饵时，往往已经使招标人在时间上处于谈判弱势，丧失了与其他投标人谈判的机会。利用这种方法时，要特别注意在最初的报价中说明某项工作的缺陷，否则会弄巧成拙，真的以“低价”中标。

（6）许诺优惠条件

投标报价附带优惠条件是行之有效的一种手段。招标人评标时，除了主要考虑报价和技术方案外，还要分析别的条件，如工期、支付条件等。所以在投标时主动提出提前竣工、低息贷款、赠给施工设备、免费转让新技术或某种技术专利、免费技术协作、代为培训人员等，均是吸引招标人、利于中标的辅助手段。

（7）争取评标奖励

有时招标文件规定，对某些技术指标的评标，若投标人提供的指标优于规定指标值时，给予适当的评标奖励。因此投标人应该使招标人比较注重的指标适当地优于规定标准,可以获得适当的评标奖励,有利于在竞争中取胜。但要注意技术性能优于招标规定，将导致报价相应上涨，如果投标报价过高，即使获得评标奖励，也难以与报价上涨的部分相抵，这样评标奖励也就失去了意义。

二、施工合同管理

（一）工程量清单下的施工合同

1. 施工合同的签订

我国现在推行的建设工程施工合同是 2013 年 4 月住房城乡建设部、国家工商行政管理总局印发的《建设工程施工合同（示范文本）》（以下简称《示范文本》）。示范文本的推行依据《中华人民共和国合同法》第十二条第二款“当事人可以参考各类合同的示范文本订立合同”的规定。

（1）工程量清单与施工合同主要条款的关系

已标价工程量清单与施工合同关系密切，示范文本内有很多条款是涉及工程量清单的，现分述如下：

第一，已标价工程量清单是合同文件的组成部分。施工合同不仅仅指发包人和承包人签订的协议书，它还应包括与建设项目施工有关的资料和施工过程中的补充、变更文件。《建设工程工程量清单计价规范》颁布实施后，工程造价采用工程量清单计价模式的，其施工合同也即通常所说的“工程量清单合同”或“单价合同”。

《示范文本》第 15 条规定：组成合同的各项文件应互相解释，互为说明。除专用合同条款另有约定外，解释合同文件的优先顺序如下：①合同协议书；②中标通知书（如果有）；③投标函及其附录（如果有）；④专用合同条款及其附件；⑤通用合同条款；⑥技术标准和要求；⑦图纸；⑧已标价工程量清单或者预算书；⑨其他合同文件。

从解释合同文件的优先顺序可知，已标价工程量清单是施工合同的组成部分。

第二，已标价工程量清单是计算合同价款和确认工程量的依据。工程量清单中所载工程量是计算投标价格、合同价款的基础，承发包双方必须把依据工程量清单所约定的规则，最终计量和确认工程量。

第三，已标价工程量清单是计算工程变更价款和追加合同价款的依据。工程施工过程中，因设计变更或追加工程影响工程造价时，合同双方应依据工程量清单和合同其他约定调整合同价格。一般按以下原则进行：①已标价工程量清单或预算书有相同项目的，按照相同项目单价认定；②已标价工程量清单或预算书中无相同项目，但有类似项目的，参照类似项目的单价认定；③变更导致实际完成的变更工程量与已标价工程量清单或预算书中列明的该项目工程量的变化幅度超过15%的，或者已标价工程量清单或预算书中无相同项目及类似项目单价的，按照合理的成本与利润构成的原则，由合同当事人按照合同示范文本第4.4款〔商定或确定〕确定变更工作的单价。

第四，已标价工程量清单是支付工程进度款和竣工结算的计算基础。工程施工过程中，发包人应按照合同约定和施工进度支付工程款，依据已完项目工程量和相应单价计算工程进度款。工程竣工验收通过，承发包人应按照合同约定办理竣工结算，依据已标价工程量清单约定的计算规则、竣工图纸对实际工程进行计量，调整已经标价工程量清单中的工程量，并依此计算工程结算价款。

第五，已标价工程量清单是索赔的依据之一。在合同履行过程中，对于并非自己的过错，而是应由对方承担责任的情况造成的实际损失，合同一方可向对方提出经济补偿和（或）工期顺延的要求，即“索赔”。《示范文本》第19条对索赔的程序、处理、期限等作出了规定。当一方向另一方提出索赔要求时，要有正当地索赔理由，且有索赔事件发生时的有效证据，工程量清单作为合同文件的组成部分也是理由和证据。当承包人按照设计图纸和技术规范进行施工，其工作内容是工程量清单所不包含的，则承包人可以向发包人提出索赔；当承包人履行不符合清单要求时，发包人可以向承包人提出反索赔要求。

（2）清单合同的特点

建设工程采用工程量清单的方式进行计价最早诞生在英国，并逐步在英殖民国家使用。经过数百年实践检验与发展，目前已经成为世界上普遍采用的计价方式，世行和亚行贷款项目也都推荐或要求采用工程量清单的形式进行计价，工程量清单计价之所以有如此生命力，主要依赖于清单合同的自身特点和优越性。

第一，单价具有综合性和固定性。工程量清单报价均采用综合单价形式，综合单价中包含了清单项目所需的材料、人工、施工机械、管理费、利润以及风险因素，具有一定的综合性。与以往定额计价相比，清单合同的单价简单明了，能够直观反映各清单项目所需的消耗和资源。并且，工程量清单报价一经合同确认，竣工结算不能改变，单价具有固定性。在这方面，国家施工合同示范文本和国际FIDIC土木工程施工合同示范文本对增加工程作出了同样的约定。综合单价因工程变更需要调整时，可按《建设工程工程量清单计价规范》

的第 9.3.1 款、9.3.2 款、9.3.3 款的规定执行，在签订合同时应予以说明。

第二，便于施工合同价的计算。施工过程中，发包人代表或工程师可依据承包人提交的经核实的进度报表，拨付工程进度款；依据合同中的计日工单价、依据或参考合同中已有的单价或总价，有利于工程变更价的确定和费用索赔的处理。工程结算时，承包人可依据竣工图纸、设计变更和工程签证等资料计算实际完成的工程量，对和原清单不符的部分提出调整，并最终依据实际完成工程量确定工程造价。

第三，清单合同更加适合招标投标。清单报价能够真实地反映造价，在清单招标投标中，投标单位可根据自身的设备情况、技术水平、管理水平，对不同项目进行价格计算，充分反映投标人的实力水平和价格水平。由招标人统一提供工程量清单，不仅增大了招标投标市场的透明度，杜绝了腐败的源头，而且为投标企业提供了一个公平合理的基础和环境，真正体现了建设工程交易市场的公开、公平及公正。

招标文件是招标投标的核心，而工程量清单是招标文件的关键。准确、全面及规范的工程量清单有利于体现业主的意愿，有利于工程施工的顺利进行，有利于工程质量的监督和工程造价的控制；反之，将会给日后的施工管理和造价控制带来麻烦，造成纠纷，引起不必要的索赔，甚至导致与招标目的背道而驰的结果。对于投标人来说，不准确的工程量将会给投标人带来决策上的错误，因此投标时施工单位应依据设计图纸和现场情况对工程量进行复核。

清单合同可以激活建筑市场竞争，促进建筑业的发展。传统的计价模式计算很大程度上束缚了投标单位根据实力投标竞争的自由。《建设工程工程量清单计价规范》颁布实施后，采用工程量清单计价模式，由施工企业依据单位实力自主报价，并通过市场竞争调整和形成价格。作为施工单位要在激烈的竞争中取胜，必须具备先进的设备、先进的技术和管理方法，这就要求施工单位在施工中要加强管理、鼓励创新，从技术中要效率、从管理中要利润，在激烈的竞争中不断发展、不断壮大，并促进建筑业的发展。

（3）营造清单合同的社会环境

经济体制的改革是一项极其复杂繁琐的工作，往往牵一发而动全身。《建设工程工程量清单计价规范》颁布实施后，更需要各级政府管理部门的跟踪和监督，尤其是工程造价管理部门。政府要为工程量清单计价创造良好的社会、经济环境，工程造价管理部门要转变观念、与时俱进，出台相应的配套措施，确保清单计价的顺利实施和健康发展。

第一，建立合同风险管理制度。风险管理就是人们对潜在的损失进行辨识、评估、预防和控制的过程。风险转移是工程风险管理对策中采用最多的措施。工程保险和工程担保是风险转移的两种常用方法。工程保险可以采取建安工程一切险，附加第三者责任险的形式。工程担保能有效地保障工程建设顺利地进行，许多国家的政府都在法规中规定进行工程担保，在合同的标准条款中也有关于工程担保的条文。目前，我国工程担保和工程保险制度仍不健全，亟待政府出台有关的法律法规。

第二，尽快建立起比较完善的工程价格信息系统，包括综合项目和独立项目及相应的综合单价的基价数据。因为工程造价最终要做到随行就市，不但承包人要通晓，业主也要了如指掌，造价管理部门更要熟悉市场行情。否则的话这种新机制就不会带来应有的结果。价格信息系统可以利用现代化的传媒手段，通过网络、新闻媒体等各种方式让社会有关各方都能及时了解工程建设领域内的最新价格信息，要建立工程量清单项目数据库。

第三，完善工程量清单计价的操作。有了可操作的工程量清单计价办法，还要辅以完善的实施操作程序，才能使该工作在规范的基础上有序运作。为了保障推行工程量清单计价的顺利实施，必须设计研制出界面直观、操作快捷、功能齐全的高水平工程量清单计价系统软件，解决编制工程量清单、招标控制价和投标报价中的繁杂运算程序，为推行工程量清单计价扫清障碍，满足参与招标、投标活动各方面的需求。

第四，各地造价管理部门应更新观念，转变职能，由“行政管理”走向“依法监督”。将发布指令性的工程费率标准改为发布指导性的工程造价指数及参考指标；将定期发布材料价格及调整系数改为工程市场参考价、生产商价格信息、投标工程材料报价等。加强服务工作，引导施工企业按自身的施工技术及管理水平编制企业内部定额。做好基础工作，强化资料、信息的收集积累。新形势之下，工程造价管理部门应加强基础工作，全面及时收集整理工程造价管理资料，整理后发布相关的政策、宏观指标、指数，服务社会、引导市场，促使建筑市场形成有序的竞争环境。

第五，提高造价执业队伍的水平，规范执业行为。清单计价对工程造价专业队伍特别是执业人员的个人素质提出了更高要求。要顺利实施工程量清单计价，当务之急就是必须加大管理力度，促进工程造价专业队伍的健康发展。一是对人员的管理转变为行业协会管理，专业队伍的健康发展、素质教育、规章制度的制定、监督管理等具体工作由行业协会负责；二是建章立制，实施规范管理，制定行业规范、人员职业道德规范、行为准则及业绩考核等可行办法，使造价专业队伍自我约束，健康发展；三是加强专业培训，实施继续教育制度，每年对专业队伍进行规定内容的培训学习，定期组织理论讨论会、学术报告会，开展业务交流、经验介绍等活动，并提高自身素质。

各级造价管理部门在推行《建设工程工程量清单计价规范》的时候，应有组织、有步骤地进行，所需的其他改革配套措施要及时跟上，建立一个良好的社会环境，为《建设工程工程量清单计价规范》的顺利实施服务。

2. 施工合同的履行

订立合同是双方当事人为了达到一定的目的，通过订立合同固定双方责任关系，明确双方的权利义务。所以说订立合同是前提，履行才是达到目的的关键。为了保护当事人的台法利益，维护正常的交易行为、市场秩序，《中华人民共和国合同法》（以下简称《合同法》）规定了全面履行原则，包括履行约定义务和附随义务；为了“治疗”三角债的顽症，规定了当事人可以约定向第三人履行债务和由第三人履行债务；为了防范欺诈，规定了完整的抗辩权制度；为了保护债权，规定了合同保全制度。

（1）全面履行合同义务的原则

《合同法》第六十条规定：“当事人应当按照约定全面履行自己的义务。”

当事人应当遵循诚实信用的原则，根据合同性质、目的和交易习惯履行通知、协助、保密等义务。本条法律规定的是全面履行合同义务的原则。全面履行义务，包括约定的义务和附随义务。

第一，约定义务。本条法律规定的约定义务，是指合同已经约定和本应约定的义务，双方当事人除应当全面履行的义务并享有以下权利和承担违反约定的责任。①约定不明确的可以通过协议补充完善。约定义务因当事人疏忽未约定或者约定不明确时，可以依照法律规定予以确定。《合同法》第六十一、六十二条对约定不明确的事项的补救方法作了具体规定。②违反约定义务当事人承担的责任是《合同法》第七章规定的违约责任；违反约定义务符合《合同法》第九十四、九十五条规定的情形时，对方当事人享有法定的解除权。

第二，附随义务。附随义务在《民法通则》及前三部合同法中没有规定，《合同法》规定的附随义务有以下内容。①及时通知，当事人应当将履行义务的有关情况及时通知对方，使义务得以顺利履行。②协助，为使履行的义务得以实现，当事人应当互相协助，包括创造必要的条件，提供一定的方便。③保密，为使当事人双方的利益不受第三方的侵害，对于双方的商业秘密、新产品设计、建设工程设的招标控制价等，都不得向第三人泄露。④《示范文本》中通用条款的设计变更一节根据《合同法》关于合同变更的法律规定来处理，因此对这一款不再论述。

对于建设工程合同，我们经常提到，凡与外商订立的合同，在履行过程中我方被对方索赔已经是司空见惯之事了，但为防止损失扩大，如发生不可抗力情形，以及一方当事人违反约定义务，给对方造成损害的，双方当事人都负有防止损失扩大的责任。

第三，附随义务是指无需约定，依诚实信用原则当事人应当承担的义务，它的确定方式与承担的责任均不同于约定义务。①附随义务是根据诚实信用原则、合同性质、目的和交易习惯确定的；②违反附随义务当事人承担的责任是受害方有权请求致害方承担过错赔偿责任。违反附随义务，不应当导致合同解除，当事人不享《合同法》第九十四、九十六条规定的解除权。

（2）约定不明确的条款可以补充

《合同法》第六十一、六十二条对订立合同约定不明确的条款和内容作了补充完善的规定。对于建设工程施工合同，因为是施行《示范文本》确定合同书的形式，同时大量的建设工程是通过招标投标来确立当事人双方发包、承包关系的，这样通过要约——新要约——更新要约——承诺成立的合同书，一般情况下在订立合同时不会有太多的疏漏，即使是由于建设工程的特点，在建造过程中出现的设计变更，当事人双方也可以通过《示范文本》中通用条款的设计变更一节与《合同法》关于合同变更法律规定来处理，因此对这一款不再论述。

对于建设工程合同，我们经常提到，凡与外商订立的合同，在履行过程中，我方被对方索赔已经是司空见惯之事,但在国内的建筑市场索赔一直不能健康地进行。溯其源，一方面是建筑业自新中国成立以来长期实行计划体制管理，基本建设一律作为完成国家的计划投资，根本未列入国民经济的生产部门，没有确认从事工程建设的发包、承包双方的行为属于民事责任行为，更没有承认过合同法权法，工程一旦被索赔就被视为行政责任。所以改革开放二十多年了，建筑业的合同履行中仍然是不会索赔、不能索赔、不让索赔，索赔工作不能正常进行，其根本原因是没有立法、没有法律保障。这次合同法立法，借鉴了国际的大陆法系、英美法系相关制度的优点，设立了完整的抗辩制度，是市场经济发展的需要，使建筑业健全索赔制度有了法律依据，其意义在于：

第一，我国现行合同制度由于没有完整的抗辩制度，在一方不履行合同义务或者履行不符合约定时，另一方没有保护自己的手段，还必须履行合同，否则就是双方违约，这是极不公平的。

第二，具体对当前建筑市场一些不正当的行为，如垫资施工屡禁不止、招标过程中提级（指质量）压价、超越科学与技术限度的压缩工程期限、施工企业低成本投标竞争、不按中标内容订立合同等问题十分严重，已经成为建筑市场的一大公害。而现行的规定不能有力地防范欺诈，因为在一方欺诈时，另一方还必须履行，否则就是双方都违约。

（二）合同风险管理

1. 风险的概念及产生的原因

在人类历史的长河中，风险是无时不在且无处不在的，尤其是当代社会，在政治、经济、科技、军事，甚至人们生活的各个层次、各个方面都充斥着风险。人们在不断地接受风险的挑战的同时，也在不断地探求各类有效的方法和手段去分析风险、防范风险，甚至利用风险。

那么，风险究竟为何物呢？概括地说风险就是活动或事件发生的潜在可能性和导致的不良后果。

风险既然是无处不在而又随时发生，其产生的原因究竟是什么？风险是活动或事件发生并产生不良后果的可能性，显然其主要是由不确定的活动或事件造成。而活动或事件的确定或不确定是由信息的完备与否决定的，即风险是由于人们无法充分认识客观事物及其未来的发展变化而引起的。大千世界，万事万物，都是在不断地发展变化的，由于人类认识客观事物的能力存在着局限性，造成人们对未来事物发展和变化的某些规律无法感知，从而不能作出行之有效的解决方案，这是造成信息不完备导致风险的主要原因之一；其次信息本身的滞后性是导致风险发生的另一个原因。从理论上来讲，完全绝对的完备信息是不存在的，对信息本身来说，其完备性也是相对的。人类总是在不断地探索事物、认识事物、并通过各种数据和信息去描述事物，而这种认识和描述只有当事物发生或形成之后才能进行，况且这种认识和描述需要一个过程，所以这种数据或信息的形成总是要滞后于事物的形成和发展，导致信息滞后现象的必然性。

2. 工程项目风险

（1）工程项目风险的概念

风险既然是无处不在的，对建设工程项目来讲，其存在风险也是必然的。工程项目风险，是指工程项目在设计、采购、施工及竣工验收等各个阶段、各个环节可能遭遇的风险，可将其定义为：在工程项目目标规定的条件下，该目标不能实现的可能性，包括了工程项目风险率和工程项目风险量两个指标。

（2）工程项目风险的特性

工程项目风险具有以下特性：第一，工程项目风险的客观性和必然性。客观事物的存在和发展是不以人的意志为转移的客观实在，决定了工程项目风险的客观性和必然性。第二，工程项目风险的不确定性。风险活动或事件的发生及其后果都具有不确定性。表现在：风险事件是否发生、何时发生，以及发生后造成的后果怎样都是不确定的。但人们可以根据历史的记录和经验，对其发生的可能性和后果进行分析预测。第三，工程项目风险的可变性。在一定条件下，事物总会发生变化，风险也不例外，当引起风险的因素发生变化，也会导致风险产生变化，风险的可变性主要表现在：①风险的性质发生变化。②风险造成的后果发生变化。③出现新的风险或风险因素已消除。第四，工程项目风险的相对性。主要表现在：①风险主体是相对的。相同的风险对不同的主体产生的后果是不同的，对一方是风险，对另一方来说也可能是机会。②风险大小是相对的。同样大小的风险对不同承受能力的主体，产生的后果是不同的。第五，工程项目风险的阶段性。风险的发展是分阶段的，通常认为包括三个阶段：①潜在阶段，是指风险正在酝酿之中，尚未发生的阶段。②发作阶段，是指风险已成事实正在发展的阶段。③后果阶段，是指风险发生后，已经造成无法挽回的后果的阶段。

以往，我国在计划经济体制下，工程项目的建设一直采取的是无险建设状态。所谓“无险”并不是工程建设无风险，而是指参与工程建设的各方都不承担风险，而由国家承担工程的全部风险。这样，造成我国企业既无风险防范意识，又无抗风险能力。

为了适应建筑市场的要求，使我国建筑企业逐步适应市场经济规则的要求，参与国际竞争，我国适时制定实施了“工程量清单计价”的管理模式，要求企业在进行工程计价时，充分考虑工程项目风险的因素，体现工程项目风险发包、风险承包的意识。

风险贯穿于工程的全过程，也体现在工程实施过程中各方面主体上，即业主、承包商、咨询机构及监理工程师。业主与承包商签订工程承包合同（包括咨询机构及监理工程师签订其他形式的合同），双方各自分担相应的工程风险，但因为工程承包业竞争激烈，受“买方市场”规则的制约，业主和承包商承担的风险程度并不均等，往往将主要风险都落到承包商一方。

从国际建设工程项目来看，作为业主一方，其承担的主要风险有战争、暴乱以及政局发生变化的风险。不可抗拒的自然力造成的风险，如：地震、山洪、台风等。经济局势动荡，通货膨胀、税收增加等经济类风险，此外，还有项目决策失误，以及项目实施不当造成的风险。

对于业主方的风险，其可以要求承包方购买保险、订立苛刻的合同条件，以及工程实施过程中及工程实施完成后的反索赔措施等转移风险；此外业主还要筹备一笔资金作为风险基金。

对于承包商来讲，其承担的风险较多，一般包括政治风险（战争与内乱、业主拒付债务、工程所在国对外关系的变化、制裁与禁运、工程所在国社会管理与社会风气的好坏）；经济风险（物价上涨与价格调整风险、外汇风险、工程所在地保护主义）；技术风险（气候条件、设备材料供应、技术规范、工程变更、运输问题等）；公共关系等方面的风险（与业主的关系、与工程师的关系、联合体内部各方关系、与工程所在地政府部门的关系）；管理方面的风险，主要包括承包商机构的素质和协调能力等。

对于具体工程项目来讲，承包商在进行项目决策、缔约及实施工程中，还要面临如下风险：①决策错误风险，包括：信息取舍失误或信息失真风险、中介代理风险、买保与保标风险、报价失误风险。②缔约和履约风险，包括：不平等的合同条款及合同中定义不准确、合同条款遗漏、工程实施中的各项管理风险。③责任风险，包括：职业责任、法律责任、人事责任，以及他人归咎责任——替代责任。

由于承包商在工程承包过程中承担了巨大的风险，所以其在投标报价和生产经营的过程中，要善于分析风险因素，正确估计风险的大小，认真地研究风险防范措施，以避免或减轻风险，把风险造成的损失控制在最低限度。

承包商在进行工程项目投标报价时，还要建立风险成本观念，并且将工程项目风险成本作为项目成本的组成部分，应体现在工程造价成本费用中。

所谓工程项目风险成本，一般是指风险活动或事件引起的损失或减少的收益，以及为防止风险活动或事件发生采取的措施而支付的费用。风险成本包括：第一，风险有形成本。风险有形成本是指风险活动或事件造成的直接损失和间接损失。直接损失是指发生在风险活动或事件现场的财产损失或伤亡人员的价值；间接损失是指发生在风险活动或事件现场以外的损失，以及收益的减少。第二，风险无形成本。风险无形成本也称隐形成本，是指风险活动或事件发生前后，使风险主体付出的代价。主要包括：①减少获利的机会；②阻止了生产率的提高；③引起资源配置不合理；④影响了人的积极性，引起了人的恐惧心理。第三，风险管理费用：工程项目风险管理费用包括风险识别、风险分析、风险预防和风险控制所发生的费用，包括向保险公司投保、向有关方面咨询、购买必要的预防或减损设备、对有关人员进行必要的培训等。

（三）合同索赔管理

1. 索赔的概念

施工索赔这个名词对于我们来说并不陌生，作为调剂合同双方经济利益的有效杠杆之一，它已在西方经济发达国家的工程建设活动中广泛施行，工程参建各方充分利用索赔，维护各自的经济利益。但在我国工程建设活动中使用索赔的实例并不普遍，尤其是在目前施工队伍猛增、出现“僧多粥少”的局面下，施工单位处于弱势地位，往往忽略、轻视或者害怕发生索赔，认为索赔无足轻重，或是担心由于索赔影响双方的正常合作，甚至认为索赔是一种奢望，甲方能够按照施工合同支付工程款就可以了。

随着我国家加入世界贸易组织和《建设工程工程量清单计价规范》的实施，建设工程的计价方法发生了根本的变化，实行工程量清单计价，将逐步走向市场形成价格，准确反映各个企业的实际消耗量，全面体现企业技术装备水平、管理水平及劳动生产率。

计价方法的改变，随之带来工程承包风险因素的增加，根据合同约定，承包人认为有权得到追加付款和(或)延长工期的，都可按规定的程序在规定的时限内向发包人提出索赔。

索赔是在工程施工合同的履行过程中，合同一方因对方不履行或没有全面适当履行合同所规定的义务而遭受损失时，向对方提出索赔或补偿要求的行为。

反索赔的内容则包括索赔发生前的索赔防范和索赔发生后的索赔反击。

索赔防范，要求当事人严格执行合同，预防违约。

反击对方的索赔，通常采取的措施是：①用我方提出的索赔对抗对方的索赔要求，以求双方互做让步，互不支付。②反驳对方的索赔报告，找出理由和证据，证明对方的索赔报告不符合实际情况，或不符合合同规定、计算不准确，以推卸或减轻自己的索赔责任，少受或免受损失。

恪守合同是工程施工合同双方共同的义务，索赔是双方各自享有的权利。只有坚持双方共同守约，才能保证合同的正常执行。

索赔是双向的，既可以是承包方向发包方的索赔，也可以是发包方向承包方的索赔。但实际工作中索赔主要是指承包方向发包方的索赔，这是索赔管理的重点。因为发包方在向承包商的索赔中处于主动地位，可以直接从应付给承包方的工程款中扣抵，也可以从履约保证金或保留金中扣款以补偿损失。

承包方提出的索赔一般称为施工索赔，即因为发包方或其他方面的原因，致使承包方在项目施工中付出了额外的费用或造成了损失，承包方通过合法途径和程序，通过谈判、诉讼或仲裁，要求发包方对承包方在施工中的费用损失给予补偿或赔偿。

索赔是法律和施工合同赋予合同双方共同享有的权利。综上所述，索赔的含义一般包括以下三个方面：①一方违约使另一方蒙受损失，受损方向对方提出赔偿损失的要求；②发生了应由发包方承担责任的特殊风险事件或遇到不利的自然条件等情况，使承包方蒙受较大的损失，从而向发包方提出补偿损失的要求；③承包方本人应当获得的正当利益，由于未能及时得到工程师的确认和发包方给予的支付，从而以正式的函件的方式向发包方索要。

2. 索赔的分类

从承包方角度看，索赔的内容分为费用和工期两类。

在工程施工过程中，一旦出现索赔事件，承包方应及时、准确及客观地估算索赔事件对工程成本的影响，对索赔要求进行量化分析。费用索赔是施工索赔的主要内容，工期索赔在很大程度上也是为了费用索赔，通常以补偿实际损失包括直接损失和间接损失为原则。

（1）费用索赔

费用索赔是指承包方向发包方提出补偿自己的额外费用支出或赔偿损失的要求。承包方在进行费用索赔时，应遵循以下两个原则：①所发生的费用是承包方履行合同所必需的。如果没有该费用支出，合同无法履行。②给予补偿后，承包方应处于假设不发生索赔事件的同样地位，承包方不应由于索赔事件的发生而额外受益或额外受损，承包方可以对哪些费用提出索赔要求，取决于法律和合同的规定。

（2）工期索赔

工期索赔是指承包方在索赔事件发生后向发包方提出延长工期、推迟竣工日期的要求。工期索赔的目的是避免承担不能按原计划施工并完工而需承担的责任。但对于不应由承包方承担责任的工期延误，后果应由发包方承担，发包方应给予展延工期。

3. 常见的承包方索赔的内容

（1）不利的自然条件与人为障碍引起的索赔

第一，不利的自然条件指施工中遇到的实际自然条件比招标文件中所描述的更为困难和恶劣，增加了施工的难度，导致承包方必须花费更多的时间和费用，承包方可提出索赔的要求。例如：地质条件变化引起的索赔。然而这种索赔经常会引起争议，一般情况下，招标文件中都介绍工程的地质情况，有的还附有简单的地质钻孔资料。在有些合同条件中，往往写明承包方在投标前已确认现场的环境和性质（包括地表以下条件、水文和气候条件等），即要求承包方承认已检查和考察了现场及周围环境，承包方不得因误解或误释这些资料而提出索赔。若在施工期间，承包方遇到不利的自然条件，确实是“有经验的承包方”不能预见到的，承包方可提出索赔。

第二，工程施工中人为障碍引起的索赔。如在挖土方工程中，承包方发现地下构筑物或文物，只要是图纸上并未说明的，且处理方案导致工程费用增加，承包方即可提出索赔。由于地下构筑物和文物等，确属于“有经验的承包商”难以合理预见的人为障碍，这种索赔通常较易成立。

（2）工期延长和延误的索赔

这类索赔的内容通常包括两方面：一是承包方要求延长工期，二是承包方要求偿付由于非承包方原因导致工程延误而造成的损失。这两方面的索赔报告要分别编写，因为工期和费用的索赔并不一定同时成立。例如由于特殊恶劣天气等原因，承包方可以要求延长工期，但不能要求费用索赔；也有些延误时间并不影响关键线路的施工，承包方可能得不到延长工期。但是，如果承包方能提出证明其延误造成损失，就可能有权获得这些损失的赔偿。可补偿的延误包括：场地条件的变更；设计文件的缺陷；发包方或建筑师的原因造成的临时停工；处理不合理的施工图纸而造成的耽搁；发包方供应的设备和材料推退到货；工程其他主要承包方的干扰；场地准备工作不顺利；和发包方取得一致意见的工作变更；发包方关于工程施工方面的变更等。对以上延误，承包方有权要求费用补偿和工期适当延长，对于因罢工、异常恶劣气候等造成的工期拖延，应给承包方以适当推迟工期的权力，但一般不给承包方费用补偿。

（3）因施工中断和工效降低提出的施工索赔

由于发包方和建筑师原因引起施工中断和工效降低，特别是根据发包方不合理的指令压缩合同规定的工作进度，使工程比合同规定日期提前竣工，从而导致工程费用的增加，承包方可提出人工费用增加、机械费用增加以及材料费用增加的索赔。

（4）因工程终止或放弃提出的索赔

由于发包方不正当地终止或非承包方原因而使工程终止，承包方有权提出以下施工索赔：

第一，盈利损失。其数额是该项工程合同条款与完成遗留工程所需花费的差额。

第二，补偿损失。包括承包方在被终止工程上的人工、材料、机械的全部支出以及各项管理费用的支出（减去已结算的工程款）。

（5）关于支付方面的索赔

工程款涉及价格、支付方式等方面的问题，由此引起的索赔也很常见。

第一，关于价格调整方面的索赔。如合同条件规定工程实行动态结算的，应根据当地规定的材料价格（价差）调整系数和材料差价对合同价款进行调整。

第二，关于货币贬值导致的索赔。在一些外资或中外合资项目中，承包方不可能使用一种货币，而需使用两种、三种货币从不同国家进口材料、设备以及支付第三国雇员部分工资及补偿费用，因此合同中一般有货币贬值补偿的条款，索赔数额按一般官方正式公布的汇率计算。

第三，拖延支付工程款的索赔。一般在合同中都有支付工程款的时间限制．如果发包方不按时支付中期工程款，承包方可按合同条款向发包方索赔利息，发包方严重拖欠工程款，可能导致承包方资金周转困难，产生中止合同的严重后果。

4. 发包方索赔的内容

由于承包方未能按合同约定履行自己的义务，或者由于承包方的错误使发包方受到损失时，发包方可向承包方提出索赔。常见的索赔内容有：

（1）工期延误索赔

在工程施工过程中，由于承包方的原因，使竣工日期拖后，影响到发包方对该工程的利用，给发包方带来经济损失，发包方有权对承包方进行索赔，要求承包方支付延期竣工违约金。工程合同中的误期违约金，由发包方在招标文件中确定，发包方在确定违约金的费率时，一般考虑以下因素：①发包方盈利损失；②由于工期延长而引起的货款利息增加；③工程拖期带来的附加监理酬金；④由于工程拖期竣工不能使用，租用其他建筑物时的租赁费。

违约金的计算方法，在合同中应有具体规定，一般按每延误一天赔偿一定的款额计算，但累计赔偿额不能超过合同价款的10%。

（2）施工缺陷索赔

当承包方的施工质量不符合施工及验收规范的要求，或使用的设备和材料不符合合同规定，或在保修期未满以前未完成应该负责修补的工程时，发包方有权向承包方追究责任。如果承包方未在规定的期限内进行修补工作，发包方有权另请他人来完成工作，发生的费用由承包方负担。

（3）承包方未履行的保险费用索赔

如果承包方未能按照合同条款约定投保，并保证保险有效，发包方可以投保并保证保险有效，发包方所支付的必要的保险费可在应支付给承包方的款项中扣回。

（4）对超额利润的索赔

在实行单价合同的情况下，如果实际工程量比估算工程量增加很多，会使承包方预期的收入增大。因为工程量增加，承包方并不增加很多固定成本，合同价应由双方讨论调整，发包方收回部分超额利润。另外，由于行政法规的变化导致承包方在工程实施中降低了成本，产生了超额利润，可重新调整合同价格，发包方收回部分超额利润。

（5）对指定分包商的付款索赔

在承包方未能提供已向指定分包商付款的合理证明时，发包方可将承包方未付给指定分包商的所有款项（扣除保留金）付给这个分包商并从应付给承包方的任何款项中如数扣回。

（6）承包方不正当的放弃工程的索赔

如果承包方不合理地放弃工程，多由发包方有权从承包方手中收回由新的承包方完成全部工程所需的工程款超出原合同未付工程款的差额。

5. 索赔程序

（1）索赔的具体规定

我国施工合同示范文本对索赔的提出作出了具体规定：

第一，当一方向另一方提出索赔时，要有正当索赔理由，且有索赔事件发生时的有效证据。

第二，发包人未能按合同约定履行自己的各项义务或履行义务时发生错误，以及应由发包人承担责任的其他情况，造成工期延期和（或）承包人不能及时地得到合同价款及承包人的其他经济损失，承包方以书面形式按以下程序向发包人索赔：①索赔事件发生后 28 天内，向工程师发出索赔意向通知；②发出索赔意向通知后 28 天内，向工程师提出延长工期和（或）补偿经济损失的索赔报告及有关资料；③工程师在收到承包人送交的索赔报告和有关资料后，于 28 天内给予答复，或要求承包人进一步补充索赔理由和证据；④工程师在收到承包人送交的索赔报告和有关资料后 28 天内未予答复或未对承包人进一步要求的，视为该项索赔已经认可；⑤当该索赔事件持续进行时，承包人应当阶段性地向工程师发出索赔意向，在索赔事件终了后 28 天内，向工程师送交索赔的有关资料和最终索赔报告，索赔答复程序与③、④规定相同。

第三，承包人未能按合同约定履行自己的各项义务或履行义务时发生错误，给发包人造成经济损失，发包人可按上述确定的时限向承包人提出索赔。

（2）索赔程序

为了顺利地进行索赔工作，必须有充分的证据，同时必须谨慎地选择证实损失的最佳方法，并根据合同规定，及时提出索赔要求，如超过索赔期限，则无权提出索赔要求。

第一，具有正当的索赔理由。所谓有正当的索赔理由，必须具有索赔事件发生时的有关证据，因为进行索赔主要是靠证据说话。因此，对索赔的管理必须从宏观的角度上与项目管理有机地结合起来，这样才能不放过任何索赔的机会和证据。一旦出现了索赔机会，承包方应做好以下工作：①进行事态调查，对事件进行详细了解。②对这些事件的原因进行分析，并判断其责任应由谁承担，分析发包方承担责任的可能性。③对事件的损失进行调查和计算。

第二，发出索赔通知。索赔事件发生后 28 天内，承包方应向发包方发出要求索赔意向通知。

承包方在索赔事件发生后，应立即着手准备索赔通知。索赔通知应是合同管理人员在其他管理人员配合协助下起草的，包括承包方的索赔要求和支持该要求的有关证据，证据应力求详细和全面，但不能因为证据的收集而影响索赔通知的按时发出。

第三，索赔的批准。工程师在接到索赔报告后 28 天内给予答复，或要求承包方进一步补充索赔理由和证据，工程师在 28 天内未予答复，视为该项索赔已认可。

在这一步骤中，承包方应及时补充理由和证据。这就要求承包方在发出索赔通知和报告后不能停止或完全放弃索赔的取证工作，而对工程师来讲，则应抓紧时间对索赔通知和报告（特别是有关证据）进行分析，并提出处理意见。

6. 索赔时效

建设工程施工合同索赔时效是基于合同当事人双方约定在建筑业广泛使用的一项法律制度，但对其基本性质在民法理论中尚缺少相应的深入研究。这里特别强调建设工程施工合同索赔时效的功能、法律基础、效力及适用范围等相关问题，重点解析应该如何计算索赔时效的期间。

建设工程施工合同索赔时效，是指施工合同履行过程中，索赔方在索赔事件发生后的约定期限内不行使索赔权的，视为放弃索赔权利，其索赔权归于消灭的合同法律制度。约定的期限即索赔时效期间，未在合同中作特别约定的，一般为28天。该种索赔时效，属于消灭时效的一种。

索赔时效的规定，可在各类合同范本中反映。如国家住建部、工商总局制定的《建设工程施工合同（示范文本）》通用条款91.1条规定："承包人应在知道或应当知道索赔事件发生后28天内，向监理人递交索赔意向通知书，并说明发生索赔事件的事由；承包人未在前述28天内发出索赔意向通知书的，丧失要求追加付款和（或）延长工期的权利"；国际咨询工程师联合会编写的土木工程施工合同条件1987年第四版（FIDIC条款）53.1条也规定："承包商的索赔应在引起索赔的事件第一次发生之后28天内，将他的索赔意向通知工程师"，53.4条同时规定："若承包商未能遵守规定，他有权得到的有关付款将只能由工程师核实估价"。

在实践中，一些具体工程施工合同条款中，尤其是工程量清单报价模式下的合同，对于索赔时效有更具体的规定，如香港某测量师行起草的某地时代广场施工合同"总承包人的额外索赔"的条款规定："总承包人的索赔必须在引起要求的事件发生后一个月内向建筑师提出，并且在事件发生后两个月内呈交详细及有证据的申请，超出上述期限提出的任何索偿要求则应视为不合理逾期申请，而承包人则应视为放弃此等要求赔偿之权利"；另外如某地世纪朝阳花园工程的总承包合同就"总承包方的索偿"规定如下："在引致有索赔事件发生后14天内，总承包方须向发包方提出有意索偿的书面报告，并在书面报告后21天内提交索偿额的具体计算资料，总承包方迟提出或迟交资料的索偿将不获考虑。"

索赔方如不严格遵守索赔时效的规定，逾期提出索赔要求，则其胜诉权将得不到法律支持。如北京仲裁委员会2002年裁决的北京某建筑集团公司与北京某科技发展有限公司之间的索赔争议案中，申请人北京某建筑公司提出了十余项索赔要求，金额近千万元，其中若干索赔要求因其提出索赔的时间超过合同规定的索赔期限而被仲裁委员会认定为索赔无效，最终仅获80余万元的索赔款。

承包人应在知道或应当知道索赔事件发生后28天内，向监理人递交索赔意向通知书，并说明发生索赔事件的事由；承包人未在前述28天内发出索赔意向通知书的，丧失要求追加付款和（或）延长工期的权利。

（1）索赔时效的功能

第一，促使权利人行使权力。索赔时效是由其本质决定的，索赔时效是时效制度中的一种。也就是说，超过法定期间，权利人不主张自己的权利，则诉讼权消灭，人民法院不再强制对该实体权利进行保护，通过此种方法来督促权利人积极行使自己的权利，这也是索赔时效的功能。

第二，索赔时效具有平衡业主和建筑承包商利益的功能。在施工合同索赔中，业主通常是作为被索赔方，其与建筑承包商比较而言，对施工过程的参与程度和熟悉程度相对较为肤浅，施工记录也相对较为简单。由于索赔事件（如由于发包人错误指令造成连续浇注的混凝土施工异常中断，额外增加施工缝处理费用）往往持续时间短暂，事后难以复原，业主难以在事后查找到有力证据来确认责任归属，或准确评估所发生的费用数额。因此，如果允许承包商隐瞒索赔意图，对其索赔权不加时间限制，无疑将置业主于不利状态。索赔时效平衡了业主和承包商的利益。一方面，在索赔时效制度下，凡索赔时效期间届满，即视为不行使索赔权的承包商放弃索赔权利，业主可以用此作为证据的代用，避免举证的困难；另一方面，只有促使承包商及时地提出索赔要求，才可警示业主充分履行合同义务，避免相类似索赔事件的再次发生。

第三，索赔时效有利于索赔的客观、公正、经济的解决。索赔肯定会有分歧，尤其是引起索赔的事件已经完成很长时间后才提起索赔，分歧会更加严重。如果没有索赔时效的限制，索赔权利人甚至可能会在工程完工后才提出索赔。时过境迁和人员变动，使得索赔事件的真实状况很难复原，因而导致业主和承包商均依据各自的记录阐述各自理由，而双方必然都认为自己才真实地记录了索赔事件，使得索赔很难通过协商解决，由此引发的合同争端只能通过调解、仲裁或诉讼等方式解决，增加了双方的费用和成本。

（2）索赔时效的法律基础

虽然索赔时效已通行于建筑业，几成行业惯例，但在法律未将之纳入明文规定之前，仍不属于法定制度，仅属当事人的合同约定。然而，基于意思自治、合同自由的合同法原则，施工合同当事人在不违反法律、法规禁止性规定的前提下，其协商一致的索赔时效合同条款，应属合法有效。

根据《合同法》第八条“依法成立的合同，对当事人具有法律约束力”的规定，施工合同索赔时效的约定，据此具有了法律约束力。因此对于那些超过索赔期限的索赔要求，根据索赔时效的特性和合同的性质，不再具有法律约束力，自然难以获得法律支持。

（3）索赔时效的效力

索赔时效有两个方面的效力，一是索赔时效期间届满则索赔权即诉权的消灭，即权利人未在约定的索赔时效期间内提出索赔，其索赔权利消灭；二是索赔时效为有效的抗辩理由，即索赔时效期间届满，请求权的相对人因而取得否认对方请求的权利。

索赔时效期间届满后的请求权，因诉权消灭，变为不可诉请求权，此种请求权不受法律强制实施的约束力和保障。因为基于索赔时效的效力，义务人取得了抗辩权，可拒绝权利人的索赔主张，虽则如此，但权利人的实体权利并未就此丧失，因为，一方面如果被索赔方即请求权利义务人主动放弃索赔时效的抗辩权，其仍可自愿履行该债务，给权利人以补偿，索赔方有权接受该赔款，不构成不当得利。即使被索赔方不知道时效届满的事实，也不能以不知时效届满为由要求返还。另一方面，被索赔方也可在时效届满提出索赔时效抗辩的同时，仍可基于道义或公平原则，给予索赔方适当补偿，即所谓的道义索赔，索赔方也有权接受该赔款，不构成不当得利。

此外虽然索赔时效是基于合同约定产生的，但其仍属于时效的一种。按照时效制度的原则，即时效只能由当事人主张而不能由法庭主动援用。因此，法院或仲裁庭在审理该类案件时，一般不能主动援用索赔时效，只有在被索赔方提出该项抗辩理由时，才能予以支持。

（4）索赔时效的适用范围

索赔时效的适用范围应根据合同约定确定，一般而言，对于合同有具体时间约定的事项不适用索赔时效。如合同规定设计变更对总价的增减在竣工结算时调整，则设计变更引起的索赔，无须遵守索赔时效规定。此外，法律对时效有明文规定的事项，如保险索赔时效，应按法律规定处理，而不得以合同约定为准。

（5）索赔时效期间的计算

由于索赔时效关系到索赔权利的得丧，决定了索赔结果，因此索赔时效期间的计算，尤其是索赔时效期间的起算时间的确定就显得十分重要。

确定索赔时效期间起算点的一个重要问题是，确定是以索赔事件发生时间为起算点，还是以索赔事件结束时间为起算点。

尽管任何事件的发生或长或短都有持续时间，但是索赔时效期间的起算时间应该是索赔事件发生的当时。在上例仲裁案中，申请人北京某建筑集团公司提出，被申请人逾期未支付工程款的违约行为是持续的事件，只有在事件结束后才能评估具体的损失（即索赔额），因此申请人主张，虽然其提交索赔报告的时间超过了按事件发生时间起算的期间，但并未超过按事件结束时间起算的期间，由此认为其索赔要求并未超过索赔时效期间。仲裁庭指定的鉴定人指出：被申请人拖欠工程款是一个持续的事件，甚至在争议提交给仲裁庭时，事件仍有可能处于继续状态，如果按申请人的逻辑，索赔时效期间甚至尚未开始计算，其索赔要求甚至还不能提出。显然，申请人的理由是自缚手脚，不能成立。从司法实践的理解来看，认为从索赔事件开始发生起，当事人就应该知道其具有了索赔权利，就应该积极行使自己的权利。

事实上，在规定较为详细的合同条款中，对持续时间较为长久的索赔事件，其索赔时效期间的起算仍然是事件发生时间，只是在这种情况下，索赔权利人在索赔时效期间内提出的索赔要求不是最终的索赔要求，而仅仅是索赔意向。如示范文本第19.1条规定：“索赔事件具有持续影响的，承包人应按合理时间间隔继续递交延续索赔通知，说明持续影响的实际情况和记录，列出累计的追加付款金额和（或）工期延长天数；在索赔事件影响结束后28天内，承包人应向监理人递交最终索赔报告，说明最终要求索赔的追加付款金额和（或）延长的工期，并附必要的记录和证明材料。”FIDIC条款53.3条规定：“当提出索赔的事件具有连续影响时，承包商提出的索赔报告应被认为是临时详细报告，承包商应在索赔事件所产生的影响结束后28天之内发出一份最终详细报告。”

但是如果索赔权利人确实对索赔事件已经发生不知情，应如何确定计算起点呢？例如承包商误以为业主的工程款已经通过银行到账，而实际并未到账的情形。此时，时效期间应从知道或者应当知道索赔事件发生时起计算。但是索赔权利人不能以“不知道权利被侵害”为由，提出索赔期间延长。原因在于是否知道事件发生，较容易凭借客观情形作出判断，而是否认识到索赔事件发生后权利已被侵害乃是人的主观心理活动，很难成为一个客观标准，作为权利人免责的理由。

索赔时效期间计算中另一重要的问题是，索赔时效期间是否可以中止？所谓时效期间的中止，又称时效期间的不完成，指在时效期间即将完成之际，有与权利人无关的事由使权利人无法行使其请求权，法律为保护权利人而使时效期间暂停计算，待中止事由消灭后继续计算。根据索赔时效的功能和性质，并且由于在实践中当事人约定的索赔期间一般较短，因此应该严格限定能够引起索赔时效期间中止的事由。应该仅限于权利人因不可抗力的障碍导致其不能行使索赔权的情形，而且双方当事人应在合同中明确不可抗力的范围。也就是说，索赔时效期间应是固定不变的期限，只用不可抗力为特定的时效终止事由。

7. 索赔证据和索赔文件

（1）索赔证据的要求

①具备真实性。索赔证据必须是在实施合同过程中确实存在和发生的，必须完全反映实际情况，能经得住对方的推敲。②具备关联性。索赔的证据应当能够互相说明，相

互具有关联性，不能零乱和支离破碎，更不能相互矛盾。③具备及时性。索赔证据的及时性主要体现在证据的取证和证据的提出这两个方面都应当及时。④具备可靠性。索赔证据应当是可靠的，一般应是书面的，有关的记录和协议应有当事人的签字认可。

（2）索赔证据的种类

以下文件和资料都有可能成为索赔证据：①招标文件、施工合同文本及附件，其他各种签约（如备忘录、补充协议等），经认可的工程实施计划、各种工程图纸、技术规范等，这些索赔的依据可在索赔报告中直接引用。②双方的往来信件。③各种会谈纪要。在施工合同履行过程中，定期或不定期的工程会议所做出的决议或决定，是施工合同的补充，应作为施工合同的组成部分，但会谈纪要只有经过各方签署后才可作为索赔的依据。④施工进度计划和具体的施工进度安排。⑤施工现场的有关文件。如施工记录、施工备忘录、施工日报、工长或检查员的工作日记等。⑥工程照片。照片可以清楚、直观地反映工程具体情况，照片上应注明日期。⑦气象资料。⑧工程检查、验收报告和各种技术鉴定报告。⑨工程中送停电、送停水、道路开通和封闭的记录和证明。⑩国家公布的物价指数、工资指数。⑪各种会计核算资料。⑫建筑材料的采购、订货、运输、进场、使用方面的凭据。⑬国家有关法律、法令、政策文件。

（3）索赔文件

索赔文件是承包方向发包方索赔的正式书面材料，也是工程师审议承包方索赔请求的主要依据，包括索赔意向通知、索赔报告、详细计算书及证据。

第一，索赔意向通知是承包方致发包方或其代表的简短信函，是提纲挈领的材料，它把其他材料贯通起来。索赔意向通知应包括下列内容：①说明索赔事件；②列举索赔理由；③提出索赔金额与工期；④附件说明。

第二，索赔报告是索赔的正式文件，一般包含三个主要部分：①报告的标题。应言简意赅地概括索赔的核心内容。②事实与理由。这部分应该叙述客观事实，合理引用合同规定，建立事实与损失之间的因果关系，说明索赔的合理合法性。③损失计算书与要求赔偿金额及工期。这部分无须详细公布计算过程，只须列举各项明细数字及汇总数据即可。

第三，详细计算书是为了证实索赔金额的真实性而设置的，可以运用大量图表。

第四，索赔证据是为了证实整个索赔的真实性。

8. 索赔费用的确定

（1）处理索赔的一般原则

第一，必须以合同为依据。必须对合同条款有详细了解，以合同为依据处理合同双方的利益纠纷。

第二，必须注意资料的积累。积累一切可能涉及索赔论证的资料，建立业务往来的文件编号档案等业务记录制度，做到处理索赔时以事实和数据为依据。

第三，必须及时处理索赔。索赔发生后必须依据合同的准则，及时对索赔进行处理。任何在中间付款期将问题搁置下来留待以后处理的想法都将会带来意想不到的后果。此外，在索赔的初期和中期，可能只是普通的信件往来，拖到后期的综合索赔，将会使矛盾进一步复杂化，大大增加处理索赔的难度。

第四，费用索赔均以赔偿或补偿实际损失为原则，实际损失可作为费用索赔值。实际损失包括两部分：①直接损失，即索赔事件造成的财产的直接减少，实际工程中常表现为成本增加或实际费用超支。②间接损失，即可能获得的利益的减少。

（2）费用索赔的项目

索赔费用的组成同工程造价类似，主要含有以下几个方面：

第一，人工费。指完成合同之外的额外工作所花费的人工费用；由于非承包方责任的工效降低所增加的人工费用；法定的人工费增长以及非承包方责任工程延误导致的人员窝工费等。

第二，材料费。包括：由于索赔事项的材料实际用量超过计划或定额用量而增加的材料费；由于客观原因材料价格大幅度上涨；由于非承包方责任工程延误导致的材料价格上涨和材料超期贮存费用等。

第三，机械费。包括：由于完成额外工作增加的机械使用费；非承包方责任的工效降低增加的机械使用费；由于发包方原因导致的机械停置费等。停置费的计算，如系租赁施工机械，一般按实际租金计算；如系承包方自有施工机械，通常按机械折旧费和人工费计算。

第四，分包费用。指分包商的索赔费，一般也包括人工、材料、机械费的索赔，分包商的索赔应如数列入总承包方的索赔款总额之内。

第五，现场管理费。指承包方完成额外工程、索赔事项工作以及工期延长期间的现场管理费，包括管理人员工资、办公费等。但如果对部分工人窝工损失索赔时，因其他工程仍然进行，可不予计算现场管理费的索赔。

第六，企业管理费。主要指的是工程延误期间所增加的公司管理费。

第七，利息。包括拖期付款的利息；由于工程变更和工程延误增加资金投入的利息；索赔款的利息；错误扣款的利息等。利息率在实践中可采取不同的标准，主要有：按当时的银行贷款利率；按当时的银行透支利率；按合同双方协议的利率等。

第八，利润。一般来说由于工程范围的变更和施工条件变化引起的索赔，承包方是可以列入利润的。但对于工程延误的索赔，由于延误工期并未影响、削减某些项目的实施，从而导致利润减少，所以一般很难同意在延误的费用索赔中加进利润损失。

索赔利润的款额计算通常是与原报价单中的利润百分率保持一致，就在分部分项工程费内，在人工费和机械费（区别于老定额）的基础上，乘以原报价单中的利润率，作为该项索赔款的利润。

（3）索赔费用的计算方法

索赔值的计算没有共同认可、统一的计算方法，但计算方法的选择却对索赔值影响很大，要求具备丰富的工程估价经验和索赔经验。

索赔事件的费用计算，一般是先计算有关的人工费和机械费，然后计算应分摊的管理费。每一项费用的具体计算方法，基本上与报价计算相似。总体而言，一般采用总费用法和分项法进行索赔事件的分部分项工程费用的计算，并且选择合理的分摊方法进行管理费的分配。

第一，总费用法。总费用法又称总成本法。当发生多次索赔事件以后，重新计算该工程的实际总费用，实际总费用减去投标价时的估算总费用，就为索赔金额。计算公式是：

索赔金额 = 实际总费用—投标报价估算总费用

总费用法的基本思路是将固定总价合同转化为成本加酬金合同，按成本加酬金的方法来计算索赔值，即以承包方的额外增加的成本为基础，加上相应的管理费、利润作为索赔值。

不少人对采用该方法计算索赔费用持批评态度，因为实际发生的总费用中可能包括承包方的原因如施工组织不善而增加的费用，同时投标报价的总费用却因为想中标而过低。这种方法在工程实践中用得很少，不容易被认可。该方法的应用必须满足以下四个条件：①合同实际发生的总费用应计算准确，计算的成本应符合普遍接受的会计原则，若需要分配成本，则分摊方法和基础选择要合理。②承包方的报价合理，符合实际情况。③合同总成本的超支系其他当事人行为所致，承包方在合同实施过程中没有任何失误，但这一般在工程实际中基本是不可能的。④合同争执的性质不适合采用其他计算方法。

第二，修正总费用法。修正总费用法是在总费用计算的原则上，去掉一些不合理的因素，使其更合理。修正的内容如下：①将计算索赔款的时段局限于受到外界影响的时间，而不是整个施工期。②只计算受影响时段内的某项工作所受影响的损失，而不计算该时段内所有施工工作所受的损失。③与该项工作无关的费用不列入总费用中。④对投标报价费用重新进行核算。受影响时段内该项工作的实际单价，乘以实际完成的该项工作的工程量，得出调整后的报价费用。

按修正后的总费用计算索赔金额的公式如下：

索赔金额=某项工作调整后的实际总费用—该项工作的报价费用

修正的总费用法与总费用法相比，有了实质性的改进，它的准确程度已经接近于实际费用。

第三，分项法。分项法是对每个引起损失的事件和各费用项目单独分析计算，最终求和。该方法比总费用法复杂、困难，但比较合理、清晰，能反映实际情况，可为索赔报告的分析、评价及其最终索赔谈判和解决提供方便，是广泛采用的方法，分项法计算，通常分三步：①每个或每类索赔事件所影响的费用项目，即引起哪些费用损失，不得有遗漏。这些费用项目通常应与合同报价中的费用项目一致。②计算每个费用项目受索赔事件影响后的数值，通过与合同价中的费用值进行比较即可得到该项费用的损失值即索赔值。③将各费用项目的索赔值列表汇总，得到总的费用索赔值。

分项法中索赔费用主要包括该分项工程施工过程中所发生的额外人工费、材料费、机械费以及在人工费和机械费基础上应得的管理费和利润等。由于分项法所依据的是实际发生的成本记录或单据，所以对施工过程的第一手资料的收集整理显得非常重要。

第二节　“营改增”后工程造价的计算

一、概述

2016年，住房和城乡建设部印发《关于做好建筑业营改增建设工程计价依据调整准备工作的通知》，明确了“价税分离”的调整方案，全面部署工程计价依据调整准备工作，要求各地4月底前完成调整准备工作。经过2个月准备，特别是4月11日，住房和城乡建设部召开全国建筑业和房地产业营改增工作电视电话会议后，为贯彻落实“尽快调整工程计价依据”的要求，全国31个省（自治区、直辖市）和有关专业工程造价管理机构已经全部完成了计价依据的调整工作，本章主要介绍实施“营改增”后江苏省建设工程计价定额及费用定额的调整内容及方法。

二、“营改增”后计价依据的调整

按照住房和城乡建设部《关于做好建筑业营改增建设工程计价依据调整准备工作的通知》，以下简称《通知》，结合我省实际，按照“价税分离”的原则，现就实施“营改增”

后江苏省建设工程计价依据调整的有关内容和实施要求作一简单介绍：①“营改增”调整后的建设工程计价依据适用于本省行政区域内，合同开工日期为2016年5月1日以后的建筑和市政基础设施工程发承包项目（以下简称“建设工程”）。合同开工日期以《建筑工程施工许可证》注明的合同开工日期为准；未取得《建筑工程施工许可证》的项目，以承包合同注明的开工日期为准。②按照《关于全面推开营业税改征增值税试点的通知》，营改增后，建设工程计价分为一般计税方法和简易计税方法。除清包工程、甲供工程、合同开工日期在2016年4月30日前的建设工程能采用简易计税方法外，其他一般纳税人提供建筑服务的建设工程，采用一般计税方法。③甲供材料和甲供设备费用不属于承包人销售货物或应税劳务而向发包人收取的全部价款和价外费用范围之内。因此，在计算工程造价时，甲供材料和甲供设备费用应在计取甲供材料和甲供设备的现场保管费后，在税前扣除。④一般计税方法下，建设工程造价＝税前工程造价 ×（1+11%），其中税前工程造价中不包含增值税可抵扣进项税额，即组成建设工程造价的要素价格中，除无增值税可抵扣项的人工费、利润、规费外，材料费、施工机具使用费、管理费均按扣除增值税可抵扣进项税额后的价格（以下简称“除税价格”）计入。由于计费基础发生变化，费用定额中管理费、利润、总价措施项目费、规费费率需相应调整。现行各专业计价定额中的材料预算单价、施工机械台班单价均按除税价格调整。其中，定额材料预算单价的调整数值详见《通知》的附表2，即：江苏省现行专业计价定额材料含税价和除税价表。定额施工机械台班单价的调整数值详见《通知》的附表3，即江苏省机械台班定额含税价和除税价表。同时，城市建设维护税、教育费附加及地方教育附加，不再列入税金项目内，调整放入企业管理费中。⑤简易计税方法下，建设工程造价除税金费率、甲供材料和甲供设备费用扣除程序调整外，仍按“营改增”前的计价依据执行。

三、“营改增”后费用定额的调整

（一）装饰工程费用组成

1. 一般计税方法

第一，根据住房和城乡建设部《关于做好建筑业营改增建设工程计价依据调整准备工作的通知》规定的计价依据调整要求，营改增后，采用一般计税方法的建设工程费用组成中的分部分项工程费、措施项目费、其他项目费及规费中均不包含增值税可抵扣进项税额。

第二，企业管理费组成内容中增加第（19）条附加税：国家税法规定的应计入建筑安装工程造价内的城市建设维护税、教育费附加及地方教育附加。

第三，甲供材料和甲供设备费用应在计取现场保管费后，在税前扣除。

第四，税金定义及包含内容调整为：税金是指根据建筑服务销售价格，按规定税率计算的增值税销项税额。

2. 简易计税方法

第一，营改增后，采用简易地计税方式的建设工程费用组成中，分部分项工程费、措施项目费、其他项目费的组成，均与《江苏省建设工程费用定额》原规定一致，包含增值税可抵扣进项税额。

第二，甲供材料和甲供设备费用应在计取现场保管费后，在税前扣除。

第三，税金定义及包含内容调整为：税金包含增值税应纳税额、城市建设维护税和教育费附加及地方教育附加。

（二）取费标准调整

1. 一般计税方法

（1）企业管理费和利润取费标准（表 8-1）

表8-1　单独装饰工程企业管理费和利润取费标准表

项目名称	计算基础	企业管理费率（%）	利润率（%）
单独装饰工程	人工费+除税施工机具使用费	43	15

（2）措施项目费及安全文明施工措施费取费标准（表 8-2、表 8-3）

表8-2　措施项目费取费标准表

项目	计算基础	单独装饰
临时设施	分部分项工程费+单价措施项目费-工程设备费	0.3 ~ 1.3
赶工措施		0.5 ~ 2.2
按质论价		1.1 ~ 3.2

注：本表中除临时设施、赶工措施、按质论价费率有调整外，其他费率不变。

表8-3　安全文明施工措施费取费标准表

工程名称	计费基础	基本费率（%）	省级标化增加（%）
单独装饰工程	分部分项工程费+单价措施项目费-除税工程设备费	1.7	0.4

（3）其他项目取费标准

暂列金额、暂估价及总承包服务费中都不包括增值税可抵扣进项税额。

（4）规费取费标准（表 8–4）

表8–4　社会保险费及公积金取费标准表

工程类别	计算基础	社会保险费率（%）	公积金费率（%）
单独装饰工程	分部分项工程费+措施项目费+其他项目费–除税工程设备费	2.4	0.42

（5）税金计算标准及有关规定

税金以除税工程造价为计取基础，费率为 11%。

2. 简易计税方法

税金包括增值税应缴纳税额、城市建设维护税和教育费附加及地方教育附加：①增值税应纳税额 = 包含增值税可抵扣进项税额的税前工程造价 × 适用税率，税率为 3%；②城市建设维护税 = 增值税应纳税额 × 适用税率，税率：市区 7%、县镇 5%、乡村 1%；③教育费附加 = 增值税应纳税额 × 适用税率，税率为 3%；④地方教育附加 = 增值税应纳税额 × 适用税率，税率为 2%。

以上四项合计，以包含增值税可抵扣进项额的税前工程造价为计费基础，税金费率：市区为 3.36%、县镇为 3.30%、乡村为 3.18%，如各市另有规定的，按照各市规定计取。

第九章　建筑装饰工程结算与竣工决算

第一节　建筑装饰工程结算

一、建筑装饰工程结算的概念及意义

（一）建筑装饰工程结算的概念

建筑装饰工程结算是指在建筑装饰工程的经济活动中施工，单位依据承包合同中关于付款条款的规定和已经完成的工程量，并按照规定的程序向业主（建设单位）收取工程价款的一项经济活动。

由于建筑装饰工程施工周期长，人工、材料和资金耗用量大，在工程实施的过程中为了合理补偿工程承包商的生产资金，通常将已完成的部分施工工程量作为“假定合格建筑装饰产品”，按有关文件规定或合同约定的结算方式结算工程价款，并按规定时间和额度支付给工程承包商，这类行为通常被称为工程结算。

（二）建筑装饰工程结算的意义

1. 建筑装饰工程结算是反映工程进度的主要指标

在施工过程中，工程价款的结算主要是按照已完成的工程量进行结算，也就是说，承包商完成的工程量越多，所应结算的工程价款也应越多，所以，根据累计结算的工程价款占合同总价款的比例，能够近似地反映出工程的进度情况，有利于准确掌握工程进度。

2. 建筑装饰工程结算是加速资金周转的重要环节

承包商能够尽早地结算工程价款，有利于资金回笼，降低内部运营成本，通过加速资金周转，可提高资金使用的有效性。

3. 建筑装饰工程结算是考核经济效益的重要指标

对于承包商来说，只有工程价款如数地结算，才可够获得相应的利润，进而达到预期的经济效益。

二、工程结算编审一般原则

第一，工程造价咨询单位应以平等、自愿、公平及诚实信用的原则订立工程咨询服务合同。

第二，在结算编制和结算审查中，工程造价咨询单位和工程造价咨询专业人员必须严格遵循国家相关法律、法规和规章制度，坚持实事求是、诚实信用和客观公正的原则。拒绝任何一方违反法律、行政法规、社会公德、影响社会经济秩序和损害公共利益的要求。

第三，工程结算编制应当遵循承发包双方在建设活动中平等和责、权、利对等原则；工程结算审查应当遵循维护国家利益、发包人和承包人合法权益的原则。造价咨询单位和造价咨询专业人员应以遵守职业道德为准则，不受干扰，公正、独立地开展咨询服务工作。

第四，工程结造价咨询企业和工程造价专业人员在进行结算编制和结算审查时，应依据工程造价咨询服务台合同约定的工作范围和工作内容开展工作，严格履行合同义务，做好工作计划和工作组织，掌握工程建设期间政策和价款调整的有关因素，认真开展现场调研，全面、准确及客观地反映建设项目工程价款确定和调整的各项因素。

第五，工程结算编制严禁巧立名目、弄虚作假、高估冒算，工程结算审查严禁滥用职权、营私舞弊或提供虚假结算审查报告。

第六，承担工程结算编制或工程结算审查咨询服务的受托人，应严格履行合同，及时完成工程造价咨询服务合同约定范围内的工程结算编制和审查工作。

第七，工程造价咨询单位承担工程结算编制，其成果文件一般应得到委托人的认可。

第八，工程造价咨询单位单方承担工程结算审查，其成果文件一般应得到审查委托人、结算编制人和结算审查受托人以及建设单位共同认可，并签署“结算审定签署表”。确因非常原因不能共同签署时，工程造价咨询单位应单独出具成果文件，并承担相应法律责任。

第九，工程造价专业人员在进行工程结算审查时，应独立开展工作，有权拒绝其他人的修改和其他要求，并保留其意见。

第十，工程结算编制应采用书面的形式，有电子文本要求的，应一并报送与书面形式内容一致的电子版本。

第十一，工程结算应严格按工程结算编制程序进行编制，做到程序化、规范化，结算资料必须完整。

第十二，结算编制或审核委托人应与委托人在咨询服务委托合同内约定结算编制工作的所需时间，并在约定的期限内完成工程结算编制工作。合同没有做约定或约定不明的，结算编制或审核受托人应以财务部、原建设部联合颁发的《建设工程价款结算暂行办法》

第十三条有关结算期限规定为依据，在规定期限内完成结算编制或审查工作。结算编制或审查委托人未在合同约定的规定期限内完成为且无正当理由延期的，应当承担违约责任。

三、建设项目工程结算编制

（一）结算编制文件组成

工程结算文件一般由工程结算汇总表、单项工程结算汇总表、单位工程结算汇总表和分部分项（措施、其他、零星）工程结算表及结算编制说明等组成。工程结算汇总表、单项工程结算汇总表、单位工程结算汇总表应当按表格所规定的内容详细编制。

工程结算编制说明可根据委托工程的实际情况，以单位工程、单项工程或者建设项目为对象进行编制，并应说明以下内容：

第一，工程概况；

第二，编制范围；

第三，编制依据；

第四，编制方法；

第五，有关材料、设备、参数和费用说明；

第六，其他有关问题的说明。

工程结算文件提交时，受委托人应当同时提供与工程结算相关的附件，包括所依据的发承包合同调整条款、设计变更、工程洽商、材料及设备定价单及调价后的单价分析表等与工程结算相关的书面证明材料。

（二）编制程序

工程结算应按准备、编制以及定稿三个工作阶段进行，并实行编制人、校对人和审核人分别署名盖章确认的编审签署制度。

1. 结算编制准备阶段

第一，收集与工程结算编制相关的原始资料；

第二，熟悉工程结算资料内容，进行分类、归纳和整理；

第三，召集相关单位或部门的有关人员参加工程结算预备会议，对结算内容和结算资料进行核对与充实完善；

第四，收集建设期内影响合同价格的法律和政策性文件；

第五，掌握工程项目发承包方式、现场施工条件、应采用的工程计价标准、定额、费用标准、材料价格变化等情况。

2. 结算编制阶段

第一，根据竣工图及施工图以及施工组织设计进行现场踏勘，对需要调整的工程项目进行观察、对照、必要的现场实测和计算，做好书面或影像记录；

第二，按既定的工程量计算规则计算需调整的分部分项、施工措施或者其他项目工程量；

第三，按招标文件、施工发承包合同规定的计价原则和计价办法对分部分项、施工措施或其他项目进行计价；

第四，对于工程量清单或定额缺项以及采用新材料、新设备、新工艺的，应根据施工过程中的合理消耗和市场价格，编制综合单价或单位估价分析表；

第五，工程索赔应按合同约定的索赔处理原则、程序和计算方法，提出索赔费用，经发包人确认后作为结算依据；

第六，汇总计算工程费用，包括编制分部分项费、施工措施项目费、其他项目费以及零星工作项目费等表格，初步确定工程结算价格；

第七，编写编制说明；

第八，计算主要技术经济指标；

第九，提交结算编制的初步成果文件待校对、审核。

工程结算编制人员按其专业分别承担其工作范围内的工程结算相关编制依据收集、整理工作、编制相应的初步成果文件，并对其编制的初步成果文件质量负责。

3. 结算编制定稿阶段

第一，由结算编制受托人单位的部门负责人对初步成果文件进行检查和校对；

第二，工程结算审定人对审核后的初步成果文件进行审定；

第三，工程结算编制人、审核人、审定人分别在工程结算成果文件上署名，并应签署造价工程师或造价员执业或从业印章；

第四，工程结算文件经编织、审核及审定后，工程造价咨询企业的法定代表人或其授权人在成果文件上签字或盖章；

第五，工程造价咨询企业在正式的工程上加盖工程造价咨询企业执业印章。

工程审核人员应由专业负责人和技术负责人承担，对其专业范围内的内容进行审核，并对其审核专业的工程结算成果文件的质量负责；工程审定人员应由专业负责人和技术负责人承担，对工程结算的全部内容进行审定，并对工程结算成果文件的质量负责。

（三）编制依据

工程结算编制依据是指编制工程结算时需要的工程计量、价格确定、工程计价有关参数、率值确定的基础资料。

第一，建设期内影响合同的法律、法规和规范性文件。

第二，国务院建设行政主管部门以及各省、自治区、直辖市和有关部门发布的工程造价计价标准、计价办法、有关规定及相关解释。

第三，施工发承包合同，专业分包合同及补充合同，有关材料、设备采购合同。

第四，招投标文件，包括招标答疑文件、投标承诺、中标报价书及其组成内容。

第五，工程竣工图或施工图、施工图会审记录，经批准的施工组织设计，以及设计变更、工程洽商和相关会议纪要。

第六，经批准的开、竣工报告或停工和复工报告。

第七，工程材料及设备中标价、认价单。

第八，双方确认追加（减）的工程价款。

第九，影响工程造价的相关资料。

第十，结算编制委托合同。

（四）编制原则

1. 按工程的施工内容或完成阶段进行编制

工程结算按工程的施工内容或完成阶段，可按竣工结算、分阶段结算、合同终止结算和专业分包结算等形式进行编制。

第一，工程结算的编制应对相应的施工合同进行编制。当在合同范围内设计整个项目的，应按建设项目组成，将各单位工程汇总为单项工程，再将各个单位工程汇总为建设项目，编制相应的建设项目工程结算成果文件。

第二，实行分阶段结算的建设项目，应按合同要求进行分阶段结算，出具各阶段工程结算成果文件。在竣工结算时，将各阶段工程结算汇总，编制相应竣工结算成果文件。除合同另有约定外，分阶段结算工程项目，其工程结算文件用于价款支付时，应该包括下列内容：

①本周期已完成工程的价款；

②累计已完成的工程价款；

③累计已支付的工程价款；

④本周期已完成计日工金额；

⑤应增加和扣减的变更金额；

⑥应增加和扣减的索赔金额；

⑦应抵扣的工程预付款；

⑧应扣减的质量保证金；

⑨根据合同应增加和扣减的其他金额；

⑩本付款周期实际应支付的工程价款。

第三，进行合同终止结算时，应按已完工程的实际工程量和施工合同的有关约定，编制合同终止结算。

第四，实行专业分包结算的工程，应将各专业分包合同的要求，对各专业分包分别编制工程结算，总承包人应按工程总承包合同的要求将各专业分包结算汇总在相应的单位工程或单项工程结算内进行工程总承包结算。

2. 区分施工合同类型及工程结算的计价模式进行编制

工程结算编制应区分施工合同类型及工程结算的计价模式采用相应的工程结算编制方法。

（1）施工合同类型按计价方式可分为总价合同、单价合同及成本加酬金合同。

第一，工程结算编制时，采用总价合同的，应在合同价基础上对设计变更、工程洽商以及工程索赔等合同约定可以调整的内容进行调整。

第二，工程结算的编制时，采用单价合同的，工程结算的工程量应按照经发承包双方在施工合同中约定的方法对合同价款进行调整。

第三，工程结算的编制时，采用成本加酬金合同的，应依据合同约定的方法计算各个分部分项工程以及设计变更、工程洽商、施工措施等内容的工程成本，并计算酬金及有关税费。

（2）工程结算的计价模式应分为单价法和实物量法，单价法分成定额单价法和工程量清单单价法。

（五）编制方法

采用工程量清单方式计价的工程，通常采用单价合同，应按工程量清单单价法编制工程结算。

第一，分部分项工程费应依据施工合同相应约定以及实际完成的工程量、投标时的综合单价等进行计算。

第二，工程结算中涉及工程单价调整时，应当遵循以下原则：

①合同中已有适用于变更工程、新增工程单价的，按已有的单价结算；

②合同中有类似变更工程、新增工程单价的，能够参照类似单价作为结算依据；

③合同中没有适用或类似变更工程、新增工程单价的，结算编制受委托人可商洽承包人或发包人提出适当的价格，经对方确认后作为结算依据。

第三，工程结算编制时，措施项目费应依据合同约定的项目和金额计算，发生变更、新增的措施项目，以发承包双方合同约定的计价方式计算，其中措施项目清单中的安全文明费用应按照国家或省级、行业建设主管部门的规定计算。施工合同中未约定措施项目费结算方法时，措施项目费可按以下方法结算。

①与分部分项实体相关的措施项目，应随该分部分项工程的实体工程量的变化，依据双方确定的工程量、合同约定的综合单价进行结算。

②独立性的措施项目，应充分体现其竞争性，一般应固定不变，按合同价中相应的措施项目费用进行结算。

③与整个建设项目相关的综合取定的措施项目费用，可按照投标时的取费基数及费率基数及费率进行结算。

第四，其他项目费应按以下方法进行结算：

①计日工按发包人实际签证的数量和确定的事项进行结算；

②暂估价中的材料单价按发承包双方最终确认价，在分部分项工程费中对相应综合单价进行调整，计入相对应的分部分项工程；

③专业工程结算价应按中标价或发包人、承包人与分包人最终确认的分包工程价进行结算；

④总承包服务费因依据合同约定的结算方式进行结算；

⑤暂列金额应按合同约定计算实际发生的费用，并分别列入相应的分部分项工程费、措施项目费中。

第五，招标工程量清单漏项、设计变更、工程洽商等费用应依据施工图，以及发承包双方签证资料确认的数量和合同约定的计价方式进行结算，其费用将列入相应的分部分项工程费或措施项目费中。

第六，工程索赔费用应依据发承包双方确认的索赔事项和合同约定的计价方式进行结算，其费用列入相应的分部分项工程费或措施项目费中。

第七，规费和税金应按国家、省级或行业建设主管部门的规费规定计算。

（六）编制的成果文件形式

1. 工程结算成果文件的形式

第一，工程结算书封面，包括工程名称、编制单位和印章和日期等。

第二，签署页，包括工程名称、编制人、审核人、审定人姓名和执业（从业）印章、单位负责人印章（或签字）等。

第三，目录。

第四，工程结算编制说明需对下列情况加以说明：工程概况；编制范围；编制依据；编制方法；有关材料、设备、参数和费用说明；以及其他有关问题的说明。

第五，工程结算相关表式。

第六，必要的附件。

2. 工程结算相关表式

第一，工程结算汇总表；

第二，单项工程结算汇总表；

第三，单位工程结算汇总表；

第四，分部分项清单计价表；

第五，措施项目清单与计价表；

第六，其他项目清单与计价汇总表；

第七，规费、税金项目清单与计价表；

第八，必要的相关表格。

四、建设项目工程结算审查

（一）结算审查文件组成

工程结算审查文件一般由工程结算审查报告、结算审定签署表、工程结算审查汇总对比表以及分部分项（措施、其他、零星）工程结算审查对比表以及结算内容审查说明等组成。

第一，工程结算审查报告可根据该委托工程项目的实际情况，以单位工程、单项工程或建设项目为对象进行编制，并应说明下列内容：

①概述；

②审查范围；

③审查原则；

④审查依据；

⑤审查方法；

⑥审查程序；

⑦审查结果；

⑧主要问题；

⑨有关建议。

第二，结算审定签署表由结算审查受托人填制，并由结算审查委托单位、结算编制人和结算审查受委托人签字盖章。当结算审查委托人与建设单位不一致时，按工程造价咨询合同要求或结算审查委托人的要求，确定是否要增加建设单位在结算审定签署表上签字盖章。

第三，工程结算审查汇总对比表、单项工程结算审查汇总对比表、单位工程结算审查汇总对比表应当按表格所规定的内容详细编制。

第四，结算内容审查说明应阐述下列内容：

①主要工程子目调整的说明；

②工程数量增减变化较大的说明；

③子目单价、材料、设备、参数和费用有重大变化的说明；

④其他有关问题的说明。

（二）审查程序

工程结算审查应按准备、审查和审定二个工作阶段进行，并实行编制人、校对人和审核人分别署名盖章确认的内部审核制度。

1. 结算审查准备阶段

（1）审查工程结算手续的完备性、资料内容的完整性，对于不符合要求的应退回限时补正；

（2）审查计价依据及资料与工程结算的相关性、有效性；

（3）熟悉招投标文件、工程发承包合同、主要材料设备采购合同及相关文件；

（4）熟悉竣工图纸或施工图纸、施工组织设计、工程概况以及设计变更、工程洽商和工程索赔情况等；

（5）掌握工程量清单计价规范、工程预算定额等与工程相关的国家和当地的建设行政主管部门发布的工程计价依据及相关规定。

2. 结算审查阶段

第一，审查结算项目范围、内容与合同约定的项目范围、内容的一致性。

第二，审查工程量计算的准确性、工程量计算规则与计价规范或定额保持一致性。

第三，审查结算单价时应严格执行合同约定或现行的计价原则、方法。对于清单或定额缺项以及采用新材料、新工艺的，应根据施工过程中的合理消耗和市场价格审核结算单价。

第四，审查变更签证凭据的真实性、合法性、有效性，核准变更工程费用。

第五，审查索赔是否依据合同约定的索赔处理原则、程序和计算方法以及索赔费用的真实性、合法性、准确性。

第六，审查取费标准时，应严格执行合同约定的费用定额标准及有关规定，并审查取费依据的时效性、相符性。

第七，编制与结算相对应的结算审查对比表。

第八，提交工程结算审查初步成果文件，包括编制和工程结算相对应的工程结算审查对比表，待校对、复核。

工程结算审查编制人员按其专业分别承担其工作范围内的工程结算审查相关编制依据收集、整理工作，编制相应的初步成果文件，并对其编制的成果文件质量负责。

3. 结算审定阶段

第一，工程结算审查初稿编制完成后，应召开由结算编制人、结算审查委托人以及结算审查受托人共同参加的会议，听取意见，并进行合理的调整；

第二，由结算审查受托人单位的部门负责人对结算审查的初步成果文件进行检查、校对；

第三，由结算审查受托人单位的主管负责人审核批准；

第四，发承包双方代表人和审查人应分别在“结算审定签署表”上签认并加盖公章；

第五，对结算审查结论有分歧的，应在出具结算审查报告前，至少组织两次协调会；凡不能共同签认的，审查受托人可适时结束审查工作，并做出必要说明；

第六，在合同约定的期限内，向委托人提交经结算审查编制人、校对人、审核人和受托人单位盖章确认的正式的结算审查报告。

工程结算审核审查人员应由专业负责人或技术负责人担任，对其专业范围内的内容进行校对、复核，并对其审核专业内的工程结算审查成果文件的质量负责；工程结算审查审定人员应由专业负责人或技术负责人担任，对工程结算审查的全部内容进行审定，并且对工程结算审查成果文件的质量负责。

（三）审查依据

工程结算审查委托合同和完整、有效的工程结算文件。工程结算审查依据主要有以下几个方面：

第一，建设期内影响合同价格的法律、法规及规范性文件；

第二，工程结算审查委托合同；

第三，完整、有效的工程结算书；

第四，施工发承包合同，专业分包合同及补充合同，有关材料和设备采购合同；

第五，与工程结算编制相关的国务院建设行政主管部门以及各省、自治区、直辖市和有关部门发布的建设工程造价计价标准、计价方法、计价定额、价格信息以及相关规定等计价依据；

第六，招标文件、投标文件；

第七，工程竣工图或施工图、经批准的施工组织设计、设计变更、工程洽商、索赔与现场签证以及相关的会议纪要；

第八，工程材料及设备中标价、认价单；

第九，双方确认追加（减）的工程价款；

第十，经批准的开、竣工报告或停、复工报告；

第十一，工程结算审查的其他专项规定；

第十二，影响工程造价的其他相关资料。

（四）审查原则

1. 按工程的施工内容或完成阶段分类进行编制

工程价款结算审查按工程的施工内容或完成阶段分类，其形式包括竣工结算审查、分阶段结算审查、合同终止结算审查和专业分包结算审查。

第一，建设项目由多个单项工程或单位工程构成的，应按建设项目划分标准的规定，分别审查各单项工程或单位工程的竣工结算，将审定的工程结算汇总，编制相应的工程结算审定文件。

第二，分阶段结算的审定工程，应分别审查各阶段工程结算，将审定结算汇总，编制相应的工程结算审查成果文件，除合同另有约定外，分阶段结算的支付申请文件应审查以下内容：

①本周期已完成工程的价款；

②累计已完成的工程价款；

③累计已支付的工程价款；

④本周期已完成计日工金额；

⑤应增加和减扣的变更金额；

⑥应增加和减扣的索赔金额；

⑦应抵扣的工程预付款；

⑧应扣减的质量保证金；

⑨根据合同应增加和扣减的其金额；

⑩本付款合同增加和扣减的其他金额。

第三，合同终止工程的结算审查，应按发包人和承包人认可的已完工程的实际工程量和施工合同的有关规定进行审查。合同中止结算审查方法基本同工程结算的审查方法。

第四，专业分包工程的结算审查，应该在相应的单位工程或单项工程结算内分别审查各专业分包工程结算，并按分包合同分别编制专业分包工程结算审查成果文件。

2. 按施工发承包合同类型及工程结算的计价模式进行编制

第一，工程结算审查应区分施工发承包合同类型及工程结算的计价模式采用相应的工程结算审查方法。

①审查采用总价合同的工程结算时，应审查与合同所约定的结算编制方法的一致性，按照合同约定可以调整的内容，在合同价基础上对调整的设计变更、工程洽商以及工程索赔等合同约定可以调整的内容进行审查。

②审查采用单价合同的工程结算时，应审查按照竣工图或施工图以内的各个分部分项工程量计算的准确性，依据合同约定的方式审查分部分项工程项目价格，并对设计变更、工程洽商、施工措施以及工程索赔等调整内容进行审查。

③审查采用成本加酬金合同的工程结算时，应依据合同约定的方法审查各个分部分项工程以及设计变更、工程洽商、施工措施等内容的工程成本，并审查酬金及有关税费的取定。

第二，采用工程量清单计价的工程结算审查：

①工程项目的所有分部分项工程量，以及实施工程项目采用的措施项目工程量；为完成所有工程量并按规定计算的人工费、材料费及施工机械使用费、企业管理费利润，以及规费和税金取定的准确性；

②对分部分项工程和措施项目以外的其他项目所需计算的各项费用进行审查；

③对设计变更和工程变更费用依据合同约定的结算方法进行审查；

④对索赔费用依据相关签证进行审查；

⑤合同约定的其他约定审查。

工程结算审查应按照与合同约定的工程价款方式对原合同进行审查，并应按照分项分部工程费、措施费、措施项目费、其他项目费、规费、税金项目进行汇总。

第三，采用预算定额计价的工程结算审查：

①套用定额的分部分项工程量、措施项目工程量和其他项目以及为完成所有工程量和其他项目并按规定计算的人工费、材料费、机械使用费、规费、企业管理费、利润和税金与合同约定的编制方法的一致性，计算准确性；

②对设计变更和工程变更费用在合同价基础上进行审查；

③工程索赔费用按合同约定或签证确认的事项进行审查；

④合同约定的其他费用的审查。

（五）审查方法

工程结算的审查应依据施工发承包合同约定的结算方法进行，根据施工发承包合同类型，采用不同的审查方法。本书所述审查方法主要适用于采用单价合同的工程量清单单价法编制竣工结算的审查。

第一，审查工程结算，除合同约定的方法之外，对分部分项工程费用的审查应参照相关规定。

第二，工程结算审查时，对原招标工程量清单描述不清或项目特征发生变化，以及变更工程、新增工程中的综合单价应按下列方法确定：

①合同中已有使用的综合单价，应按已有的综合单价确定；

②合同中有类似的综合单价，可参照类似的综合单价确定；

③合同中没有适用或类似的综合单价，由承包人提出综合单价，经发包人确认后执行。

第三，工程结算审查中设计措施项目费用的调整时，措施项目费应依据合同约定的项目和金额计算，发生变更和新增的措施项目，以发承包双方合同约定的计价方式计算，其中措施项目清单中的安全文明措施费用应审查是否按国家或省级、行业建设主管部门的规定计算。施工合同中未约定措施项目费结算方法时，按以下方法审查：

①审查与分部分项实体消耗相关的措施项目，应该随该分部分项工程的实体工程量的变化是否依据双方确定的工程量、合同约定的综合单价进行结算；

②审查独立性的措施项目是否按合同价中相应的措施项目费用进行结算；

③审查与整个建设项目相关的综合取定的措施项目费用是否参照投标报价的取费基数及费率进行结算。

第四，工程结算审查中涉及其他项目费用的调整时，按下列方法确定：

①审查计日工是否按发包人实际签证的数量、投标时的计日单价，以及确认的事项进行结算；

②审查暂估价中的材料单价是否按发承包双方最终确认价在分部分项工程费中对相应综合单件进行调整，计入相应的分部分项工程费用；

③对专业工程结算价的审查应按中标价或发包人、承包人与分包人最终确定的分包工程价进行结算；

④审查总承包服务费是否依据合同约定的结算方式进行结算，以总价形式的固定的总承包服务费不予调整，以费率形式确定的总包服务费，应按专业分包工程中标价或发包人、承包人与分包人最终确定的分包工程价为基数和总承包单位的投标费率计算总承包服务费；

⑤审查计算金额是否按合同约定计算实际发生的费用，并分别列入相应的分部分项工程费、措施项目费中。

第五，投标工程量清单的漏项、设计变更、工程洽商等费用应依据施工图以及发承包双方签证资料确认的数量和合同约定的计价方式进行结算，其费用被列入相应的分部分项工程费或措施项目费中。

第六，工程结算审查中设计索赔费用的计算时，应依据发承包双发确认的索赔事项和合同约定的计价方式进行结算，其费用列入相应的分部分项工程费或措施项目费中。

第七，工程结算审查中进行设计规费和税金的计算时，应按国家、省级或者行业建设主管部门的规定计算并调整。

（六）审查的成果文件形式

1. 工程结算审查成果

第一，工程结算书封面。

第二，签署页。

第三，目录。

第四，结算审查报告书。

第五，结算审查相关表式。

第六，有关的附件。

2. 工程结算相关表式

采用工程量清单计价的工程结算审查相关表时宜按规定的格式编制。包括以下内容：

第一，工程结算审定表；

第二，工程结算审查汇总对比表；

第三，单项工程结算审查汇总对比表；

第四，单位工程结算审查汇总对比表；

第五，分部分项工程清单与计价结算审查对比表；

第六，措施项目清单与计价审查对比表；

第七，其他项目清单与计价审查汇总对比表；

第八，规费税金项目清单与计价审查对比表。

以上表格读者可查阅《建设项目工程结算编审规程》附录B。

五、质量管理

（一）工程造价咨询企业

工程造价咨询企业承担工程结算编制或工程结算审核，应满足国家或行业有关质量标准的精度要求，当工程结算编制或工程结算审核委托方对质量标准有更高的要求时，应在工程造价咨询合同中予以明确。

工程造价咨询企业应对工程结算编制和审核方法的正确性，工程结算编审范围的完整性，计价依据的正确性、完整性和时效性，工程计量与计价的准确性负责。

工程造价咨询企业对工程结算的编制和审核应实行编制、审核及审定三级质量管理制度，并应明确审核和审定人员的工作程度。

（二）工程造价咨询单位

工程造价咨询单位对项目的策划和工作大纲的编制，基础资料收集、整理，工程结算编制审核和修改的过程文件的整理和归档，成果文件的印制、签署、提交和归档，工作中其他相关文件借阅、使用、归还与移交，都应建立具体的管理制度。

（三）工程造价专业人员

工程造价专业人员从事工程结算的编制和工程结算审查工作的应当实行个人签署负责制，审核、审定人员对编制人员完成的工作进行修改应保持工作记录，承担相应责任。

六、档案管理

工程造价咨询企业对与工程结算编制和工程结算审查业务有关的成果文件、工作过程文件、使用和移交的其他文件清单、重要会议纪要等，均应收集齐全，整理立卷后归档。

工程造价咨询单位应建立完善的工程结算编制与审查档案管理制度。工程结算编制和工程结算审查文件的归档应符合国家、相关部门或行业组织发布的相关规定。工程造价咨询单位归档的文件保存期成果文件应为10年，过程文件和相关移交清单、会议纪要等一般应为5年。

归档的工程结算编制和审查的成果文件应包括纸质原件和电子文件。其他文件及依据可为纸质原件、复印件或电子文件，归档文件应字迹清晰、图表整洁、签字盖章手续完备。归档文件应采用耐久性强的书写材料，不得使用易退色的书写材料。

归档文件应必须完整、系统，能够反映工程结算编制和审查活动的全过程。归档文件必须经过分类整理，并应组成符合要求的案卷。归档可以分阶段进行，也可以在项目结算完成后进行。

向有关单位移交工作中使用或借阅的文件，应该编制详细的移交清单，双方签字、盖章后方可交接。

第二节　建筑装饰工程竣工决算

一、竣工决算的概念与作用

（一）竣工决算的概念

竣工决算是建设工程经济效益的全面反映，是项目法人核定各类新增资产价值、办理其交付使用的依据。通过竣工决算，一方面能够正确反映建设工程的实际造价和投资结果；另一方面，可以通过竣工决算与概算、预算的对比分析，考核投资控制的工作成效，总结经验教训，积累技术经济方面的基础资料，提高未来建设工程的投资效益。

（二）竣工决算的作用

第一，竣工决算是综合、全面地反映竣工项目建设成果及财务情况的总结性文件，它采用货币指标、实物数量、建设工期和种种技术经济指标，综合、全面地反映建设项目自开始建设到竣工为止的全部建设成果和财物状况。

第二，竣工决算是办理交付使用资产的依据，也是竣工验收报告的重要组成部分。建设单位与使用单位在办理交付资产的验收交接手续时，通过竣工决算反映了交付使用资产的全部价值，包括固定资产、流动资产、无形资产和递延资产的价值。同时，它还详细提供了交付使用资产的名称、规格、数量、型号及价值等明细资料，是使用单位确定各项新增资产价值并登记入账的依据。

第三，竣工决算是分析和检查设计概算的执行情况以及考核投资效果的依据。竣工决算反映了竣工项目计划、实际的建设规模、建设工期以及设计和实际的生产能力，反映了概算总投资和实际的建设成本，同时还反映了所达到的主要技术经济指标。通过对这些指标计划数、概算数与实际数进行对比分析，不仅可以全面掌握建设项目计划和概算执行情况，而且可以考核建设项目投资效果，为今后制订基建计划、降低建设成本并提高投资效果提供必要的资料。

二、竣工决算的编制

（一）竣工决算的编制依据

第一，经批准的可行性研究报告及其投资估算。

第二，经批准的初步设计或扩大初步设计及其概算或修正概算。

第三，经批准的施工图设计及其施工图预算。

第四，设计交底或图纸会审纪要。

第五，招投标的招标控制价和中标价、承包合同、工程结算资料。

第六，施工记录或施工签证单，以及其他施工中发生的费用记录，如索赔报告与记录、停（交）工报告等。

第七，竣工图及各种竣工、验收资料。

第八，历年基建资料、历年财务决算及批复文件。

第九，设备、材料调价文件和调价记录。

第十，有关财务核算制度、办法和其他有关资料和文件等。

（二）竣工决算的编制步骤和方法

1. 收集、整理和分析原始资料

收集和整理出一套较为完整的相关资料，是编制竣工决算的必要条件。在工程进行的过程中，应注意保存和收集资料，在竣工验收阶段则要系统地整理出所有技术资料、工程结算经济文件、施工图纸和各种变更与签证资料，并分析其准确性。

2. 清理各项账务、债务和结余物资

在收集、整理和分析资料的过程中，应注意建设工程从筹建到竣工投产（或使用）的全部费用的各项账务、债权和债务的清理，既要核对账目，又要查点库存实物的数量，做到账物相等、相符；对结余的各种材料、工器具和设备要逐项清点核实，妥善管理，并按照规定及时处理、收回资金；对各种往来款项要及时进行全面清理，为编制竣工决算提供准确的数据依据。

3. 填写竣工决算报表

依照建设项目竣工决算报表的内容，根据编制依据中的有关资料进行统计或计算各个项目的数量，并将其结果填入相应表格栏目中，完成所有报表的填写，这是编制工程竣工决算的主要工作。

4. 编写建设工程竣工决算说明书

根据建设项目竣工决算说明的内容、要求以及编制依据材料和填写在报表中的结果编写说明。

5. 上报主管部门审查

以上编写的文字说明和填写的表格经核对无误，可装订成册，即可作为建设项目竣工文件，并报主管部门审查，同时把其中财务成本部分送交开户银行签证。竣工决算在上报主管部门的同时，抄送设计单位；大、中型建设项目的竣工决算还需抄送财政部、建设银行总行和省、市、自治区财政局和建设银行分行各一份。

建设项目竣工决算的文件，由建设单位负责组织人员编制，在竣工建设项目办理验收使用一个月内完成。

三、竣工决算的内容

竣工决算是建设工程从筹建到竣工投产全过程中发生的所有实际支出，包括设备工器具购置费、建筑安装工程费和其他费用等。竣工决算由竣工财务决算说明书、竣工财务决算报表、竣工工程平面示意图、工程造价比较分析四部分组成。其中竣工财务决算报表和竣工财务决算说明书属于竣工财务决算的内容，竣工财务决算是竣工决算的组成部分，是正确核定新增资产价值、反映竣工项目建设成果的文件，这是办理固定资产交付使用手续的依据。

（一）竣工财务决算说明书

竣工财务决算说明书主要反映竣工工程建设成果和经验，是对竣工决算报表进行分析和补充说明的文件，是全面考核分析工程投资与造价的书面总结，其内容主要包括：

1. 建设项目概况

对工程总的评价，一般从进度、质量、安全和造价、施工方面进行分析说明。进度方面主要说明开工和竣工时间，对照合理工期和要求工期分析是提前还是延期；质量方面主要根据竣工验收委员会或相当一级质量监督部门的验收评定等级、合格率和优良品率；安全方面主要根据劳资和施工部门的记录，对有无设备和人身事故进行说明；造价方面主要对照概算造价，说明节约还是超支，用金额及百分率进行分析说明。

2. 资金来源及运用等财务分析

主要包括工程价款结算、会计账务的处理、财产物资情况及债权债务的清偿情况。

3. 基本建设收入、投资包干结余、竣工结余资金的上交分配情况

通过对基本建设投资包干情况的分析，说明投资包干数、实际支用数和节约额、投资包干结余的有机构成和包干结余的分配情况。

4. 各项经济技术指标的分析

概算执行情况分析，根据实际投资完成额与概算进行对比分析；新增生产能力的效益分析，说明支付使用财产占总投资额的比例、占支付使用财产的比例、不增加固定资产的造价占投资总额的比例，分析有机构成及成果。

5. 需要说明的其他事项。

（二）竣工财务决算报表

建设项目竣工财务决算报表要根据大、中型建设项目和小型建设项目分别制定。大、中型建设项目竣工决算报表包括建设项目竣工财务决算审批表，大、中型建设项目竣工工程概况表，大、中型建设项目竣工财务决算表，大、中型建设项目交付使用资产总表；小型建设项目竣工财务决算报表包括建设项目竣工财务决算审批表、竣工财务决算总表、建设项目交付使用资产明细表。

1. 建设项目竣工财务决算审批表

该表作为竣工决算上报有关部门审批时使用，其格式是按照中央级小型项目审批要求设计的，地方级项目可按审批要求做适当的修改。

2. 大、中型建设项目竣工工程概况表

该表综合反映大、中型建设项目的基本概况，内容包括该项目的总投资、建设起止时间、新增生产能力、主要材料消耗、建设成本、完成主要工程量和主要技术经济指标及基本建设支出情况，为全面考核和分析投资效果提供依据。

3. 大、中型建设项目竣工财务决算表

该表反映竣工的大、中型建设项目从开工到竣工全部资金来源和资金运用的情况，它是考核和分析投资效果、落实结余资金，并作为报告上级核销基本建设支出和基本建

设拨款的依据。在编制该表前，应先编制出项目竣工年度财务决算，根据编制出的竣工年度财务决算和历年财务决算编制项目的竣工财务决算，此表采用平衡表形式，即资金来源合计等于资金支出合计。

4. 大、中型建设项目交付使用资产总表

该表反映建设项目建成后新增固定资产、流动资产、无形资产和其他资产价值的情况和价值，作为财产交接、检查投资计划完成情况和分析投资效果的依据。小型项目不编制“交付使用资产总表”，直接编制“交付使用资产明细表”；大、中型项目在编制“交付使用资产总表”的同时，还需编制“交付使用资产明细表”。

5. 建设项目交付使用资产明细表

该表反映交付使用的固定资产、流动资产、无形资产和其他资产及其价值的明细情况，是办理资产交接的依据和接收单位登记资产账目的依据，也是使用单位建立资产明细账和登记新增资产价值的依据。大、中型和小型建设项目均需编制此表。编制时要做到齐全完整、数字准确，各栏目价值应与会计账目中相应科目的数据保持一致。

6. 小型建设项目竣工财务决算总表

由于小型建设项目内容比较简单，因此，可将工程概况与财务情况合并编制一张“竣工财务决算总表”，该表主要反映了小型建设项目的全部工程和财务情况。

（三）竣工工程平面示意图

建设工程竣工工程平面示意图是真实地记录各种地上、地下建筑物、构筑物等情况的技术文件，是工程进行交工验收、维护改建和扩建的依据，是国家的重要技术档案。国家规定：各项新建、扩建、改建的基本建设工程，特别是基础、地下建筑、管线、结构、井巷、桥梁、隧道、港口、水坝以及设备安装等隐蔽部位，都要编制竣工图。为确保竣工图质量，必须在施工过程中（不能在竣工后）及时做好隐蔽工程检查记录，整理好设计变更文件。其具体要求有：

第一，凡按图竣工没有变动的，由施工单位（包括总包和分包施工单位，下同）在原施工图上加盖“竣工图”标志后，就是作为竣工图。

第二，凡在施工过程中，虽有一般性设计变更，但能将原施工图加以修改补充作为竣工图的，可不重新绘制，由施工单位负责在原施工图（必须是新蓝图）上注明修改的部分，并附以设计变更通知单和施工说明，加盖“竣工图”标志之后，作为竣工图。

第三，凡结构形式改变、施工工艺改变、平面布置改变、项目改变以及有其他重大改变，不宜再在原施工图上修改和补充时，应重新绘制改变后的竣工图。由原设计原因造成的，由设计单位负责重新绘制；由施工原因造成的，由施工单位负责重新绘图；由其他原因造成的，由建设单位自行绘制或委托设计单位绘制。施工单位负责在新图上加盖“竣工图”标志，并附以有关记录和说明，作为竣工图。

第四，为了满足竣工验收和竣工决算需要，还应绘制反映竣工工程全部内容的工程设计平面示意图。

（四）工程造价比较分析

工程造价比较分析是指对控制工程造价所采取的措施、效果及其动态的变化进行认真的比较对比，总结经验教训。批准的概算是考核建设工程造价的依据。在分析时，可先对比整个项目的总概算，然后将建筑安装工程费、设备工器具费和其他工程费用逐一与竣工决算表中所提供的实际数据和相关资料及批准的概算、预算指标及实际的工程造价进行对比分析，以确定竣工项目总造价是节约还是超支，并在对比的基础上，总结先进经验，找出节约和超支的内容和原因，提出改进措施，在实际工作中，应主要分析以下内容：

第一，主要实物工程量。对于实物工程量出入比较大的情况，必须查明原因。

第二，主要材料消耗量。考核主要材料消耗量，要按照竣工决算表中所列明的二大材料实际超概算的消耗量，查明是在工程的哪个环节超出量最大，再进一步查明超耗的原因。

第三，考核建设单位管理费、建筑及安装工程措施项目费、企业管理费和规费的取费标准。建设单位管理费、建筑及安装工程措施项目费、企业管理费和规费的取费标准要按照国家和各地的有关规定，根据竣工决算报表中所列的建设单位管理费与概预算所列的建设单位管理费数额进行比较，依据规定查明多列或少列的费用项目，确定其节约超支的数额，并查明原因。

工程结算与竣工决算是工程项目承包中一项十分重要的工作，不仅是反映工程进度的主要依据，而且也成为考核经济效益的重要指标和加速资金周转的重要环节。因此，工程结算与竣工决算在工程造价中起到了相当重要的作用，应重点掌握工程结算、竣工决算的编制与审查工作。

参 考 文 献

[1] 侯小霞，夏莉莉主编 . 建筑装饰工程概预算 [M]. 北京：北京理工大学出版社，2019.

[2] 王晓青主编 . 建筑工程概预算 [M]. 北京：电子工业出版社，2019.

[3] 刘富勤，程瑶等 . 建筑工程概预算 [M]. 武汉：武汉理工大学出版社，2018.

[4] 武乾 . 建筑工程概预算 [M]. 武汉：华中科技大学出版社，2018.

[5] 石金桃，王磊 . 卓越设计师系列规划教材室内装饰工程预算 [M]. 合肥：合肥工业大学出版社，2018.

[6] 李伙穆，李栋 . 建筑工程计量与计价 [M]. 厦门：厦门大学出版社，2018.

[7] 方俊主编 . 建设工程概预算 [M]. 武汉：武汉理工大学出版社，2018.

[8] 李永贵，陈英 . 建筑工程概预算 [M]. 武汉：武汉理工大学出版社，2018.

[9] 殷会斌，常晓文，罗莉 . 建筑装饰概预算与招投标 [M]. 天津：天津科学技术出版社，2018.

[10] 张守健；许程洁副主编 . 土木工程预算第 3 版 [M]. 北京：高等教育出版社，2018.

[11] 刘安业 . 预算员手册第 2 版 [M]. 北京：机械工业出版社，2018.

[12] 易锐，吴慧超 . 建筑装饰装修工程概预算 [M]. 武汉：武汉大学出版社，2017.

[13] 孙来忠 . 建筑装饰工程概预算 [M]. 北京：机械工业出版社，2017.

[14] 赵三清，汪楠 . 建筑工程概预算 [M]. 南京：东南大学出版社，2017.

[15] 许婷华 . 土木工程概预算 [M]. 武汉：武汉大学出版社，2017.

[16] 卜龙章 . 装饰工程造价第 4 版 [M]. 南京：东南大学出版社，2017.

[17] 张晓华，杨维武，张晓丽 . 建筑工程概预算 [M]. 成都：西南交通大学出版社，2017.

[18] 齐锡晶，陈猛 . 工程概预算 [M]. 沈阳：东北大学出版社，2017.

[19] 谢岚，李卉 . 装饰工程工程量清单计价实训 [M]. 哈尔滨：哈尔滨工程大学出版社，2017.

[20] 覃亚伟，吴贤国 . 建筑工程概预算第 3 版 [M]. 北京：中国建筑工业出版社，2017.

[21] 张涛 . 建筑工程定额与预算 [M]. 西安：西安交通大学出版社，2016.

[22] 陶继水，仇多荣主编 . 建筑装饰工程概预算 [M]. 西安：西安电子科技大学出版社，2015.

[23] 顾湘东 . 建筑装饰装修工程预算第 4 版 [M]. 长沙：湖南大学出版社，2015.

[24] 骆中钊，张惠芳，卢昆山 . 建筑工程简明知识读物工程预算自学读本 [M]. 北京：金

盾出版社，2015.
[25] 骆中钊，张惠芳，卢昆山 . 建筑工程简明知识读物室内装修自学读本 [M]. 北京：金盾出版社，2015.
[26] 潘旺林，徐峰 . 简明建筑工程预概算手册 [M]. 上海：上海科学技术出版社，2015.
[27] 傅凯主 . 室内装饰材料与构造 [M]. 南京：东南大学出版社，2015.
[28] 许焕兴 . 工程造价第 3 版 [M]. 大连：东北财经大学出版社，2015.
[29] 游浩 . 建筑资料员专业与实操 [M]. 北京：中国建材工业出版社，2015.
[30] 郭树荣；李文芳；郭红英，张众，孙广伟等参编；邢莉燕主审，工程概预算 [M]. 北京：中国电力出版社，2015.
[31] 侯小霞，王永利，夏莉莉 . 建筑装饰工程概预算 [M]. 北京：北京理工大学出版社，2014.
[32] 党斌 . 建筑装饰工程概预算 [M]. 哈尔滨：哈尔滨工业大学出版社，2014.
[33] 王娟丽，杨文娟 . 房屋建筑与装饰工程概预算 [M]. 北京：机械工业出版社，2014.
[34] 戴晓燕 . 建筑装饰工程概预算第 2 版 [M]. 北京：化学工业出版社，2014.
[35] 沈祥华，方俊，杜春艳 . 建设工程概预算第 5 版 [M]. 武汉：武汉理工大学出版社，2014.
[36] 刘富勤，程瑶 . 建筑工程概预算第 2 版 [M]. 武汉：武汉理工大学出版社，2014.
[37] 袁建新，袁媛，侯兰 . 建筑工程定额与预算第 2 版 [M]. 成都：西南交通大学出版社，2014.